高职高专新形态一体化规划教材
高职高专计算机类专业规划教材：项目/任务驱动模式
基于工作过程的项目化教程

软件测试技术情境式教程

朱二喜　华　驰　徐　敏　主编

電子工業出版社
Publishing House of Electronics Industry
北京·BEIJING

内 容 简 介

本书全面、系统地阐述了软件测试的基础理论和基本技术。全书共 6 个学习情境、26 个任务，内容包括软件测试的基本知识、白盒和黑盒测试技术、软件测试过程、软件测试工具、自动化测试及性能测试。本书精心设计了企业的实际项目，以项目为导向，采用任务驱动模式展开学习情境；同时还有大量的典型案例，介绍了不同测试方法中测试用例的设计过程及自动化功能、性能测试；同时配有微课、视频及拓展训练，让读者更好地理解教材内容。本书既注重内容的先进性，又突出了教材的应用性和实践性，将软件测试与软件工程密切结合，强调将软件测试贯穿整个软件生命周期，使软件测试知识能迅速运用到软件工程实践中。

本书可作为职业院校软件类专业“软件测试”课程的教材，也可供相关专业人士作为参考书。

图书在版编目（CIP）数据

软件测试技术情境式教程 / 朱二喜，华驰，徐敏主编. —北京：电子工业出版社，2018.12

ISBN 978-7-121-34323-0

Ⅰ. ①软… Ⅱ. ①朱… ②华… ③徐… Ⅲ. ①软件-测试-高等学校-教材 Ⅳ. ①TP311.55

中国版本图书馆 CIP 数据核字（2018）第 111619 号

策划编辑：贺志洪
责任编辑：贺志洪
特约编辑：吴文英
印　　刷：北京捷迅佳彩印刷有限公司
装　　订：北京捷迅佳彩印刷有限公司
出版发行：电子工业出版社
　　　　　北京市海淀区万寿路 173 信箱　邮编 100036
开　　本：787×1092　1/16　印张：16.75　字数：428.8 千字
版　　次：2018 年 12 月第 1 版
印　　次：2025 年 1 月第 6 次印刷
定　　价：41.00 元

凡所购买电子工业出版社图书有缺损问题，请向购买书店调换。若书店售缺，请与本社发行部联系，联系及邮购电话：（010）88254888，88258888。

质量投诉请发邮件至 zlts@phei.com.cn，盗版侵权举报请发邮件至 dbqq@phei.com.cn。

本书咨询联系方式：（010）88254609，hzh@phei.com.cn。

前言

随着软件规模的不断增大和软件复杂性的日益变化，市场对软件质量的要求也不断提高，如何保证软件质量已成为软件开发过程中越来越重要的问题。软件测试是保证软件质量的重要手段，直接决定软件产品的质量。

近年来，软件测试工作受到人们越来越多的重视，软件行业对进行专业化、高效率软件测试的要求越来越高，也越来越严格。要开发一个好的软件，需要有素质过硬的软件测试人员。国际化大型软件公司在软件测试上投入了大量的人力和物力，软件测试人才越来越受到重视。我国的软件测试工作远远落后于国外，软件测试人才的紧缺已是无法回避的事实，要让软件质量上台阶，需要更多合格的软件测试人才，这是促进我国软件产业成熟的一个亟待解决的问题。

软件测试是一项专业性较强的工作，除了要求软件测试人员有一定的实际开发经验，还要求测试人员掌握许多测试理论和实用的测试技术。作为高等职业院校计算机软件相关专业，“软件测试”是必须开设的一门专业课程。如何将“软件测试”课程的内容安排得既系统、合理、适用，又符合市场对软件测试人才的测试理论和测试技术的要求，是“软件测试”课程教师需要关心和思考的问题。为了满足教学需求，我们组织了具有丰富的软件开发经验及“软件测试”课程教学经验的人员共同编写了本教材。我们在编写过程中参阅了大量国内外相关文献资料，将软件开发及软件测试教学的经验融入教材中，在内容组织结构方面精心安排，设计了较多经典实例。

本书全面、系统地阐述了软件测试的基础理论和基本技术，全书共 6 个学习情境，学习情境 1 通过 4 个任务讲述软件基础知识，包括软件测试过程、测试用例和 Bug 报告规范等；学习情境 2 通过 2 个任务讲述测试环境搭建和测试管理工具；学习情境 3 通过 11 个任务讲述白盒测试和黑盒测试方法；学习情境 4 通过 2 个任务讲述系统集成测试的内容；学习情境 5 通过 4 个任务讲述自动化测试；学习情境 6 通过 3 个任务讲述性能测试。本书利用大量的章节讲述先进测试工具的使用，包括禅道的项目管理工具、QTP 和 LoadRunner 工具。

本书由朱二喜、华驰、徐敏主编，朱二喜老师进行统稿。

真理是相对的，实践是多元的，读者是最好的老师，尽管编者以认真、严谨的态度完成这本教材的策划和编写，但由于时间仓促，书中难免会存在疏漏之处，我们热切期待读者的批评指正。

编者

2018 年 7 月

目　录

学习情境 1　熟悉 CVIT 测试过程

知识目标

- 理解软件测试的概念
- 熟悉软件测试的原则
- 掌握软件测试的测试过程
- 掌握软件测试的分类
- 掌握测试用例和 Bug 报告的组成要素
- 熟悉常见的软件测试模型

能力目标

- 能书写测试用例
- 能书写 Bug 报告
- 能熟练掌握软件测试过程角色的职责

引例描述

软件测试是软件工程中保证软件质量的重要环节，越来越受大家的重视。随着当今软件规模和复杂性的日益增加，进行专业化高效软件测试的要求越来越迫切，挑战性极强。大量存在于软件中的各种缺陷需要在软件测试阶段被发现和修正，软件测试员的目标就是找出缺陷，并确保其得以修复，从而保证软件的质量。

本课程以 CVIT 新闻发布系统为测试对象，它是一个基于 B/S 架构的 Web 应用系统，该系统存在诸多问题，例如，该怎样看待测试工作呢，怎样判断软件是否存在 Bug，又如何找出这些 Bug，等等。

任务 1.1　熟悉软件测试的基本概念

任务陈述

目前，软件的规模越来越大，软件的功能越来越多，如何保证软件质量，成为现在 IT 行业最关心的问题，这也是软件测试岗位的工作任务，也是软件测试人员的责任所在。现在对应于新闻发布系统（CVIT），软件测试人员如何去测试，该做哪些测试准备，如何去评价软件缺陷，本任务将带大家了解软件测试的相关概念。

本次任务要求构建 CVIT 系统的框架结构，梳理系统测试的需求，从系统需求说明书中获取测试的功能点、UI 界面测试的要素及性能测试需求；初步制订系统的测试计划，详细罗列测试的要点。

学习目标

- 软件测试的背景
- 软件测试的基本概念
- 软件测试的目的和意义
- 软件测试的分类
- 软件测试的原则

知识准备

1968 年，在北大西洋公约组织的学术会议上科学家第一次提出了“软件工程”这个概念，倡导按照工程化的原则和方法组织软件开发工作。软件工程主要是通过提供规范化的分析设计方法及相应的工具软件，来避免或减少软件错误的发生，为最终杜绝软件危机提供强有力的技术保障。在软件工程中，为了确保质量，软件的含义已不再仅仅是指程序了，而明确为**“软件是程序以及开发、使用和维护程序所需的所有文档”**；“研制软件”也不仅仅是“编程序”了，而明确为**“研制软件过程中所涉及的所有活动，包括分析、设计、编码、测试和维护等”**。

当用工程化的方式有效地管理软件开发的全过程时，程序的编写只是整个工程的一部分，在其前后还有更重要的工作。一般来讲，任何计算机软件都有其生命周期，通常可分为 5 个阶段：需求分析、设计、程序编写、测试、运行和维护。每个阶段都有明确的任务，并生成一定规格的文档交送给下一个阶段，如表 1-1 所示。

表 1-1　软件工程各个阶段的基本情况

阶段		基本任务	工作成果	占开发期的工作量	参与者
开发期	需求分析	理解和表达用户的要求，对开发的软件进行详细的定义	系统需求说明书	20%	用户、系统分析员、高级程序员
	设计	概要设计和详细设计，建立系统的结构，明确系统的实现方式	系统设计说明书、数据说明	15%	系统分析员、高级程序员
	程序编码	写程序	程序	20%	高级程序员、初级程序员
开发期	测试	发现错误和排除错误	可运行的系统	45%其中（模块测试 25% 其他测试 20%）	测试工程师、测试员
运行期		运行和维护	改进的系统		用户、程序员

从表 1-1 可以看出，开发期中各阶段的工作量是不一样的，软件测试占有非常突出的地位，工作量及开销几乎占整个工程的一半，因软件测试是保证软件质量的重要手段，所以越来越引起人们的重视。

1.1.1 软件测试的背景和意义

软件测试在软件生存周期中占有非常突出的位置，是保证软件质量的重要阶段。软件项目的实践证明，为了确保软件产品能够符合用户的需要，必须着眼于整个软件生存周期，在各个阶段进行验证、确认和测试活动，使软件项目在开发完成后，以免发现与用户的需求有较大的差距。

软件在很多领域被广泛使用，然而软件是由程序员编写的，完成后的软件有时并不完美并存在各种各样的缺陷。历史上有很多这样的案例可以证明。

案例 1：迪斯尼的《狮子王》，1994～1995 年

1994 年秋天，迪斯尼公司发布第一张面向儿童的多媒体光盘 Lion King Animated Story Book（狮子王动画故事书）。公司进行了大力宣传，光盘销售额非常可观。但是，在 12 月 26 日，迪斯尼公司的客户服务部却淹没在愤怒的家长和孩子的电话狂潮中。经后来证实，迪斯尼公司因没有对市场投入使用的各种 PC 机型进行测试，光盘软件只能在少数系统中正常工作，但在大众使用的常见 PC 机型的系统中却不能正常工作。

案例 2：美国航天局火星极地登陆，1999 年

1999 年 12 月 3 日，美国航天局的火星极地登陆飞船在试图登陆火星表面时失踪。当错误修正委员会观测到故障后，认定出现失踪的原因极可能是某一个数据位被意外修改。大家一致声讨，问题为什么没有在内部测试时解决。后来发现，登陆飞船经过了多个小组测试，其中一个小组测试飞船的着落点位置，另一个小组测试此后的着陆过程。前一个小组没有注意着地数据位是否置位，后一个小组在开始测试之前重置计算机、清除了数据位，虽两组测试人员都独立很好地完成了工作，但因没沟通未协调而导致出错。

案例 3：爱国者导弹防御系统，1991 年

美国爱国者导弹防御系统首次应用于海湾战争，在对抗伊拉克飞毛腿导弹的防御战争中，几次失利，其中一枚在沙特阿拉伯的多哈击中 28 名美军士兵。经专家分析发现产生此问题的原因是一个软件存在缺陷，由一个很小的时钟错误所积累而导致拖延 14 小时，造成跟踪系统失去精确度。

案例 4：千年虫，1974 年

20 世纪 70 年代的一位程序员，为了节省空间，开发工资系统时将 4 位日期缩减为两位，致使类似系统在 2000 年到来之前，需要更换或升级系统以解决“2000 年错误”的费用超过数亿美元。

案例 5：Intel 奔腾浮点除法，1994 年

在计算机中输入算式（4195835/3145727）*314 5727−4195835，如果结果为零，则计算器没有问题，若不为零，则出现此现象的原因是计算机中使用了老式 Intel 芯片。

以上只是一部分软件运行失败时所发生的历史事件，后果较严重，也可能是灾难性

的。在这些事件中，软件未按照预期需求目标运行，出现了缺陷。随着时间的推移和延长，软件缺陷修复的费用将会呈数十倍地增长，例如，若编写需求说明书时就发现了软件缺陷，花费可能只需几毛钱；若在软件测试时才发现缺陷，花费可能需要几元；若软件缺陷是由客户发现的，花费可能达到几百元。如“迪斯尼狮子王”案例，假如在编写需求说明书时，如果项目成员调查研究过什么机型的 PC 流行，并且明确指出软件需要在该种机型配置上设计和测试，则付出的代价非常小；如果没有这样做，就需要软件测试员去搜集流行 PC 样机并在其上验证，可能会发现软件缺陷，这时付出的代价要高很多。

因此，随着当今软件规模和复杂性的日益增加，进行专业化高效软件测试的要求越来越迫切，且挑战性极强。软件测试员的目标就是找出缺陷，尽可能在面向客户前确保其得以修复，从而保证软件的质量。

那么，到底什么是软件缺陷呢？以下是确认软件缺陷的 5 个规则。

①软件未达到产品说明书中标明的功能。

②软件出现了产品说明书中指明不会出现的错误。

③软件未达到产品说明书中虽未指出但应当达到的目标。

④软件功能超出了产品说明书中指明的范围。

⑤软件测试人员认为软件难以理解、不易使用，或者最终用户认为该软件使用效果不佳。

例如，计算器的产品说明书明确地声明该产品能准确无误地进行加、减、乘、除运算。假如测试人员，按下加号“+”键，结果计算器什么反应也没有，根据第①条规则，这就是一个软件缺陷，假如相加得到了错误的答案，根据第①条规则，仍然是软件缺陷；产品说明书中声明计算器不会无故崩溃或者停止反应，假如狂敲键盘使得计算器不能接受输入，则根据第②条规则，这也是一个软件缺陷；测试计算器时，电池没电或者电量不足所导致计算不正确，根据第③条规则，也属软件缺陷；假如计算器除了加、减、乘、除，还可以求平方根，这一功能在产品说明书中没有说明，根据第④条规则，还是属软件缺陷；测试人员使用不方便，例如，按键小，布局不好，根据第⑤条规则，这些都是软件缺陷。

1.1.2　软件测试的概念

软件测试在软件开发成本中占有很大的比例，是保证软件质量的主要手段，越来越受到人们的重视。那么，什么是软件测试呢？这一基本概念很长时间以来存在不同的观点。Glen Myers 认为“程序测试是为了发现错误而执行程序的过程”。这一定义明确指出“寻找错误”是测试的目的。相对于“程序测试是证明程序中不存在错误的过程”，Glen Myers 的定义是对的。把证明程序无错当作测试的目的不仅是不正确的，也是完全做不到的，而且对做好测试工作没有任何益处，甚至是十分有害的。从这方面讲，应该接受 Glen Myers 的定义以及其所蕴含的方法论和观点。不过，这个定义规定的范围似乎过于狭窄，使得它受到很大限制。因为如前所述，除去执行程序，还有许多方法去评价和检验一个软件系统。

另外，有些测试专家认为软件测试的范围应当更广泛些。J.B.Goodenough认为软件测试除了考虑正确性，还应关心程序的效率、稳健性等因素，并且应该为程序调试提供更多的信息。S.T.Redwine认为，软件测试应该包括几种测试覆盖，分别为功能覆盖、输入域覆盖、输出域覆盖、函数交互覆盖、代码执行覆盖。关于软件测试的范围，A.E.Westley将软件测试分为4个研究方向，即验证技术（目前验证技术仅用于特殊用途的小程序）、静态测试（应逐步从代码的静态测试往高层开发产品的静态测试发展）、测试数据选择、测试技术的自动化。

总的来说，软件测试就是在软件投入运行前，对软件需求分析、设计规格说明和编码实现的最终审查，是软件质量保证的关键步骤。通常对软件测试的定义如下：

软件测试，是指描述一种用来促进鉴定软件的正确性、完整性、安全性和质量的过程。换句话说，软件测试是一种实际输出与预期输出间的审核或者比较过程。软件测试的经典定义是：**在规定的条件下对程序进行操作，以发现程序错误，衡量软件质量，并对其是否能满足设计要求进行评估的过程**。

事实上，所有发布的软件产品都会因为缺陷而导致用户的困扰和开发者时间、金钱上的额外开支。而这些导致成本风险的软件问题可以通过在软件生命周期的每一个阶段中充分规划、验证和确认而大大降低。广义的软件测试由确认、验证、测试3方面组成。

①确认：是指评估将要开发的软件产品是否正确无误、可行和具有价值。其中包含了对用户需求满足程度的评价，确保待开发软件正确无误，是对软件开发构想的检测。

②验证：是指检测软件开发的每个阶段、每个步骤的结果是否正确无误，是否与软件开发各阶段的要求或期望的结果一致。验证意味着确保软件将正确无误地实现软件的需求，开发过程是沿着正确的方向编程。

③测试：与狭隘的测试概念统一，通常要经过单元测试、集成测试、确认测试和系统测试4个环节。

在整个软件的生存期，确认、验证、测试分别有其侧重的阶段。确认主要体现在计划阶段、需求分析阶段，也会出现在测试阶段；验证主要体现在设计阶段和编码阶段；测试主要体现在编码阶段。实践中，确认、验证、测试是相辅相成的，确认无疑会产生验证和测试的标准，而验证和测试通常又会帮助完成一些确认工作，特别是在系统测试阶段。因此，软件测试贯穿于软件定义和开发的整个过程。软件开发过程中所产生的需求规格说明、系统设计规格说明及源程序都是软件测试的对象。

1.1.3 软件测试的目的

软件测试的目的决定了如何去组织测试。如果测试的目的是尽可能多地找出错误，那么测试就应该直接针对软件比较复杂的部分或是以前出错比较多的位置。如果测试目的是给最终用户提供具有一定可信度的质量评价，那么测试就应该直接针对在实际应用中会经常用到的商业假设。

不同的机构会有不同的测试目的；相同的机构也可能有不同的测试目的，可能是测试不同区域或是对同一区域的不同层次的测试。在谈到软件测试时，许多人都引用

Grenford J. Myers 的观点：

- 软件测试是为了发现错误而执行程序的过程；
- 测试是为了证明程序有错，而不是证明程序无错误；
- 一个好的测试用例是在于它能发现至今未发现的错误；
- 一个成功的测试是发现了至今未发现的错误的测试。

这种观点可以提醒人们测试要以查找错误为中心，而不是为了演示软件的正确功能。但是仅凭字面意思理解这一观点可能会产生误导，认为发现错误是软件测试的唯一目的，查找不出错误的测试就是没有价值的，事实并非如此。

首先，测试并不仅仅是为了要找出错误。通过分析错误产生的原因和错误的分布特征，可以帮助项目管理者发现当前所采用的软件过程的缺陷，以便改进。同时，这种分析也能帮助我们设计出有针对性的检测方法，改善测试的有效性。

其次，没有发现错误的测试也是有价值的，完整的测试是评定测试质量的一种方法。详细而严谨的可靠性增长模型可以证明这一点。例如 Bev Littlewood 发现一个经过测试而正常运行了 *n* 小时的系统有继续正常运行 *n* 小时的概率。

软件测试的目的是保证软件产品的最终质量，在软件开发的过程中，对软件产品进行质量控制。一般来说软件测试应由独立的产品评测中心负责，严格按照软件测试流程，制订测试计划、测试方案、测试规范，实施测试，对测试记录进行分析，并根据回归测试情况撰写测试报告。测试是为了证明程序有错，而不能保证程序没有错误。

1.1.4 软件测试的原则

原则是最重要的，方法应该在这个原则指导下进行。软件测试的基本原则是站在用户的角度，对产品进行全面测试，尽早、尽可能多地发现 Bug，并负责跟踪和分析产品中的问题，对不足之处提出质疑和改进意见。

零缺陷是一种理念，足够好是测试的基本原则。在软件测试过程中，应注意和遵循的具体原则，概括为以下十大项：

（1）所有测试的标准都应建立在用户需求之上。正如我们所知，软件测试的目标就是验证产品的一致性和确认产品是否满足客户的需求，所以测试人员要始终站在用户的角度去看问题、去判断软件缺陷的影响，系统中最严重的错误是那些导致程序无法满足用户需求的缺陷。

（2）软件测试必须基于“质量第一”的思想去开展各项工作，当时间和质量冲突时，时间要服从质量。质量的理念和文化（如零缺陷的“第一次就把事情做对”）同样是软件测试工作的基础。

（3）事先定义好产品的质量标准。有了质量标准，才能依据测试的结果对产品的质量进行正确地分析和评估，例如，进行性能测试前，应定义好产品性能的相关的各种指标。同样，测试用例应确定预期输出结果，如果无法确定测试结果，则无法进行校验。

（4）软件项目一启动，软件测试也就开始了，而不是等程序写完，才开始进行测试。在代码完成之前，测试人员要参与需求分析、系统或程序设计的审查工作，而且要准备测试计划、测试用例、测试脚本和测试环境，测试计划可以在需求模型一完成就开始准备，详细的测试用例定义可以在设计模型被确定后开始准备。应当把“尽早和不断地测试”作为测试人员的座右铭。

（5）穷举测试是不可能的。甚至一个大小适度的程序，其路径排列的数量也非常大，因此，在测试中不可能运行路径的每一种组合，然而，充分覆盖程序逻辑，并确保程序设计中使用的所有条件是有可能的。

（6）安排第三方进行测试会更客观、更有效。程序员应避免测试自己的程序，为达到最佳的效果，应由第三方来进行测试。测试是带有“挑剔性”的行为，心理状态是测试自己程序的障碍。同时对于需求规格说明的理解产生的错误也很难在程序员本人测试时被发现。

（7）软件测试计划是做好软件测试工作的前提。所以在进行实际测试之前，应制订良好的、切实可行的测试计划并严格执行，特别要确定测试策略和测试目标。

（8）测试用例是设计出来的，不是写出来的，所以要根据测试的目的，采用相应的方法去设计测试用例，从而提高测试的效率，更多地发现错误，提高程序的可靠性。除了检查程序是否做了应该做的事，还要看程序是否做了不该做的事；不仅应选用合理的输入数据，对于非法的输入也要设计测试用例进行测试。

（9）不可将测试用例置之度外，排除随意性。特别是对于做了修改之后的程序进行重新测试时，如不严格执行测试用例，将有可能忽略由修改错误而引起的大量的新错误。所以，回归测试的关联性也应引起充分的注意，有相当一部分最终发现的错误是在早期测试结果中遗漏的。

（10）对发现错误较多的程序段，应进行更深入的测试。一般来说，一段程序中已发现的错误数越多，其中存在的错误概率也就越大。错误集中发生的现象，可能和程序员的编程水平和习惯有很大的关系。

1.1.5 软件测试的分类

软件测试按照不同的划分方法，有不同的分类。按照程序是否执行，可以分为静态测试和动态测试；按照测试用例的设计方法，可以分为白盒测试和黑盒测试；按照开发阶段划分，软件测试可分为单元测试、集成测试、确认测试、系统测试和验收测试；按照测试实施组织划分，软件测试可分为开发方测试、用户测试（β 测试）和第三方测试；按照是否使用工具软件，可以分为手工测试和自动测试。下面简单介绍这些测试。

1. 静态测试和动态测试

原则上讲，可以把软件测试分为两大类，即静态测试和动态测试。静态测试的主要特征是在用计算机测试源程序时，计算机并不真正运行被测试的程序。这说明静态测试一方面要利用计算机作为对被测程序进行特性分析的工具，它与人工测试有着根本的区别；另一方面它并不真正运行被测程序，只进行特性分析，这是和动态测试不同的方面。因此，静态测试常被称为“静态分析”，静态分析是对被测程序进行特性分析的一些方法的总称。

值得注意的是，静态分析并不等同于编译系统，编译系统虽也能发现某些程序错误，但这些错误远非软件中存在的大部分错误，静态分析的查询和分析功能是编译程序所不能代替的。目前，已经开发出一些静态分析系统作为软件测试的工具，已被当作一种自动化的代码校验方法。不同的方法有各自的目标和步骤，侧重点不同。

静态测试阶段的任务主要表现为以下方面：①检查算法的逻辑正确性；②检查模块接口的正确性；③检查输入参数是否有合法性检查；④检查调用其他模块的接口是否正确；⑤检查是否设置了适当的出错处理；⑥检查表达式、语句是否正确，是否含有二义性；⑦检查常量或全局变量使用是否正确；⑧检查标识符的使用是否规范、一致；⑨检查程序风格的一致性、规范性；⑩检查代码是否可以优化，算法效率是否最高；⑪检查代码注释是否完整，是否正确反映了代码的功能。静态测试包括代码检查、静态结构分析、代码质量度量等，既可由人工进行，也可借助软件工具自动进行。

（1）代码检查。代码检查包括桌面检查、代码审查等，主要检查代码和设计的一致性，代码对标准的遵循、可读性，代码逻辑表达的正确性，代码结构的合理性等方面。代码检查的具体内容有变量检查、命名和类型审查、程序逻辑审查、程序语法检查和程序结构检查等。代码检查的优点主要体现在实际使用中，代码检查比动态测试更有效率，能快速找到缺陷，发现 30%～70%的逻辑设计和编码缺陷。代码检查发现的是问题本身而非征兆。代码检查的缺点是耗费时间长，而且代码检查需要检查人员知识和经验的积累。

（2）静态结构分析。静态结构分析主要是以图形的方式表现程序的内部结构。例如，函数调用关系图、函数内部控制流图。其中，函数调用关系图以直观的图形方式描述一个应用程序中各个函数的调用和被调用关系；函数内部控制流图显示一个函数的逻辑结构，由许多节点组成，一个节点代表一条语句或数条语句，连接节点的叫边，边表示节点间的控制流向。

（3）代码质量度量，主要针对软件的可维护性，目前业界主要存在 3 种度量参数：Line 复杂度、Halstead 复杂度和 McCabe 复杂度。其中 Line 复杂度以代码的行数作为计算的基准。Halstead 复杂度以程序中使用到的运算符与运算元数量作为计数目标（直接测量指标），然后计算出程序容量、工作量等。McCabe 复杂度一般称为圈复杂度，将软件的流程图转化为有向图，然后以图论来衡量软件的质量。

动态测试的主要特征是计算机必须真正运行被测试的程序，通过输入测试用例，对其运行情况进行分析，判断期望结果和实际结果是否一致。动态测试包括以下内容：①功能确认与接口测试；②覆盖率分析；③性能分析；④内存分析。

2. 黑盒测试和白盒测试

黑盒测试和白盒测试的关键是测试用例的设计，对任何工程产品都可用这两种方法对其进行测试。其中，基于产品的功能规划进行测试，检查程序各功能是否实现需求，并检查其中的错误，这种测试称为黑盒测试；而基于产品的内部结构来规划测试，检查内部操作是否按规定执行，各部分是否被充分利用，这种测试称为白盒测试。通常，这两类测试方法是从完全不同的起点出发的，两类方法各有侧重，各有优缺点，构成互补关系，在测试的实践中具有有效和实用性，在规划测试时需要把黑盒测试和白盒测试结合起来运用。通常在进行单元测试时多数采用白盒测试，而在确认测试或系统测试中采用黑盒测试的较多。

3. 单元测试、集成测试、确认测试、系统测试和验收测试

软件测试按测试的不同阶段，可分为单元测试、集成测试、确认测试、系统测试和验收测试。其中，单元测试是针对每个单元的编程模块进行的测试，以确保每个模块能按需求工作为目标。集成测试是对已测试的模块进行组装后进行的测试，目的在于检验与软件需求设计相关的程序结构问题。它是检验所开发的软件能否满足所有功能和性能需求的最后手段。系统测试是检验软件产品能否与系统的其他部分（如硬件、数据库及操作人员）协调工作。验收（用户）测试是检验软件产品质量的最后一道工序，是针对软件的功能和性能能否实现用户的需求而进行的检验，同时软件开发人员也应有一定程度的参与。

（1）单元测试

单元测试主要测试 5 个方面的问题，分别为模块接口、局部数据结构、边界条件、独立的路径和错误处理。其中，模块接口测试是对模块接口进行的测试，检查进出程序单元的数据流是否正确。模块接口测试必须在程序其他测试之前进行。局部数据结构测试主要测试在模块工作过程中，模块内部的数据能否保持完整性，包括内部数据的内容、形式及相互关系不发生错误。

在单元测试中，最主要的测试是针对路径的测试。测试用例必须能够发现由于计算错误、不正确的判定或不正常的控制流而产生的错误。

在单元测试时，如果模块不是独立的程序，需要设置一些辅助测试模块。辅助测试模块有两种：第一种是驱动模块，用来模拟被测模块的上一级模块，相当于被测模块的主程序。能接收数据，将相关数据传送给被测模块，启动被测模块，并打印相应的结果。第二种是桩模块，用来模拟被测模块工作过程中所调用的模块。通常只进行很少的数据处理。驱动模块和桩模块是测试成本中额外的开销，虽然在单元测试中必须编写，但并不需要作为最终的产品提供给用户。被测模块、驱动模块和桩模块共同构成了如图 1-1 所示的单元测试环境。

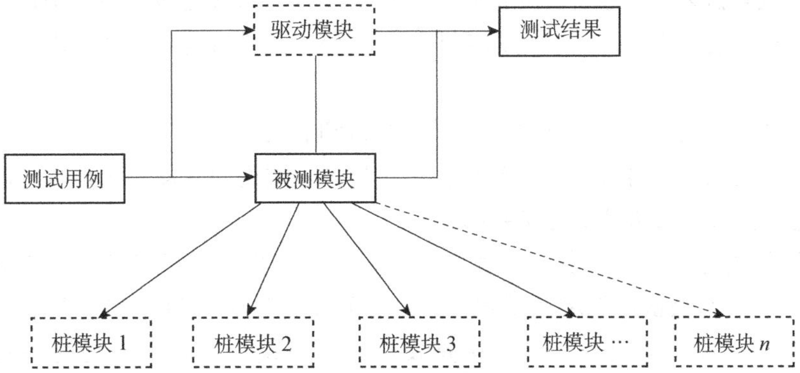

图 1-1 单元测试环境

（2）集成测试

集成测试，也叫组装测试或者联合测试，在单元测试基础上，将所有模块按照设计要求集成为子系统或系统，进行测试。

集成测试通常有两种集成方式，分别为非增量式测试和增量式测试。其中，非增量式测试采用一步到位的方法来构造测试模块。对所有模块进行个别的单元测试后，按照程序结构图将各模块连接起来，把连接后的程序当作一个整体进行测试。这种集成方式的缺点是当一次集成的模块较多时，采用非增量式测试容易出现混乱，因为测试时可能发现了许多故障，这为每一个故障定位和纠正带来非常大的困难，并且在修正一个故障的同时，可能又引入了新的故障，新旧故障混杂，很难判定出错的具体原因和位置。

增量式测试的集成是逐步实现的，即逐次将未曾集成测试的模块和已经集成测试的模块（或子系统）结合成程序包，再将这些模块集成为较大系统，在集成的过程中边连接边测试，以发现连接过程中产生的问题。按照不同的实施次序，增量式集成测试又可以分为三种不同的方法：自顶向下增量式测试、自底向上增量式测试和混合增量式测试。

（3）确认测试

确认测试的目的是向未来的用户表明系统能够像预定要求那样工作。经集成测试后，已经按照设计要求把所有的模块组装成一个完整的软件系统，接口错误也已经基本排除了，接着就应该验证软件的有效性，这就是确认测试的任务，即软件的功能和性能如同用户合理期待的那样。

确认测试又称有效性测试。有效性测试是在模拟的环境下，运用黑盒测试的方法，验证被测软件是否满足需求规格说明书列出的需求。其任务是验证软件的功能和性能及其他特性是否与用户的要求一致。软件的功能和性能要求在软件需求规格说明书中已经明确规定，它包含的信息就是软件确认测试的基础。

确认测试包括安装测试、功能测试、可靠性测试、安全性测试、时间及空间性能测试、易用性测试、可移植性测试、可维护性测试、文档测试。

通过集成测试之后，软件已完成组装，模块接口的错误已被排除，确认测试即可开始。确认测试应检查软件能否按合同需求进行工作，即是否满足软件需求说明书中的确认标准。

目前广泛使用的两种确认测试方式是 α 测试和 β 测试。

①α 测试是指软件开发公司组织内部人员模拟各类用户对即将面市软件产品（称为 α 版本）进行测试，试图发现错误并修正。

它在开发现场进行，开发者在客户使用系统时检查是否存在错误。在该阶段中，需要准备 β 测试的测试计划和测试用例。多数开发者使用 α 测试和 β 测试来识别那些似乎只能由用户发现的错误，其目标是发现严重错误，并确定需要的功能是否被实现。在软件开发周期中，根据功能性特征，所需的 α 测试的次数应在项目计划中规定。

②β 测试是指软件开发公司组织各方面的典型用户在日常工作中实际使用 β 版本，并要求用户报告异常情况、提出批评意见。

它是一种现场测试，一般由多个用户在软件真实运行环境下实施，因此开发人员无法对其进行控制。β 测试的主要目的是评价软件技术内容，发现任何隐藏的错误和边界效应。它还要对软件是否易于使用以及用户文档初稿进行评价，发现错误并进行报告。β 测试也是一种详细测试，需要覆盖产品的所有功能点，因此它依赖于功能性测试。在测试阶段开始前应准备好测试计划，清楚列出测试目标、范围、执行的任务，以及描述测试安排的测试矩阵。客户对异常情况进行报告，并将错误在内部进行文档化以供测试人员和开发人员参考。

（4）系统测试

系统测试是将经过集成测试的软件，作为计算机系统的一个部分，与系统中其他部分结合起来，在实际运行环境下对计算机系统进行的一系列严格有效的测试，以发现软件潜在的问题，保证系统的正常运行。

系统测试的目的是验证最终软件系统是否满足用户规定的需求，主要内容包括：

①功能性测试，即测试软件系统的功能是否正确，其依据是需求文档，如《产品需求规格说明书》。由于正确性是软件最重要的质量因素，所以功能性测试必不可少。

②健壮性测试，即测试软件系统在异常情况下能否正常运行的能力。健壮性有两层含义，一是容错能力，二是恢复能力。

比较常见的、典型的系统测试包括恢复测试、安全测试、压力测试。下面对这几种测试简单介绍。

①恢复测试：作为一种系统测试，主要关注导致软件运行失败的各种条件，并验证其恢复过程能否正确执行。在特定情况下，系统需具备容错能力。另外，系统失效必须在规定时间段内被更正，否则将导致严重的经济损失。

②安全测试：用来验证系统内部的保护机制，以防止非法侵入。在安全测试中，测试人员扮演试图侵入系统的角色，采用各种办法试图突破防线。因此系统安全设计的准则是要想方设法地使侵入系统所需的代价更加昂贵。

③压力测试：是指在正常资源下使用异常的访问量、频率或数据量来执行系统。在压力测试中可执行以下测试。

- 如果平均中断数量是每秒一到两次，那么设计特殊的测试用例产生每秒 10 次中断。
- 输入数据量增加一个量级，确定输入功能将如何响应。
- 在虚拟操作系统下，产生需要最大内存量或其他资源的测试用例，或产生需要过量磁盘存储的数据。

（5）验收测试

验收测试是部署软件之前的最后一个测试操作。在软件产品完成了单元测试、集成测试和系统测试之后，产品发布之前所进行的软件测试活动。它是技术测试的最后一个阶段，也称为交付测试。验收测试的目的是确保软件准备就绪，并且可以让最终用户将其用于执行软件的既定功能和任务。

验收测试是向未来的用户证明系统能够实现预定要求的功能。经集成测试后，按照设计把所有的模块组装成一个完整的软件系统，接口错误也基本被排除，从而应该进一步验证软件的有效性，这就是验收测试的任务，即软件的功能和性能如用户所期待的效果呈现。

验收测试，是系统开发生命周期方法论的一个阶段，这时相关的用户和独立测试人员根据测试计划和结果对系统进行测试和接收。让系统用户决定是否接收软件系统，是一项确定软件产品是否能够满足合同或用户所规定需求的软件系统。

实施验收测试的常用策略有三种，分别是：正式验收、非正式验收或 Alpha 测试、Beta 测试。用户选择的策略通常建立在合同需求、组织和公司标准以及应用领域的基础上。

任务实施

1. 详细阅读 CVIT 系统的软件规格需求说明书，按照说明书中提供的软件功能、业务规则、界面要素、性能需求等相关信息，布局软件测试各个测试点。将各个测试点利用工具展现如 XMind 图、Excel 图表等。

2. 认真总结白盒测试方法和黑盒测试方法，初步确定各测试点的测试方法。

3. 整理材料，书写系统的测试方案。

拓展训练

按照如下的测试模板方案，书写 CVIT 的测试方案。

CVIT 系统测试方案

目　录

1. 概述
1.1　编写目的
[说明编写本测试方案的目的]
1.2　读者对象
[本测试方案的合法读者对象为软件开发项目管理者、软件工程师、测试组、系统维护工程师]
1.3　项目背景
[项目简单说明，根据项目的具体情况，方案编写者也可进行详细说明]
2. 测试目的与范围
2.1　测试目的
[说明进行项目测试的目标或所要达到的目的]
2.2　测试参考文档
[参考文档说明]
2.3　测试提交文档
[测试过程需提交文档说明]
2.4　整体功能模块介绍
[在此介绍××系统的功能模块如下表所示]

需求编号	模块名称	功能名称	需求优先级
001	登录		高
002	存放地址	存放地址查看	
003		存放地址搜索	

2.5　相关风险
[风险评估和说明]
3. 测试进度
3.1　测试整体进度安排

测试阶段	时间安排	参与人员	测试工作内容安排	产出
测试方案			● 测试方案	●
测试用例			● 测试用例具体安排	●
第一遍全面测试			●	●
交叉自由测试			●	●

3.2 功能模块划分

模块名称	时间安排	测试负责人	备注
登录			
存放地址			

4. 测试资源

4.1 人力资源分配

角色	人员	主要职责
测试负责人		• 协调项目安排
		•

4.2 测试环境

[描述测试的软件环境（相关软件、操作系统等）和硬件环境]

5. 兼容性测试要求

[描述 B/S 架构的 CVIT 系统在不同浏览器上的兼容性描述]

6. 安全性测试

[描述系统的非法登录等安全性描述]

7. 性能测试

[描述系统的内存占据、响应时间等性能描述]

任务 1.2 软件测试过程

任务陈述

软件工程给我们软件开发提供了一个工程模式，使软件开发的过程遵从模式步骤和阶段要求。同样软件测试是软件开发过程中的一个阶段，此阶段也必须遵照这个模式来进行。当前随着技术的发展，对软件测试技术的研究越来越全面，软件测试过程的运维逐渐完善，软件质量也得以保证。

本任务的目标就是让读者了解软件测试过程，以及测试过程中出现的各项活动安排和任务。以 CVIT 系统为例，阐述软件测试过程的开展和任务要求，以及测试过程管理。

学习目标

- 软件测试的流程
- 软件测试的各阶段任务
- 几种软件测试过程模型
- 软件测试的过程管理

知识准备

软件测试过程是一种抽象的模型，用于定义软件测试的流程和方法。众所周知，开发过程的质量将直接影响测试结果的准确性和有效性。软件测试过程和软件开发过程同样都遵循软件工程原理和管理学原理。

1.2.1 软件测试流程

从一家软件企业的长远发展来看，如果要提高产品的质量首先应当从软件产品流程开始，规范软件产品的开发过程。这是一家软件企业从小作坊的生产方式向集成化规范化的大公司迈进的必经之路，也是从根本上解决质量问题、提高工作效率的一个关键管理规范。

软件产品的开发同其他产品（如汽车）的生产有着共同的特性，即需要按一定的需求规划、设计来进行生产。在工业界，流水线生产方式被证明是一种高效的，且能够较稳定地保证产品质量的一种方式。通过这种方式，不同的工作人员被安排在流程的不同位置，最终为产品的一个目标共同努力，通过流程作业防止人员工作间的内耗，极大地提高工作效率。并且由于其过程来源于成功的实例，因此其最终的产品质量能够满足过程所设定的范围。软件工程在软件的发展过程中吸取了这个经验并应用到软件开发中，这就形成了软件工程过程，也就是开发流程。

不管我们做哪件事情，都有一个循序渐进的过程，从计划到策略再到实现。软件流程就是按照这种思维来定义程序员的开发过程的，根据不同的产品特点和以往的成功经验，定义了从需求到最终产品交付的一整套流程。流程告诉程序员该怎么一步一步地去实现产品，开发过程中可能会有哪些风险，如何避免风险等。由于流程来源于成功的经验，因此，按照流程进行开发可以使得程序员少走弯路，并有效地提高产品质量，提高用户的满意度。

（1）测试工作总体流程图，如图 1-2 所示。

（2）需求、计划、用例阶段流程图，如图 1-3 所示。

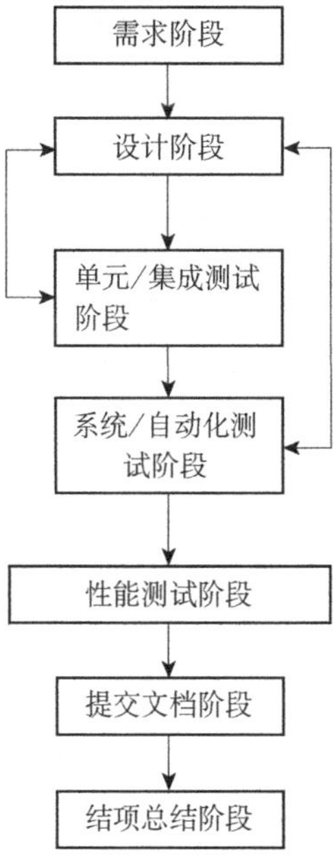

图 1-2 测试工作总流程

说明：集成测试和系统测试的反馈意见可能导致设计文档（需求或数据库）的修改。

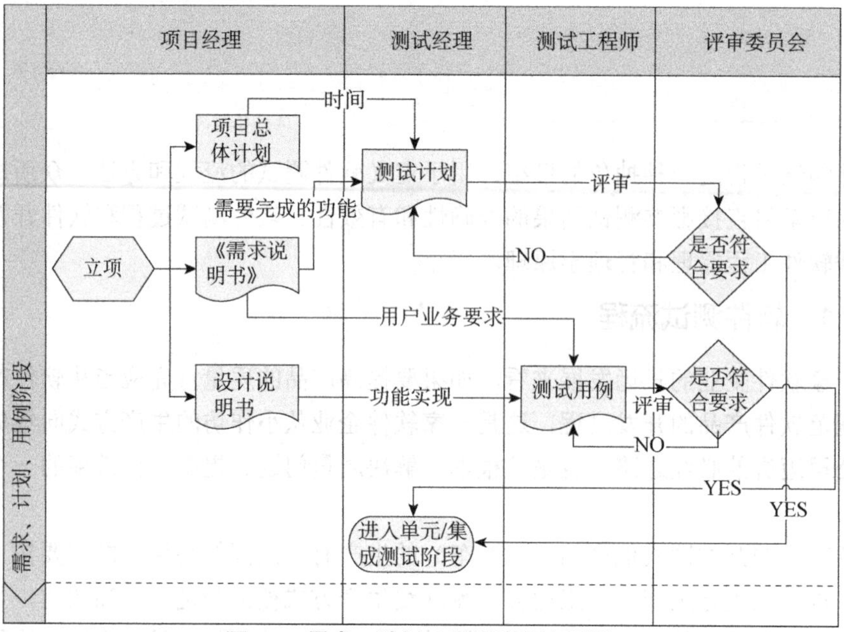

图 1-3　需求、计划、用例阶段流程图

（3）单元/集成测试阶段流程图，如图 1-4 所示。

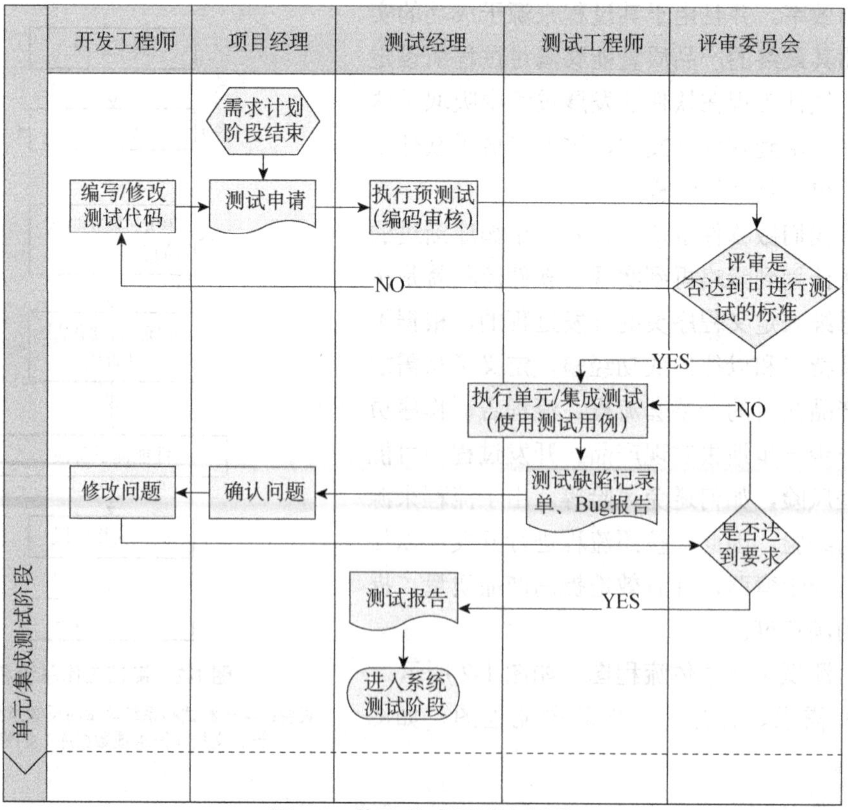

图 1-4　单元/集成测试流程图

（4）系统测试阶段流程图，如图 1-5 所示。

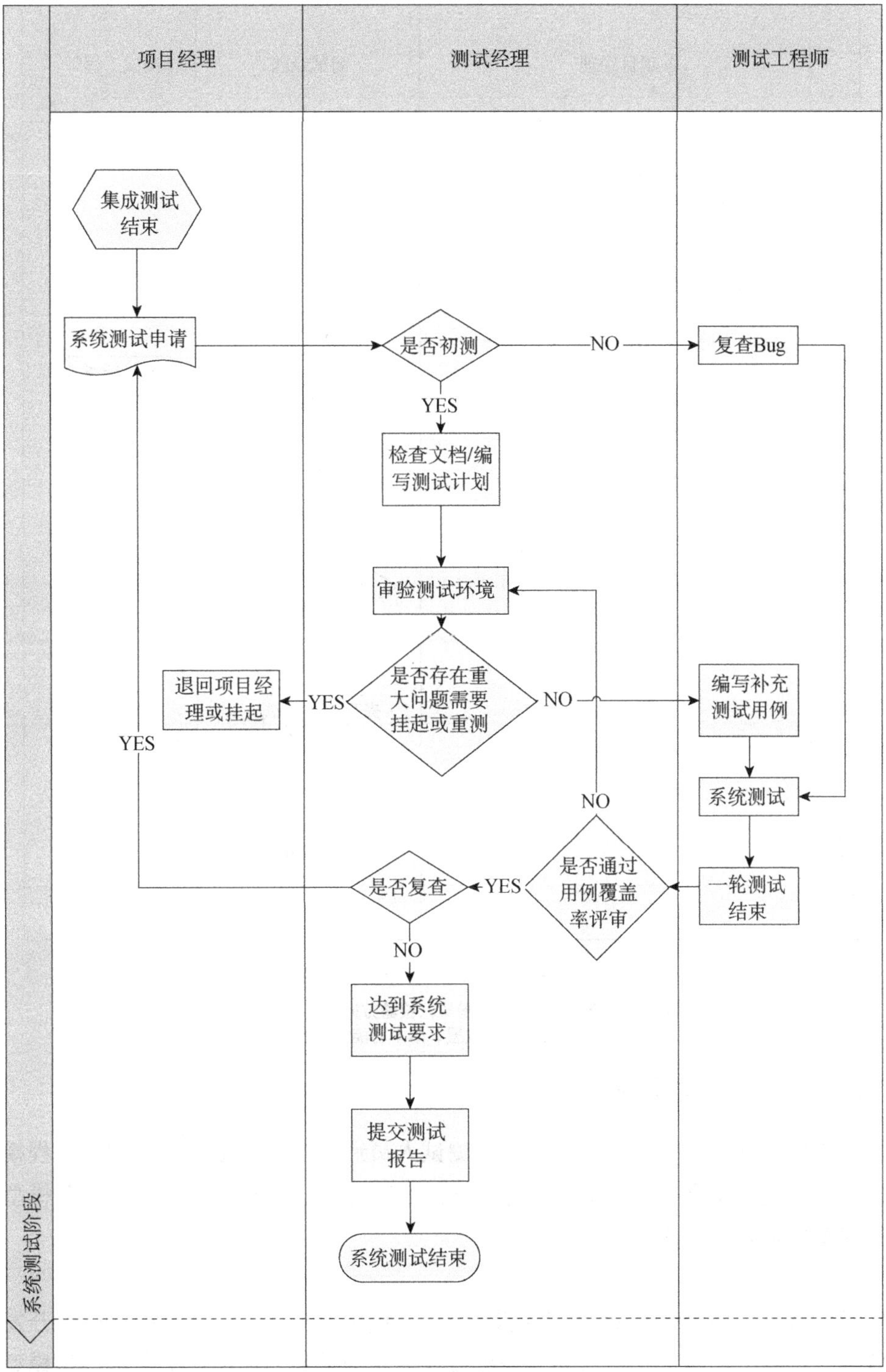

图 1-5　系统测试阶段流程图

（5）验收测试阶段流程图，如图 1-6 所示。

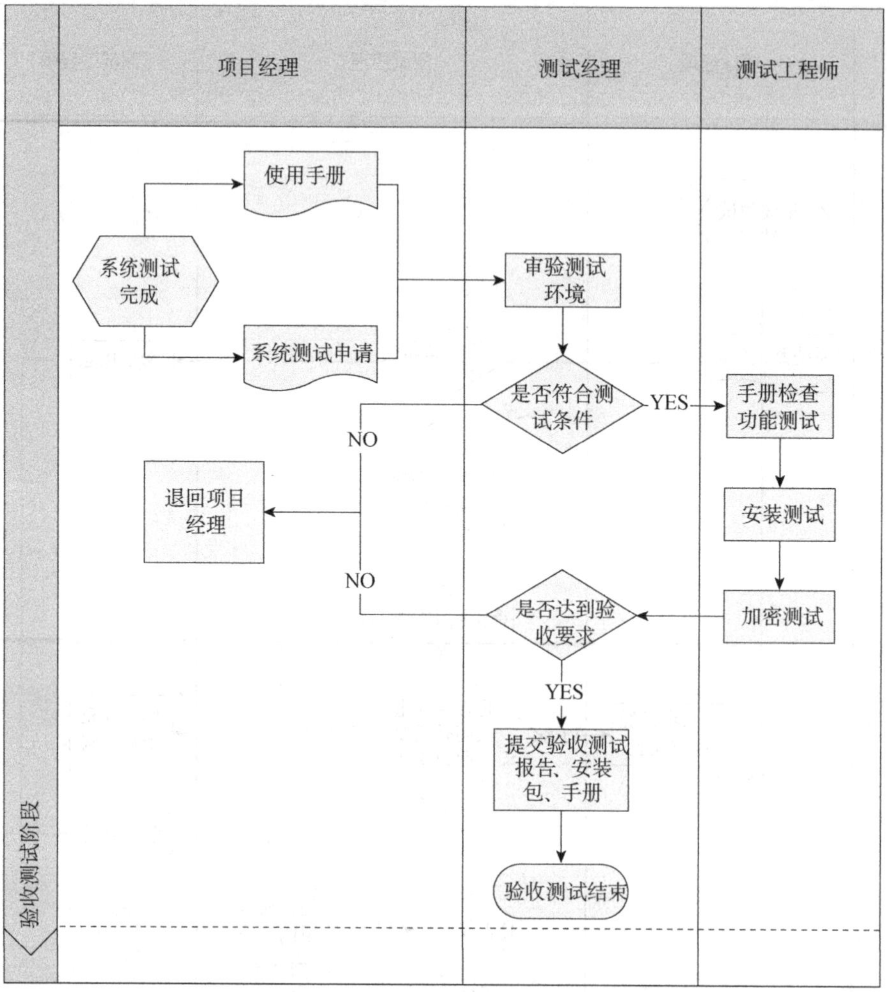

图 1-6　验收测试阶段流程图

说明：验收测试为系统上线前的最后检验，检验方向主要是安装包、安装程序、用户手册、加密设置、基本功能等内容。

1.2.2　测试过程模型

随着软件测试过程管理的发展，软件测试人员通过实践总结了很多测试过程模型，这些模型将测试活动进行了抽象化，并与开发活动进行了有机融合，因此，各模型是测试过程管理的重要参考依据。

1. V 模型

V 模型最早是由 PaulRook 在 20 世纪 80 年代后期提出的，旨在改进软件开发的效率和效果。V 模型反映了测试活动与分析设计活动的关系。如图 1-7 所示，该模型描述了基本的开发过程和测试行为，非常明确地标注了测试过程中存在的不同类型的测试以及这些测试阶段和开发过程期间各阶段的对应关系。

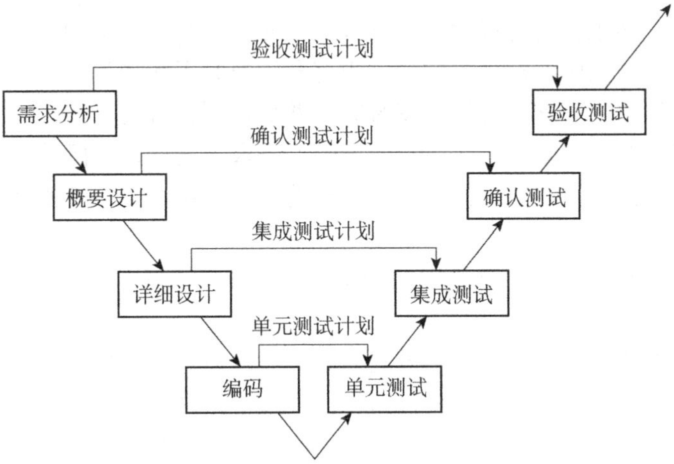

图 1-7 V 模型

V 模型指出，单元和集成测试应检测程序执行是否满足软件设计的要求；系统测试应检测系统的功能、性能的质量特性是否达到系统要求的指标；验收测试应确定软件的实现是否满足用户需求或合同的要求。但 V 模型也存在一定的局限性，其仅仅把测试作为在编码之后的一个阶段，是针对程序寻找错误的活动，而忽视了测试活动对需求分析、系统设计等活动的验证和确认的功能。

2. W 模型

W 模型由 Evolutif 公司提出，相对于 V 模型，W 模型增加了软件各开发阶段应同步进行的验证和确认活动，如图 1-8 所示。W 模型由两个 V 模型组成，分别代表测试与开发过程，明确表示出测试与开发的并行关系。

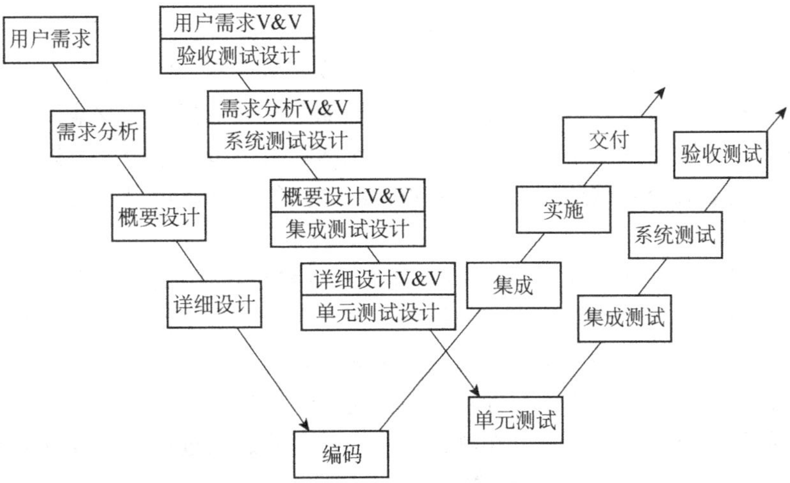

图 1-8 W 模型

W 模型强调测试伴随整个软件开发周期，而且测试的对象不仅仅是程序，需求、设计等同样需要测试，因此，测试与开发是同步进行的。W 模型有利于尽早、全面地发现问题。例如，需求分析完成后，测试人员就应该参与对需求的验证和确认活动，尽早地找出缺陷所在。同时，对需求的测试也有利于及时了解项目难度和测试风险，及早制订应对措施，这将显著减少总体测试时间，并加快项目进度。

但 W 模型也存在局限性。在 W 模型中，需求、设计、编码等活动被视为串行活动，同时，测试和开发活动也保持着一种线性的前后关系，上一阶段结束后才可正式开始下一阶段的工作。这样就无法支持迭代的开发模型。对于当前软件开发复杂多变的情况，W 模型并不能解除测试管理面临的困惑。

3. H 模型

V 模型和 W 模型均存在一些不妥之处。如前所述，两模型都把软件的开发视为需求、设计、编码等一系列串行的活动，而工作实践中，这些活动在大部分时间内都可交叉进行，所以，相应的测试之间也存在严格的次序关系。同时，各层次的测试（单元测试、集成测试、系统测试）也存在反复触发、迭代的关系。

为了解决以上问题，有专家提出了 H 模型。H 模型将测试活动完全独立，形成一个完全独立的测试流程，将测试准备活动和测试执行活动清晰地表现出来，如图 1-9 所示。

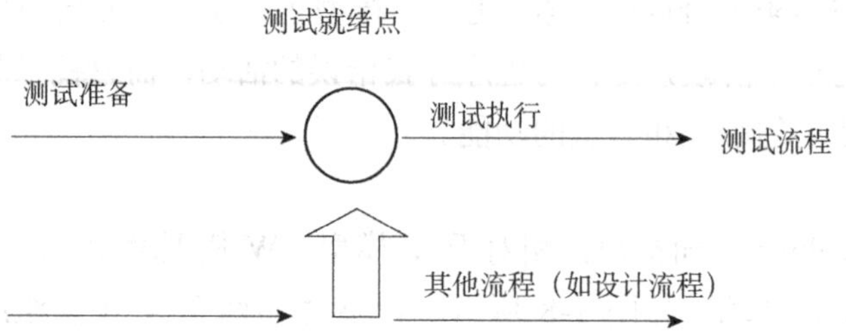

图 1-9　软件测试 H 模型

图 1-9 仅仅演示了在整个生产周期中某个层次上的一次测试“微循环”。图中标注的其他流程可以是任意的开发流程，如设计流程或编码流程。H 模型揭示的原理为：软件测试是一个独立的流程，贯穿产品整个生命周期，与其他流程并发地进行。H 模型指出软件测试要尽早准备，尽早执行。不同的测试活动可以按照某个次序先后进行，也可能是反复的，只要某个测试达到准备关键点，测试执行活动就可以开展。

4. 其他模型

除上述几种常见模型，业界还流传着其他几种模型，例如前置测试模型、X 模型等。前置测试模型体现了开发与测试的结合，要求对每一个交付内容进行测试。X 模型提出针对单独的程序片段进行相互分离编码和测试。此后通过频繁的交接，经集成最终合成为可执行的程序。这些模型都针对其他模型的缺点提出了一些修改意见，但本身也可能存在一些不周全的地方。所以在测试过程中，正确选取过程模型或者根据自身的实际情况选择/制订一个模型是非常关键的问题。

1.2.3　测试过程管理

当今，在软件产品比较发达的国家，软件测试已经成为一个独立的产业，许多软件公司纷纷建立了独立的测试团队。我国的软件测试起步较晚，但随着我国软件产业的蓬勃发展以及人们对软件质量的重视，软件测试已成为一个新兴的产业。近两年来，国内新成立的专业性测试机构有十多家，涌现出一批批专业的软件测试人员。在测试技术发展的同时，测试过程管理显得尤为重要。一个成功的测试项目，离不开测试过程中科学的组织和监控。过程管理已成为测试成功的重要保证。

根据测试需求、测试计划，对测试过程中每个状态进行记录、跟踪和管理，并提出相关的分析和统计功能，生成和打印各种分析统计报表。通过对详细记录的分析，形成较完整的软件测试管理文档，避免同样的错误在软件开发过程中再次发生，从而提高软件开发质量。

软件测试过程管理如图 1-10 所示。

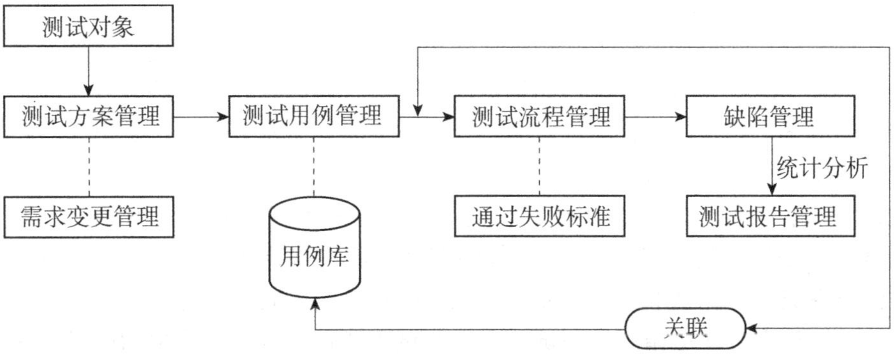

图 1-10 软件测试过程管理

生命周期模型为测试员提供了软件测试的流程和方法，为测试过程管理提供了依据。但实际的测试工作既复杂又烦琐，并且不会有哪种模型完全适用于某项测试工作。所以，我们应该从不同的模型中选取符合实际现状的测试过程管理理念，依据这些理念策划测试过程，以不变应万变。当然测试过程管理牵涉的范围非常广泛，包括过程定义、人力资源管理、风险管理等，以下介绍三种测试过程管理理念。

1. 尽早测试

“尽早测试”是从 W 模型中抽象出来的理念。测试并不是在代码编写完成之后才开展的工作，测试与开发是两个相互依存的并行过程，测试活动在软件开发活动的前期就已经开展。

“尽早测试”有两方面的含义：第一，测试人员早期参与软件项目，及时开展测试准备工作，包括编写测试计划、制订测试方案以及准备测试用例；第二，尽早地开展测试执行工作，一旦代码模块完成就应该及时开展单元测试，一旦代码模块被集成为相对独立的子系统，便可开展系统测试工作。

由于及早地开展了测试准备工作，测试人员能够提前了解测试的难度、预测测试风险，从而有效地提高测试效率、规避测试风险等。由于及早地开展了测试执行工作，测试人员可尽早地发现软件缺陷，大大降低 Bug 修复成本。但需要注意的是“尽早测试”并非盲目地提前测试活动，测试活动开展的前提是达到必需的测试关键点。

2. 全面测试

软件是程序、数据和文档的集合，那么对软件进行测试，就不仅仅是对程序的测试，还应包括软件“附属产品”的“全面测试”，这是W模型中一个重要的思想。需求文档、设计文档作为软件的阶段性产品，直接影响软件的质量。阶段性产品质量是软件质量的积累，如不能把握这些阶段性产品的质量将导致最终软件质量的不可控。

“全面测试”包含两层含义：第一，对软件的所有产品进行全面的测试，包括需求、设计文档、代码、用户文档，以及测试进度和测试策略的调整、需求变更等；第二，软件开发及测试人员（有时包括用户）全面地参与到测试工作中，并且对测试过程进行全面跟踪，例如对需求的验证和确认活动并不仅仅要保证软件运行正确，还要保证软件必须满足用户的需求。建立完善的度量和分析机制，通过对测试过程的度量，及时了解测试过程信息，随时调整测试策略等。

3. 独立的、迭代的测试

软件开发瀑布模型只是一种理想模式。为适应不同的需要，人们在软件开发过程中摸索出如螺旋、迭代等诸多模型，如果需求、设计、编码工作量重叠并反复进行相同工作，这时的测试工作也是迭代和反复的。如果不能将测试从开发中抽象出来进行管理，势必会使测试过程管理陷入困境。

软件测试和软件开发紧密结合、相辅相成，但并不代表测试依附于开发的一个过程，测试活动是独立的。“独立的、迭代的测试”着重强调测试的关键点，也就是说，只要测试条件成熟，测试准备活动完成，测试的执行活动就可以开展了。

因此，测试人员在遵循尽早测试、全面测试等测试过程管理理念的同时，应当将测试过程从开发过程中适当地抽象出来，作为一个独立的测试过程进行管理。时刻把握“独立的、迭代的测试”的理念，减小因开发模型的繁杂给测试过程管理工作带来不便。对于软件过程中不同阶段的产品和不同的测试类型，只要测试准备工作就绪，就可及时开展测试工作，把握高效的产品质量。

任务实施

面向CVIT系统制订一个测试计划，将测试计划的内容添加到测试方案中，包括测试人员结构、测试进度安排、测试过程安排。

拓展训练

熟悉禅道项目管理软件工具，能初步在工具栏中创建CVIT系统产品，进行产品维护，建立系统开发团队，明确角色分配及职责安排，并进行简单的用例创建、Bug报告书写和跟踪，了解测试过程管理。

任务 1.3　管理测试用例

任务陈述

测试一个软件系统，最关键的是编写大量的测试用例，在测试用例的作用下，考察软件系统的运行情况。一个好的测试用例，可以发现迄今为止未发现的缺陷。通常测试用例包含三个部分，分别是测试输入、预期输出和测试环境描述。测试用例作用于系统时，系统给出一个实际输出，将实际输出与预期输出进行比较，若两者一致，说明系统模块在该测试用例下没有发现问题，若不一致，说明系统模块存在缺陷，书写 Bug 报告。

本节任务是在 CVIT 系统的注册模块上，让读者尝试编写测试用例，由于各企业编写测试用例的规范存在差异，所以本节只列举一个宽泛的书写测试用例格式，读者可根据实际情况，变换格式的内容，但测试用例的基本要素不能缺失。

另外，依据禅道工具，读者应熟练掌握测试用例的跟踪与 Bug 报告的提交和跟踪，熟悉整个测试的流程。

学习目标

- 掌握测试用例的构成要素和书写格式
- 熟悉测试的设计方法
- 熟悉测试用例的执行过程和维护方法

知识准备

随着软件越来越复杂，执行全面的测试所需的测试用例数量急剧增长，必须对这些测试用例进行良好的组织和管理。

1.3.1 测试用例编写依据

一般来说，测试需求就是为了达到测试目标，项目中需要测试的内容。测试过程中所有活动都可以追溯到测试需求。例如，制订测试计划时，需要明确基本要素，即首先需要明确测试需求，也就是测试的目标内容；再决定怎么测试，即采用的测试方法；然后评估需要多少测试时间，需要多少测试人员，也就是测试的进度安排；最后明确测试环境。此外，还包括其他因素，例如测试中需要的技能、工具以及相应的专业背景知识，测试中可能遇到的风险等，以上所有的内容结合起来就构成了测试计划的基本要素。同样的，测试方案、用例、内容都应以测试需求为基准。

测试需求是从软件需求映射而来的，所以其详细程度与软件需求的详细程度有着密切关系。在编写时，在保证与软件需求一致的前提下，力求表达准确详细，避免测试的遗漏与误解。测试用例的编写应该覆盖所有的测试需求，而测试需求是由软件需求转换而来的，因此测试用例的编写依据主要是软件需求。此外，还应遵守相关的编写规则、规范等。

1.3.2 测试用例开发原则

依据原则：测试用例编写的主要依据是项目提供的需求说明书和相关技术规范文档。

全覆盖原则：对需求说明书和相关技术规范中要求的主要功能点进行全覆盖测试，要求所有功能均能正常实现运行。

规范原则：所有测试用例的编写要求规范，对于所有被测的功能点，应用程序都应按照需求说明书和相关技术规范中的给定形式，在规定的边界值范围内使用相应的工具、资源和数据执行其功能。

全面原则：测试不仅仅针对系统功能特性进行测试，对软件系统的其他质量特性也进行全面地测试与评估。

测试用例编写应该满足的具体量化要求应包含如下几点：

（1）用户经常使用的、关系到系统核心功能的、优先级别较高的功能点，测试用例应该达到100%的覆盖率。

（2）针对各个系统端到端的功能以及与其他系统的接口的测试应该达到 100%的覆盖率。

（3）测试用例包括正常输入和正常业务流程测试，也包括对非法数据输入和异常处理的测试，且对系统非正常操作的测试用例应占总数的20%～30%。

（4）测试用例中包括中文特性及系统本地化测试，如中文信息的显示、录入、查询、打印和报表显示测试等。

1.3.3 如何写好测试用例

要解决繁而复杂的测试问题，成为一名合格的测试工程师，测试用例（Test Case）此时就能发挥其重要作用。

每位进入工作岗位的测试员，熟悉软件测试内容都是从测试用例开始的。一个测试用例的完整与否决定了测试工程师在整个测试过程中能否有效顺利地完成任务，而能够创建一个高质量的测试用例也是每个测试人员的职责，由此，创建测试用例也成为测试员上任岗位之后的必修课。

微课：如何写好测试用例

当然，编写测试用例也是一个不断完善的过程，创建新的用例，修改旧的用例，通过问题报告或需求报告来创建用例以追踪以后的项目等，而这些都需要程序员对正确创建测试用例的规则有一定的了解之后，通过学习、实践，不断修改才能完善 Case。维护好编写的 Case 库是为自身及将来新加入的组员提供重要的测试依据。

那么如何建立一个完整健全的测试用例呢？这就需要有一个严格的程序与规范，以下就为如何写好测试用例的关键字段逐一说明。

1. 标题

在创建测试用例页面时，首先要做的是，给此条测试用例冠以一个明确的标题（Title）。

标题应以一句话来概括，主要写的是测试方向。优质的标题能让阅读者一目了然，见标题就能大致了解测试内容。

模块名称使用全拼显示，第一个字母应大写。

例如：

涉及具体功能的：Camera_Color Mode；Camera_Capture Mode。

涉及某个选项的：Camera_Size of picture；Camera_Mark and unmark image。

涉及显示路径的：Camera_Display of images；Camera_Access to the Camera。

涉及菜单列表的：Camera_Contextual menu after picture taken。

以上列举了几个例子来帮助大家理解，具体创建时应针对不同的模块，不同的测试点，需有不同的概括。当然，要想概括一个准确的测试用例标题，还需要通过一定的测试用例阅读量来达到。

2. 摘要（Summary）

创建好标题后，摘要就需要对测试用例的标题作展开描述，一般两到三句，主要描述测试用例需要验证软件的某个功能、选项、显示等是否有问题，或是在不当操作后软件不会发生异常现象。如果是协议方面的测试用例，则需写明要验证的功能点。

这里只要做简单概括测试用例的测试内容即可，具体的步骤与测试方法在步骤中详细描述。

3. 步骤（Steps）

步骤部分用于对测试用例的操作步骤的具体描述，也是重点需要关注的内容，描述应尽量详细。此部分大致可以分为以下 4 个部分：

（1）前提条件（Pre-Condition）。需注明在执行此条测试用例前，需要做哪些前期准备。例如需要什么网络环境，或需要什么附件，仪器设备，软件相关配置，测试用例间的关联性等。前提条件项非必要项，如果测试用例操作中，不需要有任何前提条件，那就可直接从下面的描述开始。

（2）描述（Description）。测试用例的测试步骤，需要在此详细描述，并以"1.2.3.4.5.6…"步分别写明。

某些测试用例的 1～3 步可能需要加载一些相关文件，例如先拍一些照片，拍一些视频；或是先对软件做相关设置，每种设置都需要把具体路径写清楚，设置的项或设置的数据也要写清楚。

接下来的步骤（如 4～6 步）就是正式的操作步骤以及测试的点。这里要注意，步骤一定要写清楚明确，让第一次接触测试用例的测试员可以根据程序员写的步骤做出正确的判断并执行。

描述项为必写项。对于新人来说，如果步骤编写不够明确，可能会导致理解有误，从而不明确如何操作。因此为了避免测试用例有疑问，不要怕浪费时间做解释。

注意：

- 测试步骤的颗粒度以模块的功能点为依据，能适应到其他类似项目。
- 有些测试用例会分成很多类型，比如基本测试用例（Basic Case），权限测试用例（Limitation Case），交互测试用例（Interaction Case），压力测试用例（Intensive Test Case）等。可以在这里写明此条测试用例需要执行多少次，或同哪些功能有交互等。当然其他在测试过程中需要注意的事项，都可以写在此栏中。

步骤通常只有以上两个部分，具体测试用例要具体对待，只要编写的步骤能让大家理解如何去正确执行，就算是成功的步骤了。当然有些特殊的程序包可能会有所不同，执行的步骤依照各个组的模块也可能会有所不同，所以程序员在创建和修改时可以借鉴前辈同模块的测试用例或是询问同事具体的写作方法，这样有助于程序员学习成长，同时还可以保持团队队形。

4. 预期结果（Expected Results）

写完步骤，接着就该叙述软件正确的行为应该怎样呈现，也就是预期结果。

这里同样需要用“1.2.3.4.5.6…”步分别列明，如果步骤的要求是“写明白”，那么预期结果的要求就是“写清楚”，而且要概括得全面，否则很容易把错误的行为误认为是正确的行为。

另外需要注意的是，预期结果必须对应每一个步骤中的描述，如果步骤 1 和步骤 2 不会导致软件有异常行为，那么预期结果可以直接在“步骤 3～6”中编写。这里主要描述软件的正确行为或正常的界面显示等。

例如：步骤为

①Launch Contacts，Click “Set up my profile”，add name，number，photo，email，and other files.

②Call/Send in/out the number in my profile.

③Share my profile via BT/Email/MMS/Gmail…

④Set ringtone for my profile.

⑤Delete my profile.

预期结果为

①Can edit my profile information correctly.

②The call is normal.

③Share my profile successfully.

④The ringtone is the set one.

⑤Can delete my profile.

5. 执行方式（Execution Type）

执行有两种方式：Manual 和 Automated。Manual 代表此条测试用例需要工程师手动操作执行，大多数的测试用例会选择此项；Automated 代表此条测试用例是通过系统自动实现的，也就是通过一些脚本让系统来执行，而工程师只负责查看结果来决定是通过（Pass），还是失败（Fail）。

6. 测试重要等级（Test Importance）

测试重要等级的选择，可以通过测试用例的重要性来选择，此选项中包含以下三个选项：

（1）High。测试用例重要级为最高，如果出现问题，是必须发现的或一旦发现就会严重影响用户体验的。此测试用例一般是要验证软件基本功能的测试用例。

（2）Medium。表示测试用例比较重要，通过一些操作后很容易发现问题，此测试用例多为交互或极限情况下的测试用例。

（3）Low。不容易发现的问题，在一般正常操作下用户很少关注，因此是不会造成很大问题的测试用例。

当仔细阅读完以上创建测试用例的步骤，那基本上就了解了测试用例的构成，接下来即可尝试创建一个完整的测试用例。但是对于刚加入的测试员，可能对于协议、模块、功能，或者预期结果还不是很了解，还需要在以后的日常工作中逐渐去学习，去实践，去丰富，但是只要认真地去看去做，相信可以做好。当然合格的测试用例也是需要通过大家一起复查的，集体的智慧可以让我们的测试用例更加完善。

1.3.4 测试用例执行

1. 测试用例对测试需求的覆盖

首先了解什么是测试需求覆盖。测试需求来源于软件需求，与软件需求的关系是一对一，或者是多对一。如果一个软件需求可以转换为一个或者多个测试需求，那么测试需求就覆盖了全部的软件需求，如此测试需求的覆盖率为 100%。但是这不能说明测试需求的覆盖程度达到了 100%。因为一般的软件需求只明确了显性的功能与特性，而隐性的功能与特性（没有被明确指出但是却应该具有的功能和特性）并没有在需求中直接体现。而这部分需求也应该成为测试需求，因此在进行测试需求分析时，要同时分析软件的显性和隐性需求，或者根据实际测试中发现的缺陷，对测试需求进行补充或优化，并更新测试用例，以此提高测试需求的覆盖程度。

好的测试用例集应该覆盖全部的测试需求。以系统功能举例说明，测试用例包括功能点和业务流程。对于功能点，设计的测试用例需要覆盖全部需求中的功能点，除了正常情况的测试用例，还应设计异常情况的测试用例，且异常情况测试用例占整个测试用例集的 20%～30%。同样，业务流程的测试用例也包含正常流程和异常流程。

2. 测试用例执行结果分析

测试用例执行结果可以从覆盖率、执行率、通过率等几个方面进行分析和考察。这里的覆盖率是指测试用例覆盖的功能与测试需求功能的比值；执行率是指已执行的测试用例数与测试用例总数的比值；通过率是指成功执行的测试用例数与测试用例总数的比值。

测试用例的覆盖率达到 100%，也就是说，测试用例必须覆盖全部的测试需求，否则测试用例的设计则是不全面的，无法保证测试质量，需要补充或者重新设计相应测试用例。测试用例执行率是衡量测试效率的因素，通常，在测试完成时测试用例的执行率也需要达到 100%，也可能因为某些特殊原因导致测试中断而没有全部执行测试用例，可针对具体的情况进行分析。测试用例通过率是衡量用例本身设计质量和被测软件质量的因素，对于未能成功执行的测试用例，要分析它是用例设计错误还是被测软件错误，而导致用例无法顺利执行。

1.3.5 测试用例维护

软件产品的版本是随着软件的升级而不断变化的，而每一次版本的变化都会对测试用例集产生影响，所以测试用例集也需要不断地变更和维护，使之与产品的变化保持一致。以下原因可能导致测试用例变更。

（1）软件需求变更。软件需求变更可能导致软件功能的增加、删除、修改等变化，应遵循需求变更控制管理方法，同样变更的测试用例也需要执行变更管理流程。

（2）测试需求的遗漏和误解。由于测试需求分析不到位，可能导致测试需求遗漏或者误解，相应的测试用例也要进行变更。特别是对于软件隐性需求，在测试需求分析阶段容易被遗漏，而在测试执行过程中被发现，这时需要补充测试用例。

（3）测试用例遗漏。在测试过程中，发现测试用例未覆盖全部需求，需要补充相应的测试用例。

（4）软件发布后，用户反馈的缺陷。表明测试不全面，存在尚未发现的缺陷，需要补充或修改测试用例。

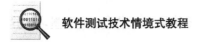

对于提供软件服务的产品，其多个版本常常共存，而对应的测试用例也需共存，而且测试用例需要专人定期维护，并遵循以下原则。

1. 及时删除过时的测试用例

需求变更可能导致原有部分测试用例不再适合新的需求要求。例如，删除了某个功能，那么针对该功能的测试用例也不再需要。所以随着需求的每一次变更，都要删除那些不再使用的测试用例。

2. 及时删除冗余的测试用例

在设计测试用例时，可能存在两个或者多个用例测试相同内容，降低回归测试效率，所以要定期整理测试用例集，及时删除冗余的测试用例。

3. 增加新的测试用例

由于需求变更、用例遗漏或版本发布后发现缺陷等原因，原有的测试用例集没有完全覆盖软件需求，则需要增加新的测试用例。

4. 改进测试用例

随着开发工作的进行，测试用例不断增加，可能会出现一些对输入或者运行状态比较敏感的测试用例。这些用例难以被重用，影响回归测试的效率，需要进行改进，使之可重用可控制。

总之，测试用例的维护是一个长期的过程，也是一个不断改进和完善的过程。测试用例管理是软件测试过程中的重要内容，测试用例的好坏对软件测试质量有着重要的影响。

任务实施

依据知识准备中“如何写好测试用例”模块详述的测试用例要素，开展 CVIT 系统的注册模块的测试用例编写。

拓展训练

借助于禅道工具，在禅道中创建 CVIT 系统产品，创建测试团队，对团队成员分配不同的测试角色，执行相应的任务；其中，测试团队包括项目经理、测试人员、程序员角色。至少满足人员如下：项目经理 1 人，测试人员 2 人（书写测试用例 1 人，执行测试用例和书写 Bug 报告 1 人），程序员 1 人。创建好团队之后，完成测试用例书写，执行测试用例，完成测试用例等过程的演练。此过程可以参照学习情境 2 中禅道项目管理软件的学习。

任务 1.4　管理 Bug 报告

任务陈述

缺陷（Bug）报告是测试过程中提交的最重要的资料。其重要性丝毫不亚于测试计划，并且比其他在测试过程中产出的文档对产品的质量影响更大。所以测试员必须学习如何编写有效的缺陷报告。有效的缺陷报告将能够减少开发部门的二次缺陷率，加快开发和修改缺陷问题的速度，提高测试部门的信用度，增强测试和开发部门的协作。

本节任务是学习 Bug 报告的构成要素，掌握 Bug 报告的跟踪过程；在 CVIT 系统登录模块写好测试用例之后，执行这些测试用例，发现 Bug，在禅道系统中提交 Bug 报告。

学习目标

- 掌握 Bug 报告的构成要素
- 熟悉 Bug 报告的跟踪流程

知识准备

Bug 报告是测试人员检查出软件错误之后对错误进行描述的一种手段，是程序员与测试员之间沟通的桥梁。本任务要求掌握 Bug 报告的基本内容，尽可能将缺陷问题展现给程序员，以帮助程序员进行软件修改。

1.4.1　Bug 报告的构成要素

Bug 报告中的描述要求分类准确、叙述简洁、步骤清楚、有实例、易再现、复杂问题有据可查（截图或其他形式的附件）。由测试组长/经理把关，以开发人员的角度审查 Bug 报告描述，看其是否将缺陷描述清楚了，不能很好描述的 Bug 应把工程文件或截图作为附件一并提交。

微课：Bug 报告的构成要素

1. Bug 报告的具体特征

（1）问题描述的一般格式。问题描述时，建议分以下几步描述：模块或功能点→测试步骤→期望结果→实际结果→其他信息，可依据实际情况调整。

（2）单一。尽量一个报告只针对一个软件缺陷进行描述，报告形式应方便阅读。在主报告之后应注明不同的条件。

（3）简洁。每个步骤的描述应尽可能简洁明了。只解释事实、演示和描述软件缺陷必要的细节，不写无关信息。

（4）再现。问题必须在自己机器上能复现方可入库（个别严重问题不能复现也可入库，但需标明）。

（5）复杂的问题应附截图补充说明或直接通知指定的修改人，应考虑网络数据传输效率，截图的文件格式建议用 JPG 或 GIF，不建议用 BMP。

（6）报告中不允许使用抽象词句，例如“有错误”之类。

（7）有关操作系统特征问题，应在不同操作系统上进行操作，看是否能重现，并在 Bug 报告中标志。

[Bug 描述用例]

标题：

[Charger]It will pop up warning message，when the MS connect the charger about one minute.

描述：

When the MS connect the charger about one minute，it will pop up warning message："Warning! Bad contact-charger! " and then can not continue to charge.

复现步骤：

①Switch on the MS.

②Connect charger for about one minute，you will find the warning message："Warning! Bad contact-charger!" and then can not continue to charge.（KO）

期望结果：

The MS should be charged successfully.

工具和平台：

Jade SW17Q+ML62

复现概率：100%

注：所有测试项目采用测试管理工具进行 Bug 管理，该工具能从测试步骤自动生成 Bug 报告，因此对于 Bug 描述要求在测试方案用例设计阶段就可进行控制。

2. Bug 报告的组成

（1）Bug 报告包括头信息、简述、操作步骤和注释。

（2）头信息包括：测试软件名称、版本号、严重程度、优先程度、测试平台、缺陷或错误范围。要求填写完整、准确。

（3）简述是对缺陷或错误特征的简单描述，可以使用短语或短句，要求简练、准确，并描述清楚正确的应该是怎么样的，现在有什么错误，以及出现的概率。

（4）操作步骤是描述该缺陷或错误出现的操作顺序，要求完整、简洁、准确。每一个步骤尽量只记录一个操作。

（5）注释一般是对缺陷或错误的附加的描述。

（6）对于描述不清楚的问题，可以抓取图片说明，对于非必现的问题，需要添加 Log 附件。

（7）每个软件问题只书写一个缺陷报告。这样可以保证每次只处理一个确定的错误，定位明确，提高效率，也便于修复错误后可以针对性地进行验证。

3. Bug 的属性

（1）Bug 状态：指缺陷通过一个跟踪修复过程的进展情况，包括 New、Open、Reopened、Fixed、Closed 及 Rejected 等，如图 1-11 所示了 Bug 属性状态的转换。

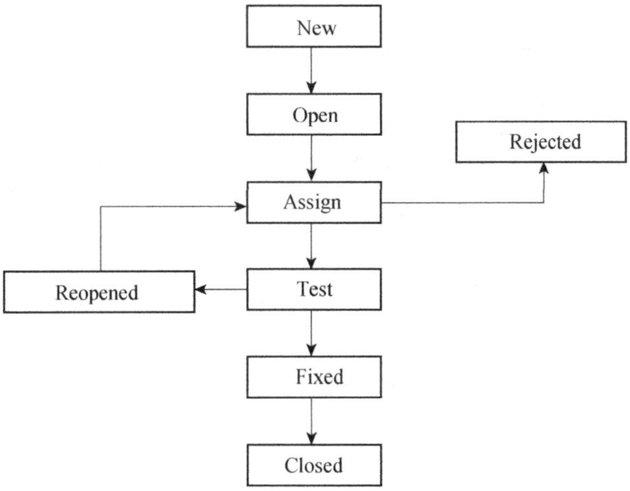

图 1-11　Bug 属性状态的转换

Bug 各种状态的详细说明见表 1-2。

表 1-2　Bug 状态的详细说明

状态名称	详细描述
New	为测试人员提交新问题所标志的状态
Open	为任务分配人（开发组长/经理）对该问题准备进行修改并对该问题分配修改人员所标志的状态。Bug 解决中的状态，由任务分配人改变。对没有进入此状态的 Bug，程序员不用管
Reopened	为测试人员对修改问题进行验证后没有通过所标志的状态；或者已经修改正确的问题，又重新出现错误。由测试人员改变
Fixed	为开发人员修改问题后所标志的状态，修改后还未测试
Closed	为测试人员对修改问题进行验证后通过所标志的状态。由测试人员改变
Rejected	开发人员认为不是 Bug、描述不清、重复、不能复现、不采纳所提意见建议或虽然是个错误但还没到非改不可的地步故可忽略不计，或者测试人员提错而被开发人员拒绝的问题。由 Bug 分配人或者开发人员来设置

（2）Bug 严重级别：是指因缺陷引起的故障对软件产品的影响程度，由测试人员指定。Bug 严重程度级别描述如表 1-3 所示。

表 1-3　Bug 严重程度级别描述

级别名称	详细描述
A-Crash	错误导致了死机、产品失败（“崩溃”）、系统悬挂无法操作
B-Major	功能未实现或导致一个特性不能运行并且不可能有替代方案
C-Minor	错误导致了一个特性不能运行但可有一个替代方案

续表

级别名称	详细描述
D-Trivial	错误是表面化或微小的（提示信息不太准确友好、错别字、UI 布局或罕见故障等），对功能几乎没有影响，产品及属性仍可使用
E-Nice to Have（建议）	建设性的意见或建议

（3）Bug 优先级：指缺陷必须被修复的紧急程度，由 Bug 分配者（开发组长/经理）指定。Bug 的优先级如表 1-4 所示。

表 1-4　Bug 的优先级

优先级名称	详细描述
5-Urgent	阻止相关开发人员的进一步开发活动，立即进行修复工作；阻止与此密切相关功能的进一步测试
4-Very High	必须修改，发版前必须修正
3-High	必须修改，不一定要马上修改，但需确定在某个特定里程碑结束前须修正
2-Medium	如果时间允许应该修改
1-Low	允许不修改

1.4.2　Bug 管理流程

1. Bug 报告处理流程

在测试人员书写完 Bug 报告之后，采用一定的工具进行 Bug 报告管理，其整个 Bug 报告处理流程如图 1-12 所示。

（1）测试人员提交新的 Bug 报告入库，错误状态为 New。

（2）测试组长验证错误，如果错误得到确认，分配给相应的开发人员并抄送给软件项目经理，设置状态为 Open。如果不是错误，则拒绝，设置为 Invalid（无效）状态。

（3）开发人员查询状态为 Open 的 Bug，把 Bug 置为 Assigned 状态，表明已经开始处理该问题。

（4）对于无效 Bug，开发人员把状态置为 Invalid。

（5）对于普通 Bug，开发人员修复 Bug 后，把状态置为 Resolved。

（6）对于暂时不能解决的 Bug，状态保留为 Assigned，并添加相关备注。

（7）对于不能修改或者建议不修改的问题，应及时反馈给项目经理，经各方开会讨论决议后，才能置为暂时不修改状态 Won’tfix。

当测试人员查询状态为 Fixed 的 Bug 时，然后验证 Bug 是否已解决，如解决则置 Bug 的状态为 Closed，如没有解决置状态为 Reopened。

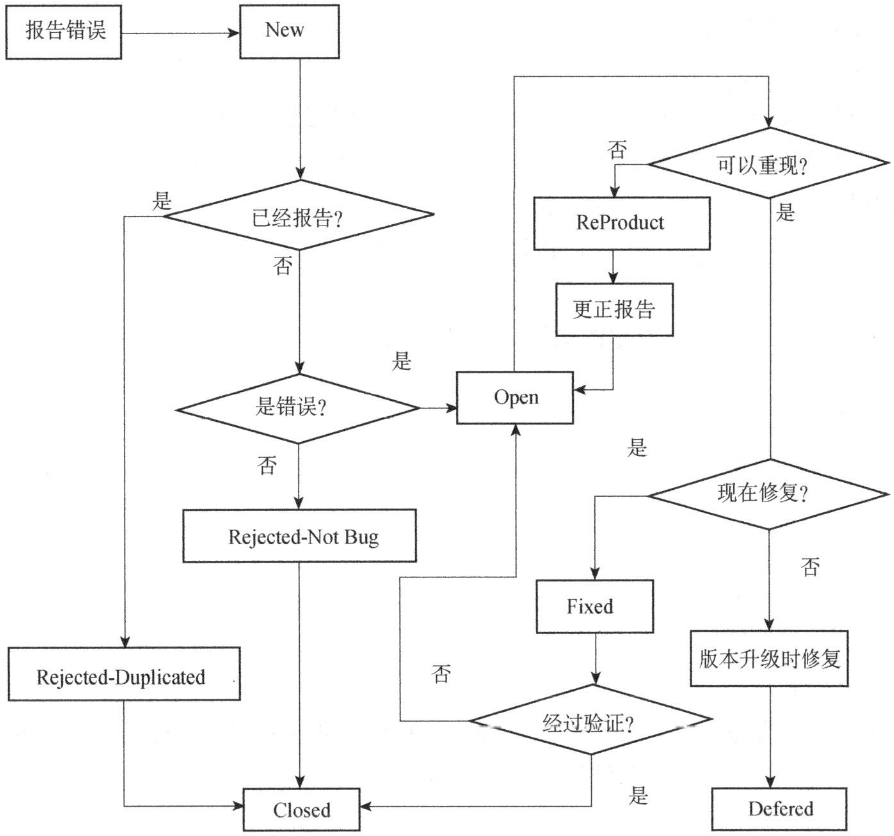

图 1-12　Bug 报告处理流程

2. 软件 Bug 流程管理要点

（1）为了保证 Bug 的正确性，需要由具有丰富测试经验的测试人员验证发现的 Bug 是否为真正的 Bug，书写的测试步骤是否准确，是否能重复。

（2）每次对 Bug 的处理都要保留处理信息，包括处理方法、处理意见、Bug 状态等。

（3）拒绝或延期 Bug 不能由程序员单方面决定，应该由项目经理、测试经理和设计经理共同决定。

（4）Bug 修复后必须由报告错误的测试人员验证后，确认已经修复，才能关闭 Bug。

（5）开发人员应该着手处理自己重现的问题，减少对测试人员的依赖。

（6）对于某些不能重复的错误，程序员应加强与测试人员的交流，可以请测试人员补充详细的测试步骤和方法，以及必要的测试 Log 信息。

（7）软件项目经理应该加强对 Bug 的关注，对于没有及时得到处理、长时间没有解决的问题应进行跟踪结果。

（8）普通的研发版本，应该带有自动记录 Log 的功能。

（9）无法重现的 Bug，需要跟踪三个版本以上才能关闭。

3. 对 Bug 的处理

（1）软件开发组长/经理

每天对 Bug 进行分配，标注处理意见，设定优先级（发版前必须由三方：需求、开发、产品共同确定）。问题分配时，应尽可能将咨询类、理解错误类等问题及时处理，而不是留给开发人员。如果是需求的问题，则分配给需求人员。定期对 Bug 库进行分析，统计找出常出错的模块，再进行代码审查。

（2）开发人员

分析 Bug，写出出现问题的原因，修改 Bug；实行 Bug 优先原则，严重程度 B-Major 类或紧急程度 3-High 类 Bug 包含 5 个或 5 个以上，应停止新功能的开发工作。

（3）需求人员

解释需求，给出处理意见，将 Bug 库中的建议整理成需求文档。评审确定后列入开发计划。

（4）测试人员

不参与问题的优先级的定位，只用 Bug 级别反映 Bug 的严重程度。验证 Bug 是否已被解决。

（5）测试组长/经理

审核测试人员提交的 Bug 报告。定期对 Bug 库进行分析，并描绘出曲线图等，报告现状、预测趋势。在测试总结报告中给予意见。

（6）产品人员

可以对优先级和处理意见等进行审核，如有意见和项目组商量定夺。

4. 处理意见

开发组长/经理（或具体 Bug 分配人员）在审核新 Bug 时、在将 Bug 分配给开发人员解决前，需要给出该 Bug 的处理意见。处理意见详细描述如表 1-5 所示。

表 1-5　处理意见详细描述

处理意见	详细描述
Fixable	可修改。表示 Bug 可以被修复或更正
Duplicated	重复。表示该 Bug 已经被其他测试人员找到（“纯粹”重复），或者开发人员认为原因是相同的（但从测试角度，认为出现的地方有所不同、表现也有所不同等）
Postponed	延后。由于时间、进度、重要程度或者技术/需求等方面的原因，认为不能解决、须延期解决或者本版不做留待到后续版本解决的 Bug。（注：因“Bug 状态”字段中也有该值，根据各组各自使用情况，可以只保留一个，或者开发/测试各有侧重地使用这两个 Postponed）
By Design	因设计结构问题无法修改。测试人员认为是 Bug，不符合逻辑，也不符合用户的需求，但开发人员则认为是按照设计编写的，只能如此处理，否则修改代价太大

续表

处理意见	详细描述
Can't Reproduce	不可复现。不能重现（如因 Bug 出现的环境不能重现），或以前出现的某个 Bug 自动消失（可能是在处理其他 Bug 的时候把这个 Bug 一并修复掉了）。（注：因 TD 本身亦带有“是否复现（Reproducible）”字段，根据各组各自使用情况，可以用它来标志，或者不用它而在“处理意见”字段中用该值标志）
Disagree With Suggestion	不同意所提意见或建议，不采纳
Not Error	不是问题，测试人员误提
Won't Fix	这个 Bug 是一个错误，但还没有重要到非要更正不可的程度，可以忽略不计

说明：
（1）定为 Duplicated 的 Bug，必须注明和×××Bug 重复。
（2）测试人员对标明为 Duplicated 的 Bug 进行复测，需要对×××Bug 修改后方可进行。
（3）定期回顾 Can't Reproduce，Postponed。
（4）定期整理 By Design。
（5）其他一些字段（及所定义的枚举值）的定义解释，供有需要用到的组参考。

5. 测试状态

新提交的 Bug 定位标准，由测试人员指定，一般有 8 个（提交 Bug 时给出）。Bug 的定位标准如表 1-6 所示。

表 1-6　Bug 的定位标准

标准项	说　明
1—New Defects（或写成 Defect）	新 Bug
2—Second Defects（或写成 SB）	复测时新出现的 Bug
3—Faculative	偶发性
4—Reappear	原来修改过的问题又重新出现
5—By Requirement	需求要求但没有编写的功能
6—Suggestion	需求需要完善
7—Differ With Requirement	与需求不一致
8—By Design	设计要求但没有做的功能

6. 复测状态

复测状态，即复测时给出的状态，测试人员对于经过验证的 Bug 应按以下几种标准进行定位（由测试人员指定）：OK、PD、DV、NB、NR、AR。复测状态如表 1-7 所示。

表 1-7　复测状态

复测状态	说　明
OK	正确
PD	此问题悬而不决
DV	有错误，可以暂时不考虑

续表

复测状态	说　明
NB	不是错误
NR	不能复现的错误
AR	需求不明确

7. 问题定位

测试人员在测试之后，遇到 Bug，可以给出明确的 Bug 的定位方式。Bug 的定位方式如表 1-8 所示。

表 1-8　Bug 的定位方式

定位类型	描　述
Calculate_error	计算错误，指计算过程中计算结果错误
Data_error	数据错误，指非计算结果类的数据错误
Graphics_error	图形错误，指绘图、图形显示、图形编辑时发生的错误
Interface_error	界面错误
Requirement_error	需求错误
Function_error	功能错误
Unknown_error	未知错误

缺陷来源（Source）：指引起缺陷的起因，缺陷的起因见表 1-9。

表 1-9　缺陷的起因

缺陷起因	原因描述
Requirement	由于需求的问题引起的缺陷
Architecture	由于构架的问题引起的缺陷
Design	由于设计的问题引起的缺陷
Code	由于编码的问题引起的缺陷
Test	由于测试的问题引起的缺陷
Integration	由于集成的问题引起的缺陷

类型（Type）：根据缺陷的自然属性划分的缺陷种类，缺陷的种类见表 1-10。

表 1-10　缺陷的种类

缺陷种类	缺陷描述
F-Function	影响了重要的特性、用户界面、产品接口、硬件结构接口和全局数据结构，并且设计文档需要正式的变更，如逻辑，指针，循环，递归，功能等缺陷
A-Assignment	需要修改少量代码，如初始化或控制块，如声明、重复命名，范围、限定等缺陷

续表

缺陷种类	缺陷描述
I-Interface	与其他组件、模块或设备驱动程序、调用参数、控制块或参数列表相互影响的缺陷
C-Checking	提示的错误信息，不适当的数据验证等缺陷
B-Build/package/merge	由于配置库、变更管理或版本控制引起的错误
D-Documentation	影响发布和维护，包括注释
G-Algorithm	算法错误
U-User Interface	人机交互特性如屏幕格式、确认用户输入、功能有效性、页面排版等方面的缺陷
P-Performance	不满足系统可测量的属性值，如：执行时间、事务处理速率等
N-Norms	不符合各种标准的要求，如编码标准、设计符号等

任务实施

在完成 CVIT 系统注册模块测试用例之后，执行测试用例，会发现几个实际输出和预期输出不一致情况，对这些不一致情况逐个书写 Bug 报告，按照 Bug 格式构成要素编写 Bug 报告。

拓展训练

利用禅道工具，在执行完测试用例之后，若发现 Bug，则利用工具中提交报告的窗口进行提交。

利用禅道工具，结合测试人员和程序员不同的角色职责，开展 Bug 报告的跟踪。

学习情境 2　CVIT 系统的测试准备

知识目标

- 熟悉数据库操作
- 熟悉利用 IIS 挂载网站
- 熟悉禅道项目管理软件的特点和使用方式
- 掌握软件测试岗位的岗位职责
- 掌握测试过程的角色配置

能力目标

- 能运用禅道项目管理软件展开测试
- 能熟练书写测试用例
- 能熟练书写 Bug 报告
- 能熟练进行 Bug 跟踪

引例描述

软件测试就是在软件系统交付用户使用或者投入运行前，对软件的需求规格说明、设计规格说明和编码的最终复审。软件测试是为了发现错误而执行程序的过程。软件测试在软件生命周期中横跨两个阶段：通常在编写出每一个模块之后就需要对其做必要的测试（单元测试），编码和单元测试属于生命周期的同一个阶段；在结束这个阶段后对软件系统还要进行各种综合测试，如集成测试、系统测试、性能测试和配置测试等，这是软件生命周期的另一个独立阶段，即测试阶段。

在开展测试活动之前，应做好必要的准备工作，就像测试 CVIT 系统一样，在测试系统之前，首先要准备两项重要的任务：一是搭建好 CVIT 系统，该系统采用 B/S 架构，所以要准备必要的服务器，并配置好环境及发布系统；二是现代的测试需要必要的项目管理，在项目管理软件中实现测试管理活动，实现对测试用例的管理、Bug 报告的跟踪等，这为软件开发工作带来极大的便利。

本学习情境就是为了让读者了解测试环境的搭建、测试管理流程以及测试管理工具的使用。CVIT 系统是一个动态网站，并选用 IIS 服务器来运行网站，利用 SQL Server 作为数据库的承载。系统测试过程采用禅道项目管理工具，实现测试项目的管理、测试用例的管理、Bug 报告的提交、Bug 报告的跟踪以及测试过程管理、人员组织分配等活动。

任务 2.1 搭建 CVIT 系统的测试环境

任务陈述

CVIT 系统是一个动态的新闻发布系统，功能简单，结构清晰，采用 B/S 架构设计，内有数据层、业务层、表示层。CVIT 主要采用 ASP.NET+Visual Studio 2008+SQL2008 技术开发的系统，主要分为前后台管理系统，前台承担新闻的发布、评论等业务，后台承担权限管理、新闻审核等业务。本节任务分为三步：首先配置 SQL Server，设置数据库；其次，在 Visual Studio 2008 平台发布系统；最后，配置 IIS 服务器，运行网站。

学习目标

- 掌握测试环境搭建
- 熟悉数据库操作
- 熟悉 IIS 服务器配置

知识准备

新闻发布系统，简称 CVIT，是将网页上的某些需要经常变动的信息，如类似体育新闻、焦点新闻、时事政治等更新信息集中管理，并通过信息的某些共性进行分类，最后系统化、标准化地发布到网站上的一种网站应用程序。网站信息通过操作简单的界面加入数据库，然后通过已有的网页模板格式与审核流程发布到网站上。

2.1.1 CVIT 具体说明

CVIT 系统的出现大大减轻了网站更新维护的工作量，通过数据库的引用，将网站的更新维护工作简化到只需录入文字等，从而使网站的更新时间大大缩短，在某些专业的网上新闻站点，如新浪的新闻中心等，新闻的更新采用的是即时更新，从而大大加快了信息的传播速度，吸引了更多的长期用户群，并且时时保持网站的活动力和影响力。当然该系统还不能与新浪网媲美，但其基本达到了一般的新闻发布系统的要求，用户能进行新闻浏览、新闻搜索，管理员能对新闻进行管理等。

该系统的目的是实现企业新闻发布系统的基本功能。

CVIT 提供了不同类型的新闻（如焦点新闻、体育新闻、生活资讯和时事新闻），满足不同的用户需求。系统将用户分为普通用户、系统管理员和游客。

普通用户能在本系统中进行新闻浏览、阅读、新闻搜索。每条新闻的标题被作为一个链接，用户单击就能跳转页面进行新闻阅读；新闻阅读页面中，每条新闻的详细信息将被提取，包括内容、标题等；用户能根据自己的需要搜索新闻，如可以通过新闻标题或新闻内容对新闻进行搜索，这样可以快速地找到符合条件的新闻，并输出搜索结果。

系统管理员可以进行新闻分类管理、添加新闻、修改新闻、新闻审核和删除新闻操作，同时系统管理员能完成用户管理，如系统用户管理、添加用户和更改账号。

新闻管理员拥有添加新闻和更改新闻的权限。根据用户不同，给予不同权限，如此加强系统的管理，并加强系统的安全性。

操作的简易实用性是 CVIT 发布系统的一大特点。在此系统的开发中很注重该模块，使系统的界面美观，典雅，充满了人性化；用户操作简单容易上手。对于一个新闻发布系统而言，新闻信息量很大，而且使用人数较多，所以对系统的安全性有比较高的要求。对于数据库，要设置不同用户的权限，数据的修改必须由合法用户操作。

CVIT 系统主要采用了 B/S 设计模式，是基于 ASP.NET+Visual Studio 2008+SQL2008 技术开发的一个企业新闻发布系统。该系统主要分为前后台管理系统。

前台实现的功能主要包括用户注册、修改已注册用户信息等，具体为：

- 注册用户发布新闻功能。
- 新闻搜索功能。
- 各新闻类别中的新闻数量的统计功能。
- 用户对新闻进行评论的功能。
- 热点新闻统计及浏览功能。
- 按类别浏览的新闻功能。

后台实现的功能主要包括：

- 管理现有新闻。
- 发布新的新闻。
- 对要发布的新闻进行审核。
- 管理新闻评论。
- 管理新闻栏目。
- 管理系统用户。

本系统采用的是标准的三层架构，这三层架构是完成前台、后台功能的基础，包括 Model 层、DAL 层和 BLL 层，当然还包括 Web 页面的开发和实现。

2.1.2 CVIT 其他说明

1. 项目软硬件环境

- Windows 7 等操作系统。
- 安装 Microsoft SQL Server 2005。
- 安装 Microsoft .NET Framework SDK v3.5。
- 安装 IIS5.0 以上版本。

- 安装 IE5.5 以上版本。

2. 系统文档

- 新闻发布系统需求规格说明书。
- 新闻发布系统设计文档。

3. 新闻发布系统主要功能模块

新闻发布系统主要功能模块如图 2-1 所示。

图 2-1　新闻发布系统主要功能模块

读者在计算机上安装 SQL Server 数据库管理系统、Visual Studio 开发工具、IIS 服务器，为 CVIT 系统的发布做准备。

2.1.3　确认服务启动

1. 确认 IIS 服务在 Windows 系统中已启动

在控制面板中找到“程序”，选择“程序和功能→启用或关闭 Windows 功能”，打开如图 2-2 所示的对话框，确保 IIS 服务（Internet Information Services）中的“Web 管理工具”被选中。

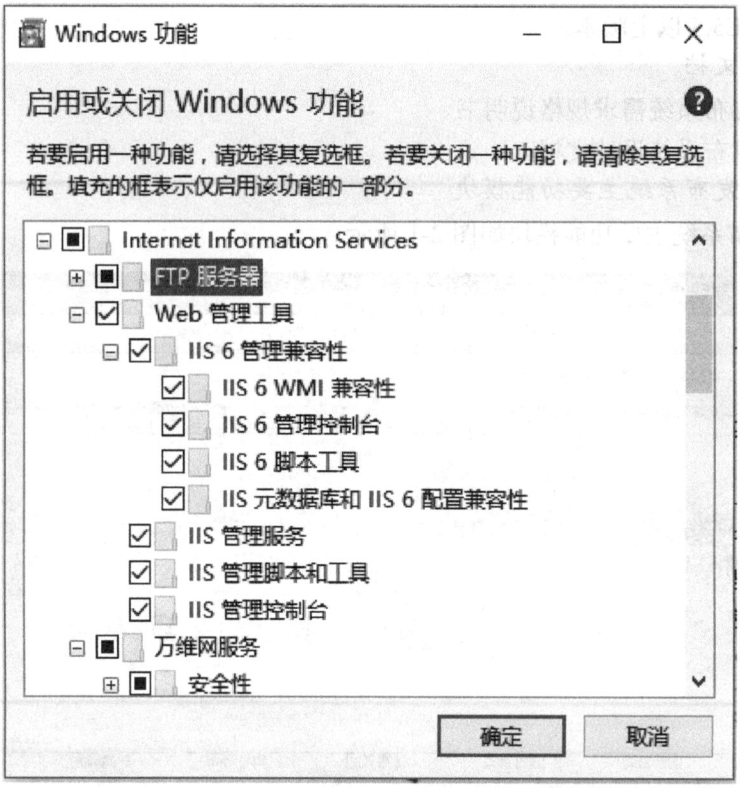

图 2-2 “Windows 功能”对话框 IIS 服务器设置界面

2. 确认 SQL Server 服务启动

右击“我的电脑”，在弹出的快捷菜单中选择“管理”，打开“计算机管理”对话框，再依次选中“服务和应用程序”和“服务”，进入如图 2-3 所示的对话框，确认 SQL Server 配置管理器和 WMI 控件已经启动。

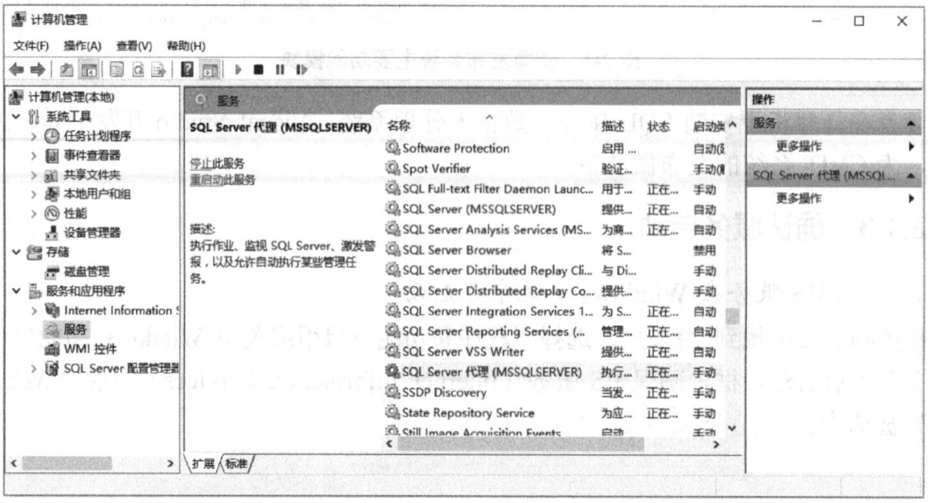

图 2-3 “计算机管理”对话框确认 SQL Express 和 MSSQLSERVER 启动界面

2.1.4　附加数据库

（1）打开 SQL Server 环境，建立连接，首先输入“.”（表示本机），再选择“Windows 身份验证”，单击“连接”按钮，连接数据库，如图 2-4 所示。

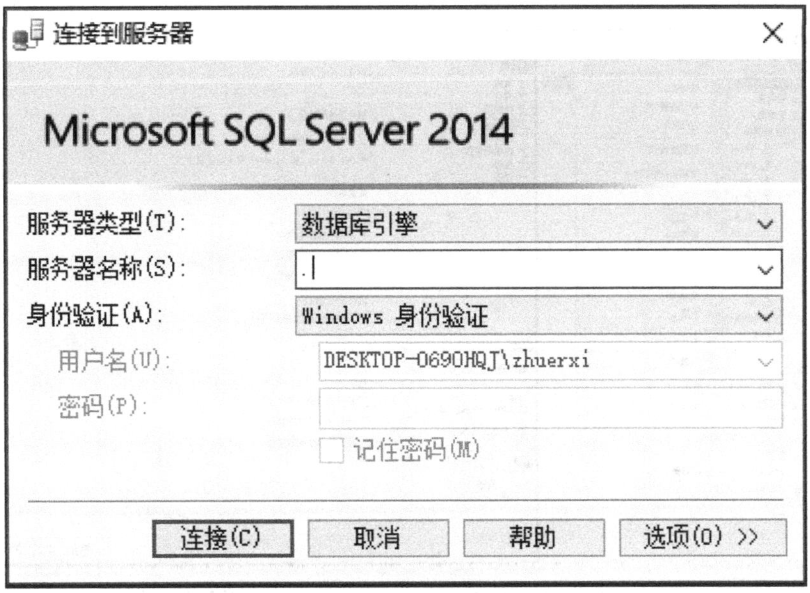

图 2-4　连接数据库

（2）打开 SQL Server 后，依次单击“安全性→登录名→sa”，如图 2-5 所示。右击，在弹出的快捷菜单中选择“属性”，在打开的对话框中把“密码”和“确认密码”改为“1111”。

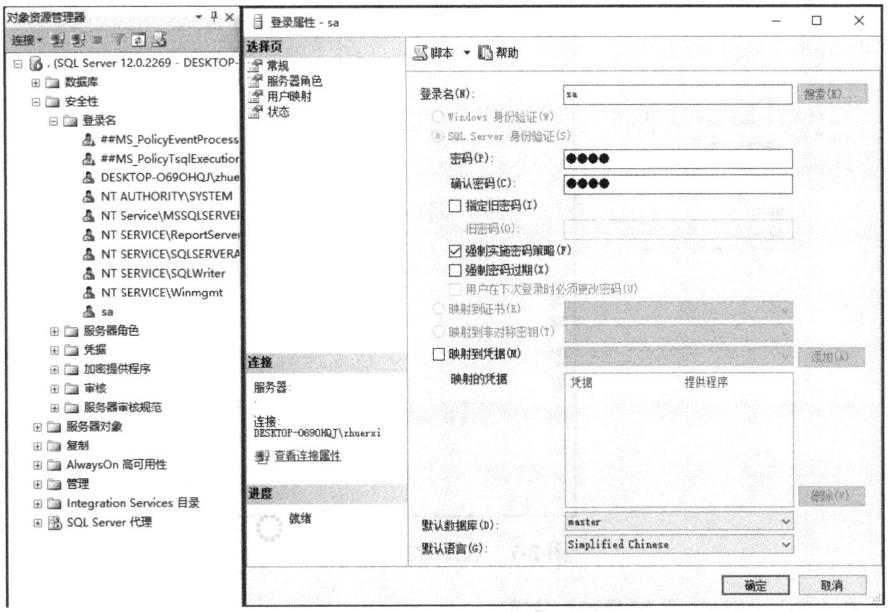

图 2-5　数据库服务器密码修改界面

选择状态后，确认登录的方式选择“启用”，允许用户以 sa 的用户名登录。

（3）在 SQL Server 的“对象资源管理器”中，右击服务器，在弹出的快捷菜单中选择“属性”，出现如图 2-6 所示的界面。确认选择“SQL Server 和 Windows 身份验证模式”。

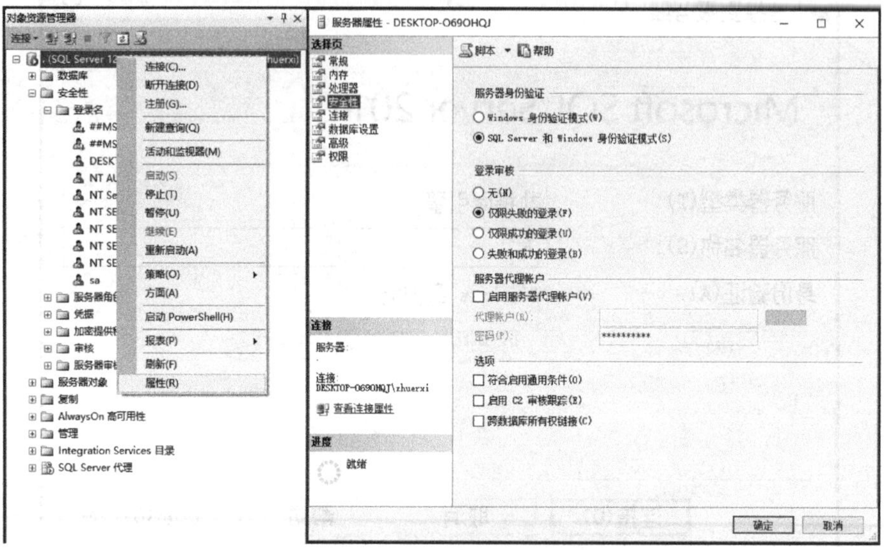

图 2-6 选择“SQL Server 和 Windows 身份验证模式”

（4）重新以 sa 账号登录，密码是 1111。右击“数据库”，在弹出的快捷菜单中选择“附加”，在弹出的对话框中选择相关数据库文件，最后单击“确定”按钮如图 2-7 所示。

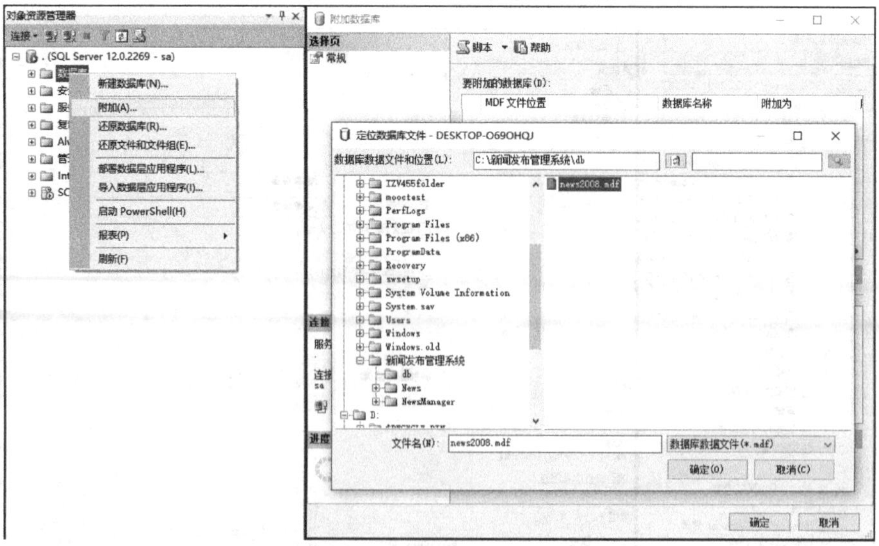

图 2-7 选择数据库文件

2.1.5 新闻发布系统网站发布

（1）单击“Visual Studio→文件→打开→项目解决方案”，加载“NewsManager”

项目如图 2-8 所示。

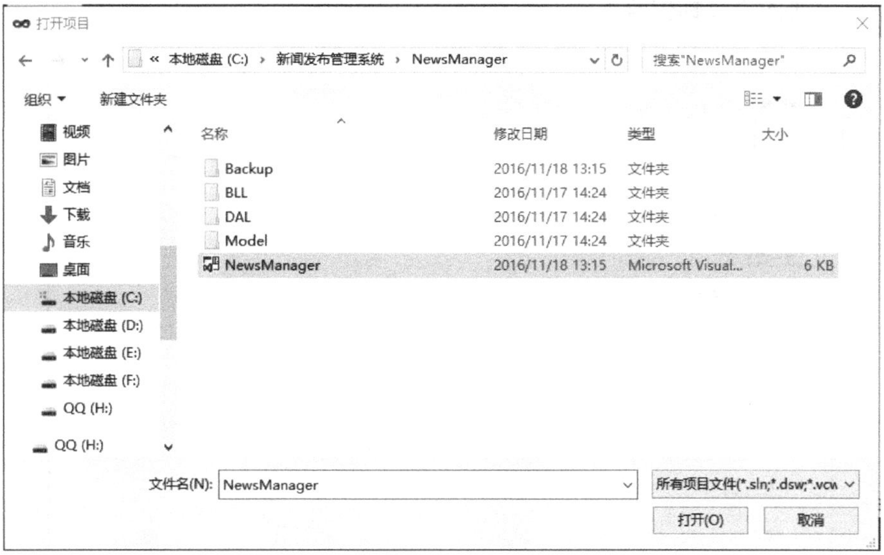

图 2-8　加载“NewsManager”项目

（2）选择 NewsManager 文件中的项目解决方案文件，双击打开文件。如果使用高版本的 Visual Studio，会有升级提示框，单击“升级”按钮即可。在解决方案资源管理器中，右击“新闻发布管理系统\News\”文件，在弹出的快捷菜单中选择“发布网站”，如图 2-9 所示。

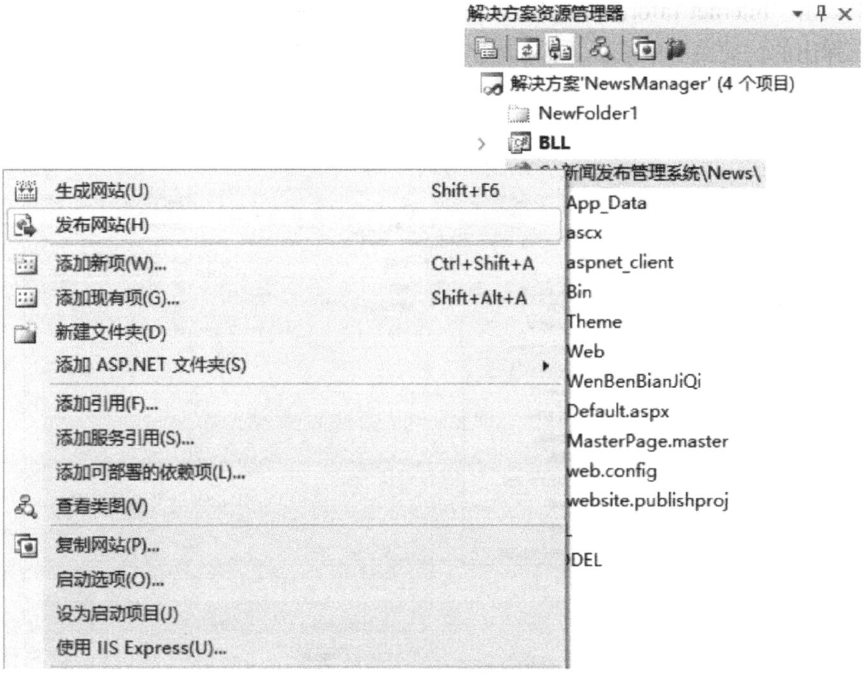

图 2-9　发布 CVIT 网站

选择要发布的“目标位置”，再新建文件夹，如 C：\YYH，如图 2-10 所示设置 CVIT 网站发布的“目标位置”。

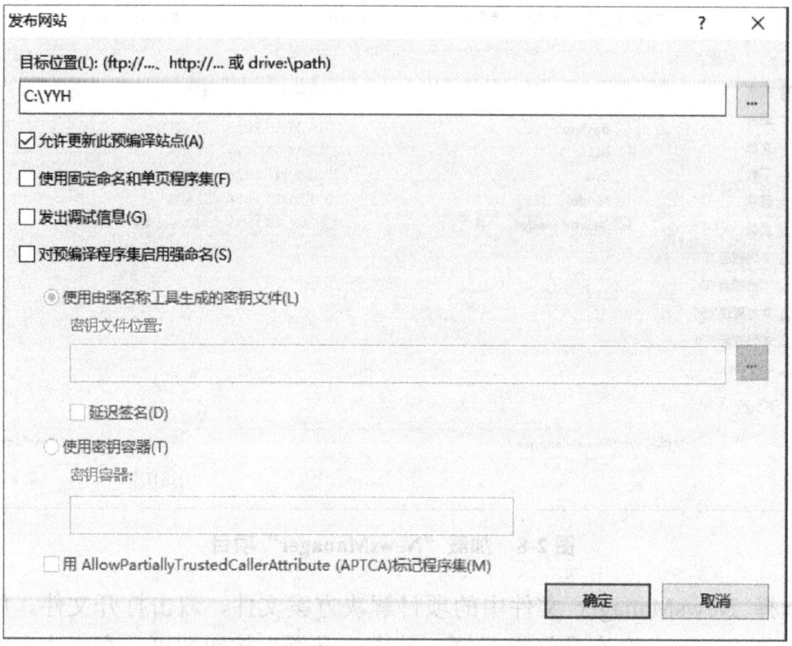

图 2-10　设置 CVIT 网站发布位置

（3）右击“我的电脑”，在弹出的快捷菜单中选择“管理”，在打开的“计算机管理”对话框中双击“Internet Information Services 服务器”，在打开的对话框中右击“Default Web Site”，在弹出的快捷菜单中选择“添加虚拟目录”，如图 2-11 所示。

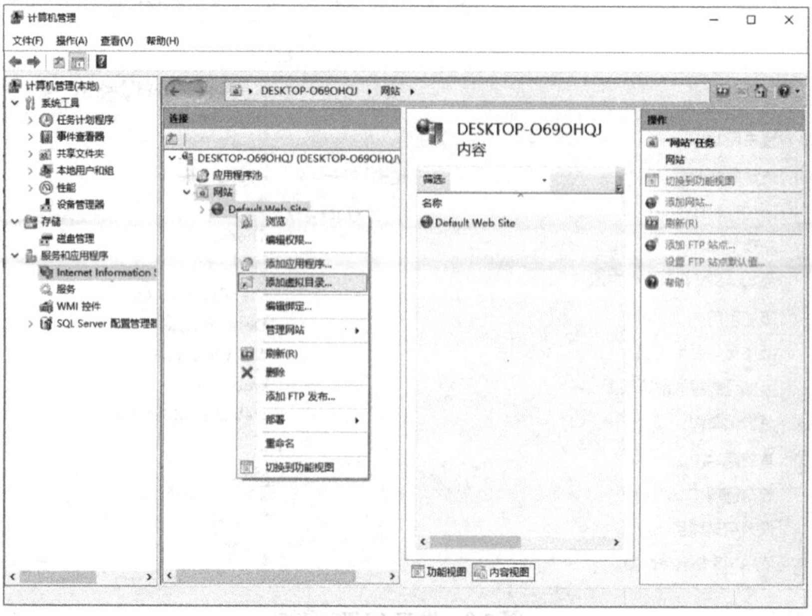

图 2-11　IIS 服务器添加虚拟目录

在打开的图 2-12 所示对话框中，输入虚拟目录“别名”为“YYH”，再设置“物理路径”为刚刚创建的 YYH 文件的路径。

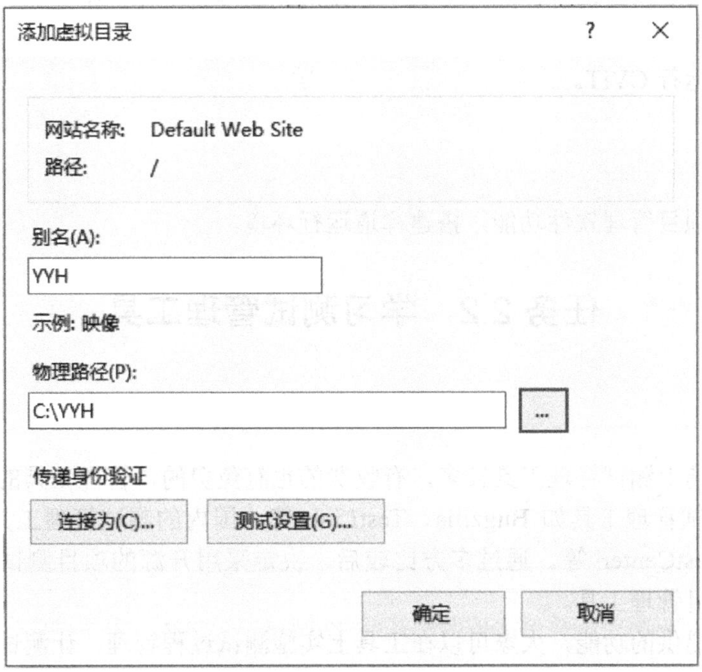

图 2-12　“添加虚拟目录”对话框 CVIT 网站物理路径设置

单击“确定”按钮后，在 IE 浏览器中输入“http: //localhost/YYH”，即可访问新闻发布系统，发布效果如图 2-13 所示。

图 2-13　CVIT 网站发布效果

任务实施

按照任务 2.1 所述内容，展开 CVIT 系统的测试准备工作，搭建测试环境，配置服务器等相关活动。

最终成功运行 CVIT。

拓展训练

熟悉禅道项目管理软件功能，搭建禅道运行环境。

任务 2.2　学习测试管理工具

任务陈述

目前，市场上测试管理工具较多，有收费的也有免费的，管理工具的功能也各具特色，国外的测试管理工具如 Bugzilia、TestLink 等，国内的测试管理工具如 Bugfree、上海泽众的 TestCenter 等。通过多方比较后，决定采用开源的项目测试组织和管理工具——禅道项目管理工具。

根据禅道提供的功能，大家可以在工具上实施测试过程管理，让测试团队的各个角色实施自己的任务，实现测试管理活动。

学习目标

- 掌握测试用例的基本元素
- 掌握测试用例的编写、执行和维护
- 掌握 Bug 报告的基本元素
- 掌握 Bug 报告的编写和跟踪

知识准备

禅道是一款国产的优秀开源项目管理软件，前身是 Bugfree，其集产品管理、项目管理、质量管理、文档管理、组织管理和事务管理于一体，是一款功能完备的项目管理软件，完美地覆盖了项目管理的核心流程。先进的管理思想，合理的软件架构，简洁实效的操作，优雅的代码实现，灵活的扩展机制，强大而易用的 API 调用机制，并多语言支持，多风格支持，具有搜索功能、统计功能等。

2.2.1　禅道项目管理软件功能

禅道项目管理软件的主要管理思想基于国际流行的敏捷项目管理方式——Scrum。Scrum 是一种注重实效的敏捷项目管理方式，但众所周知，它只规定了核心的管理框架，具体的细节还需要团队自行扩充。禅道在遵循其管理方式的基础上，又融入了国内研发现状的很多需求，比如 Bug 管理，测试用例管理，发布管理，文档管理等。因此，禅道不仅仅是一款 Scrum 敏捷项目管理工具，更是一款完备的项目管理软件。

禅道项目管理软件基于 ZentaoPHP 框架，框架遵循 MVC 设计模式，使代码更容易编写和维护，内置的插件扩展机制极大地方便了定制开发。另外，禅道项目管理软件代码完全开源，开发者完全可以通过阅读 ZentaoPMS 自身的代码，轻松学习禅道插件的开发。禅道项目管理软件的功能如下。

（1）产品管理：包括产品、需求、计划、发布、路线图等功能。

（2）项目管理：包括项目、任务、团队、build、燃尽图等功能。

（3）质量管理：包括 Bug、测试用例、测试任务、测试结果等功能。

（4）文档管理：包括产品文档库、项目文档库、自定义文档库等功能。

（5）事务管理：包括 todo 管理、我的任务、我的 Bug、我的需求、我的项目等个人事务管理功能。

（6）组织管理：包括部门、用户、分组、权限等功能。

（7）统计功能：丰富的统计表。

（8）搜索功能：强大的搜索功能，帮助您找到相应的数据。

（9）灵活的扩展机制，几乎可以对禅道的任何地方都能进行扩展。

（10）强大的 API 机制，方便与其他系统集成。

2.2.2　禅道项目管理软件的安装

读者可在网站“http：//www.zentao.net/”下载开源版的禅道项目管理工具，下载时可根据自己的系统选择相应的版本，对于 Windows 操作系统可以下载一键安装包，方便快捷。

为了保证正常使用，请在运行之前仔细阅读以下说明。

1. 如何启动禅道

双击禅道.exe 启动运行控制面板。在禅道集成运行环境控制面板上单击“启动”按钮即可启动禅道。

如果无法通过控制面板启动禅道，可以进入 xampp\service 目录，双击运行 install.bat，安装并启动禅道的服务。

2. 注意事项

（1）不要改动 xampp 的目录名，否则运行程序会出现问题。

（2）如果无法启动 apache，可以检查端口号是否冲突。如果确认不是端口冲突且无法启动，请考虑安装 VC 运行环境。

（3）禅道系统默认的管理员账号是 admin，密码是 123456。

（4）数据库默认的密码是 root，密码为空。

（5）禅道的访问路径“http：//localhost/zentao/”，其他机器访问可将 localhost 换成相关 IP 地址。如果端口号不是 80，还需要加上端口号。

（6）数据库管理请访问网址 http：//localhost/phpmyadmin/。phpmyadmin 只能在禅道机器上访问。

详细的介绍，请访问网址 http：//www.zentao.net/help-read-79597.html。

2.2.3 禅道管理软件使用流程

禅道管理软件中，最核心的三种角色是产品经理、开发团队和测试团队，这三者之间通过需求进行协作，实现了研发管理中的三权分立。其中产品经理整理需求，开发团队实现任务，测试团队则保障质量，其三者的关系如图 2-14 所示。

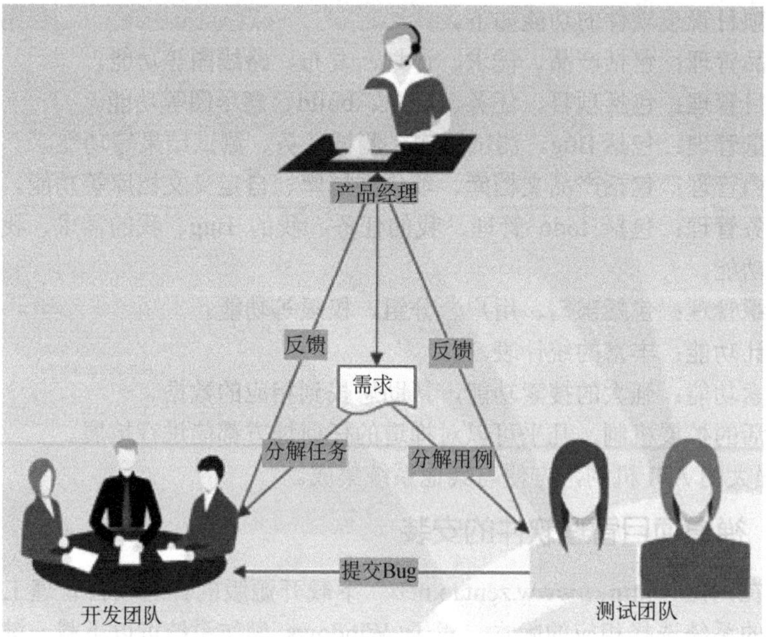

图 2-14　产品经理、开发团队和测试团队的关系

基本流程如下：①产品经理创建产品；②产品经理创建需求；③项目经理创建项目；④项目经理确定项目要做的需求；⑤项目经理分解任务，指派到人；⑥测试人员进行测试，提交 Bug。

项目进展到后期主要的工作就是测试。测试人员和开发人员通过 Bug 进行互动，保证产品的质量。禅道 Bug 处理的基本流程是：测试人员提交 Bug→开发人员解决 Bug→测试人员验证 Bug→测试人员关闭 Bug。

如果 Bug 验证没有通过，可以激活：测试人员提交 Bug→开发人员解决 Bug→测试人员验证 Bug→测试人员再次提交 Bug→开发人员解决 Bug→测试验证→测试关闭。

还有一个流程就是 Bug 关闭之后，又发生了 Bug，则流程为：测试人员提交 Bug→开发人员解决 Bug→测试人员验证 Bug→测试人员关闭 Bug→测试人员激活 Bug→开发人员解决 Bug→测试验证→测试关闭。

在禅道项目管理软件中，核心的角色有产品经理、项目经理、开发团队和测试团队 4 种角色。如果团队采用的是敏捷开发，那么可对应到 product owner、scrum master 和 team。这几种角色之间紧紧围绕产品的需求展开协作，取得成果。禅道核心的管理流程如图 2-15 所示。

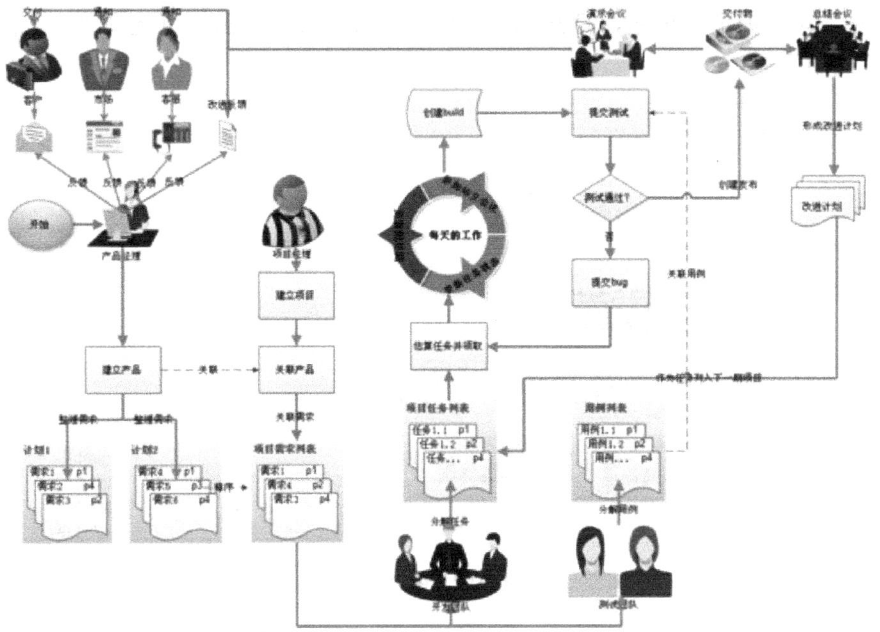

图 2-15 禅道核心的管理流程

2.2.4 测试管理操作

在准备好测试组织和管理的工具之后，可在工具上对 CVIT 系统进行相应项目的测试组织和管理工作。

1. 登录禅道管理系统

当安装文件 Zentao.exe 进行抽取之后，可将解压的文件放在 C 盘根目录下，这时会生成一个 xampp 文件，不要改动此文件，打开之后，双击“启动禅道”，集成运行环境如图 2-16 所示。

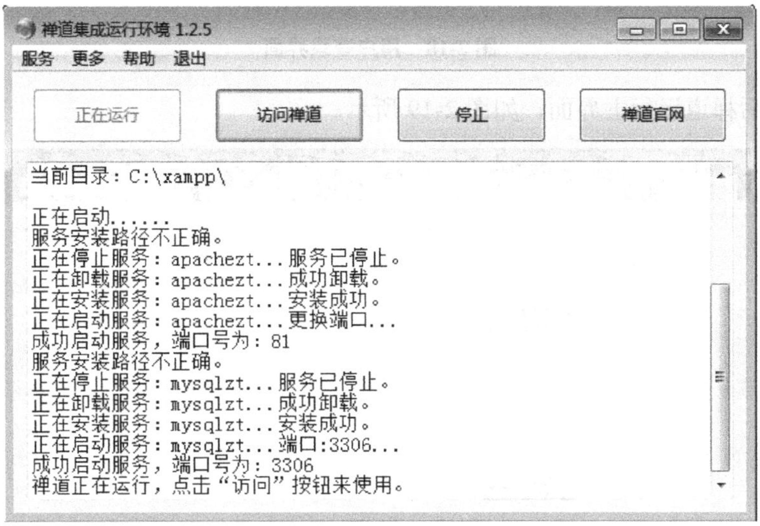

图 2-16 集成运行环境

单击“访问禅道”按钮，打开禅道界面，如图 2-17 所示，可选择“开源版”或者“专业版试用”。

图 2-17　禅道界面

出现用户登录界面，如图 2-18 所示，以管理员身份进行登录，用户名为 admin，密码为 123456。

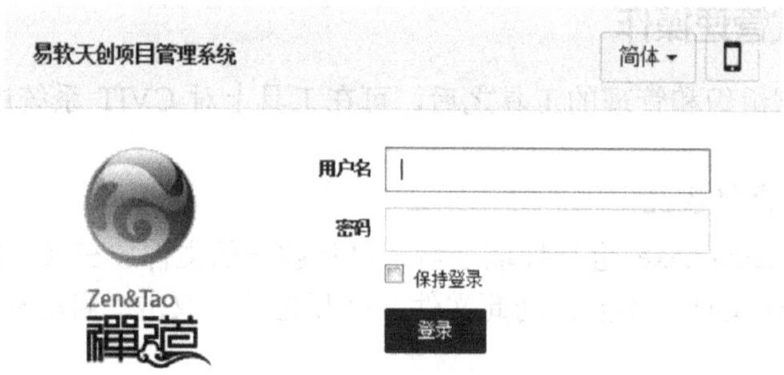

图 2-18　用户登录界面

登录之后禅道运行主界面，如图 2-19 所示。

图 2-19　禅道运行主界面

2. 创建开发和测试的用户与分组

在一家软件公司，开发一个软件系统是由多个部门分工合作完成的，禅道可以作为整个软件项目的管理系统，在系统中可以添加许多部门，用例至少有两个部门：开发部门和测试部门。

（1）创建部门

以管理员身份登录成功之后，设置部门结构。

单击“组织”，进入“组织”视图，再单击“维护部门结构”，如图 2-20 所示，在打开的部门维护页面，维护公司的组织结构，如图 2-21 所示。

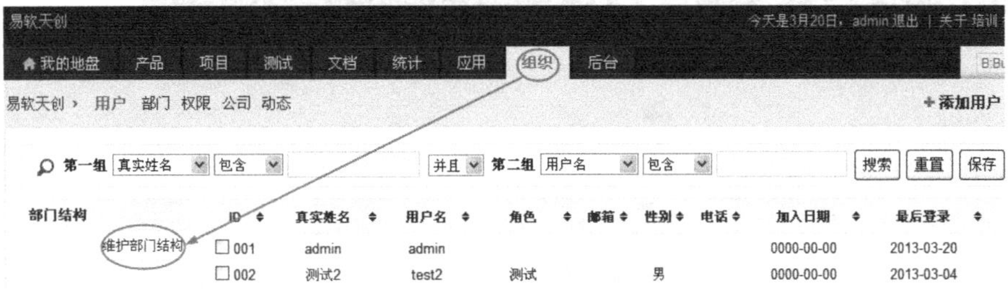

图 2-20 部门视图

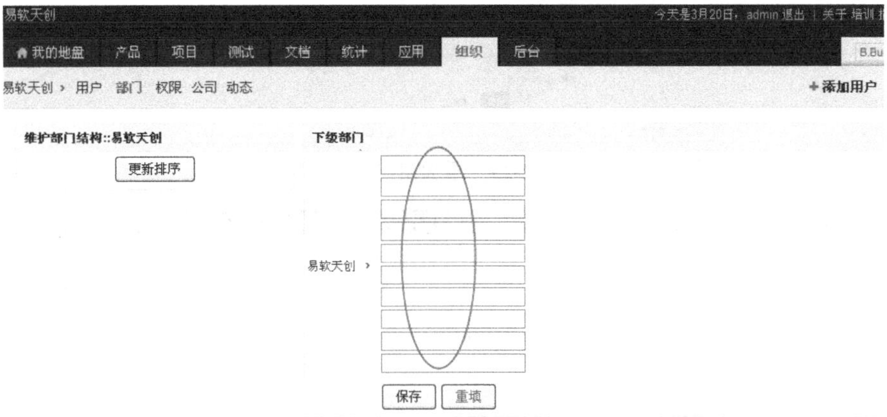

图 2-21 部门维护页面

在其中添加开发部门和测试部门，添加完成之后即可添加用户账号，如图 2-22 所示。

图 2-22 维护部门视图

（2）添加一个账号

部门创建之后，下一步的操作就是往系统中添加用户。在一个经典的软件测试的流程中存在项目经理、程序员、测试员这样的角色，在创建账号时应创建这些角色账户。步骤如下：

进入“组织”视图，再选择“用户”列表，然后单击“添加用户”按钮，即可进入添加用户页面如图 2-23 所示。

用户添加完之后，即可将其关联到某一个分组中，如图 2-24 所示。

图 2-23　添加用户页面

图 2-24　维护账号界面

账户人员的职位会影响指派列表的顺序，比如创建 Bug 时，系统默认把开发职位的人员放在前面。职位还会影响到“我的地盘”里面内容的排列顺序，比如产品经理角色的人员登录后，“我的地盘”首先会显示“我的需求”，而开发的人员登录之后，会看到“我的任务”。

用户的权限都是通过分组来获得的，因此为用户指定了一个职位之后，还需要将其关联到相应分组中。

其中源代码提交账号是 subversion 或者其他源代码管理系统中对应的用户，如果没有启用 subversion 集成功能，可以留空。

系统提供了批量添加账号的功能，可以很方便地批量创建账号。在添加用户页面单击“批量添加”按钮即可进行添加操作，如图 2-25 所示。

图 2-25 账户批量添加

除了批量添加用户，还可以在用户列表页面选择相关用户，再进行批量编辑，如图 2-26 所示。

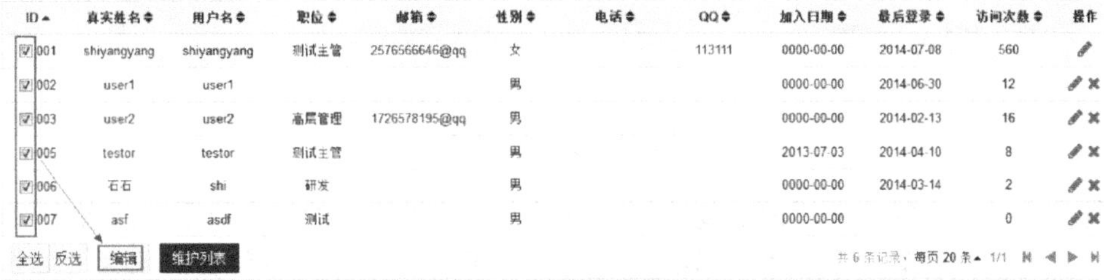

图 2-26 用户批量编辑

3. 设置分组，建立权限系统

在禅道系统中，用户权限都是通过分组来获得的，所以在完成部门结构划分之后，就应该建立用户分组，并为其分配权限。有的读者可能会问，用户分组和部门结构有什么区别？以下内容可以回答这个问题。

部门结构是公司从组织角度来划分的，其决定了公司内部人员的上下级汇报关系。而禅道系统的用户分组则主要用来区分用户权限，二者之间并没有必然的关系。例如用户 A 属于产品部门，用户 B 属于研发部门，但他们都有提交 Bug 的权限。

（1）创建分组

①使用管理员身份登录禅道系统，再进入“组织”视图。

②选择“权限”分组，进入权限分组列表界面，如图 2-27 所示。

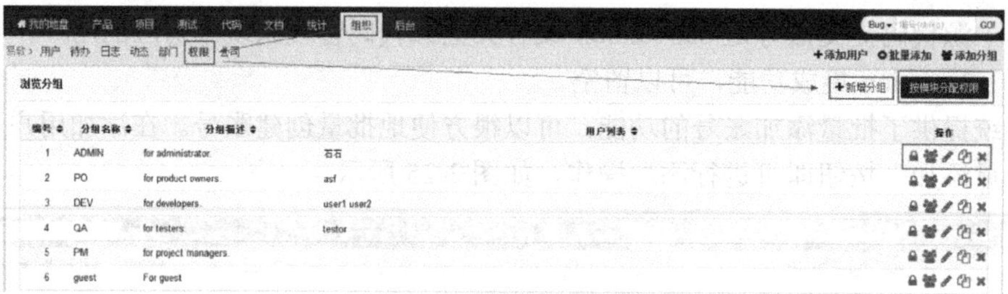

图 2-27　权限分组列表界面

③单击“新增分组”按钮，即可创建分组。

④在这个分组列表界面中，还可以对某一个分组进行权限维护、成员维护或者复制等操作。

（2）维护权限

①以管理员的身份登录。

②进入“组织”视图。

③单击“权限分组”按钮，进入权限分组列表界面。

④选择某一个分组，单击“权限维护”按钮，即可维护该分组的权限，如图 2-28 所示。

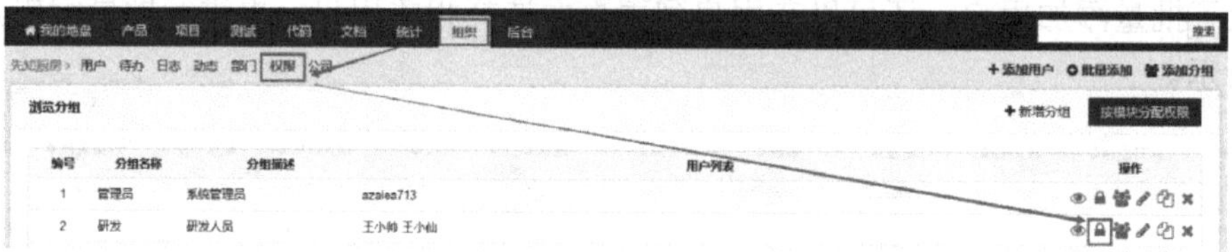

图 2-28　权限维护界面

⑤单击某一个模块名后面的复选框，可以全选该模块下的所有权限，或者全部取消选择。还可以查看某一个版本新增的权限列表，即图 2-29 中方框位置。

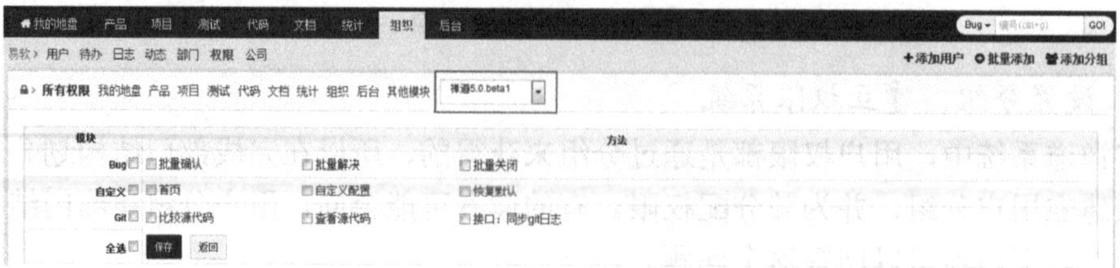

图 2-29　权限管理界面

（3）维护成员

①以管理员的身份登录。

②进入“组织”视图中的“权限”分组。

③单击“成员维护”按钮，进入成员维护界面，如图 2-30 所示。

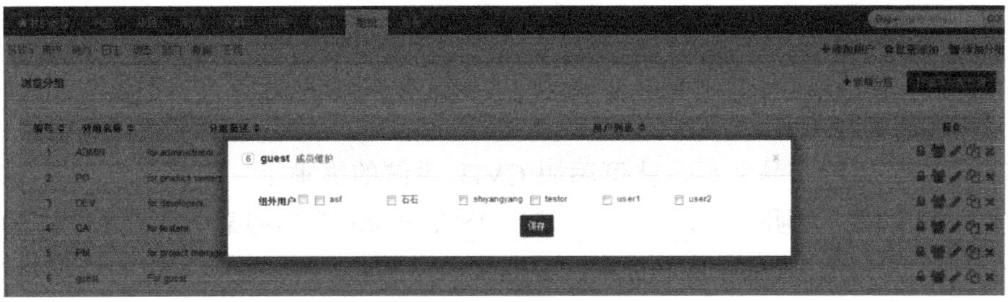

图 2-30　成员维护界面

4. 创建产品

禅道的设计理念是围绕产品展开的，因此首先要创建一个产品。单击“产品”跳转到新增产品界面，产品位置及编辑产品界面分别如图 2-31、图 2-32 所示。

图 2-31　产品位置

图 2-32　编辑产品界面

一家大型的软件公司，内部的角色较多，分工明确，相关说明如下：

- 产品名称和产品代号是必填项。其中产品代号可以理解为团队内部约定的一个称呼，但必须是英文字母和数字的组合。
- 产品负责人。负责整理需求，负责对需求进行解释，制订发布计划，验收需求。
- 测试负责人。可以为某一个产品指定测试负责人，这样当软件出现 Bug，而不知道由谁进行处理时，该产品的测试负责人将成为默认的负责人。
- 发布负责人。由这个角色负责创建发布产品。
- 访问控制。用于设置产品的访问权限，其中“默认设置”是指只要拥有产品视图访问权限的人就可进行访问。如果这个产品是私有产品，可以将其设置为“私有产品”，那么只有项目团队成员才可以访问。或者还可以设置成“自定义白名单”，指定某些分组中的用户可以访问该产品。

5. 添加需求

拥有 CVIT 系统产品之后，就可添加 CVIT 系统的需求了。由产品经理来编写需求设计文档，或者规格说明书，通过一个非常完整的 Word 文档将某一款产品的需求都定义出来。但在禅道系统中提倡按照功能点的方式来书写需求。禅道创建需求的步骤如下：

（1）以产品经理角色登录系统。

（2）进入“产品”视图，如图 2-33 所示。

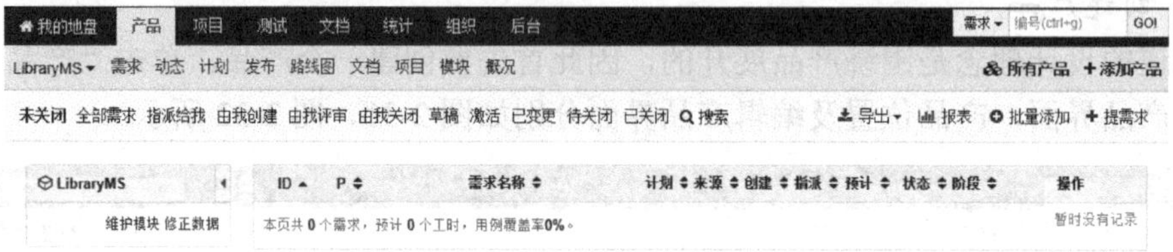

图 2-33 “产品”视图

（3）在页面的右侧，单击“提需求”按钮，出现新增需求界面，如图 2-34 所示。

图 2-34 新增需求界面

对图 2-34 中相关选项说明如下。

● 所属产品：即需求的标题，它是必填项。

● 所属计划：可以暂时保留为空。

● 由谁评审：我们选中“不需要评审”，这样新创建的需求其状态是激活的。只有激活状态的需求才能关联到项目中，进行开发。

● 抄送给：即需求可以设置“抄送给”字段，这样需求的变化都可以通过 E-mail 的形式抄送给相关人员。

● 关键词：设置后可以方便地通过关键词进行检索。

6. 添加项目

产品经理按照以上的操作创建需求之后，以下工作由项目经理完成。

（1）创建项目

以项目经理身份登录系统，进入“项目”视图，单击右侧的“添加项目”按钮，如图 2-35 所示。

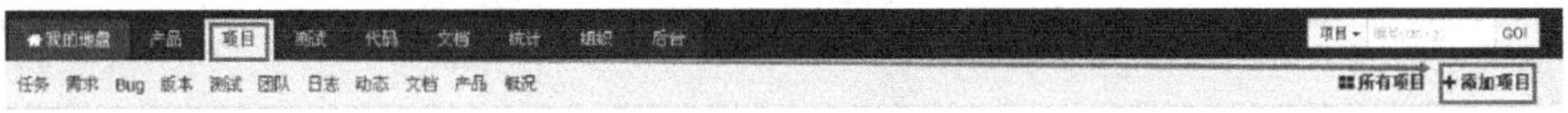

图 2-35　添加项目

（2）添加项目

在打开的页面（见图 2-36）中设置项目名称、项目代号、起始日期、可用工作日、团队名称、关联产品、项目类型和项目描述等字段，其中“关联产品”选项可以为空。

图 2-36　添加项目界面

这里需要说明的是，在添加项目时，需要关联产品，并可以多选。

项目可以控制其访问权限，即通过设置“访问控制”选项来设置，权限分为默认设置、私有项目和自定义白名单三种。

（3）设置团队

单击“保存”按钮，弹出提示框提示项目添加成功，然后单击“设置团队”按钮，如图 2-37 所示。或者单击“项目”视图中的“团队”菜单，在打开的页面中也可以进行项目的团队管理，如图 2-38 所示。

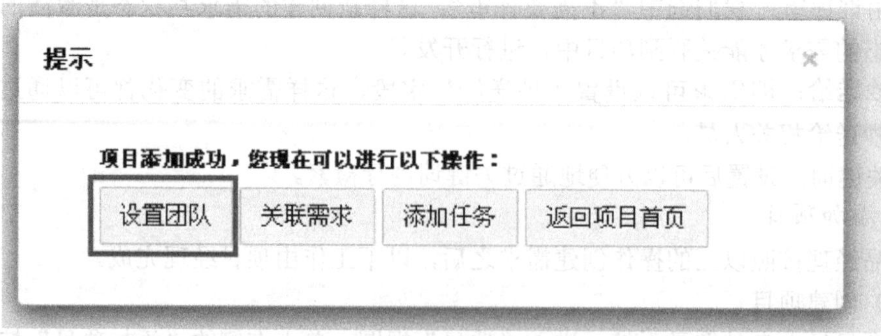

图 2-37　项目添加成功提示框

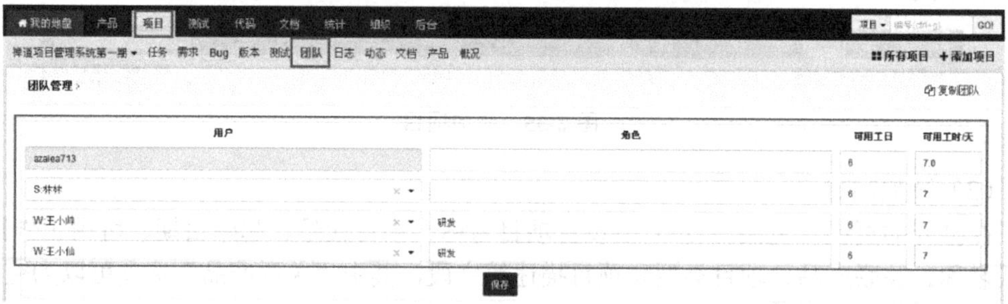

图 2-38　团队管理

在维护项目团队时，需要选择哪些用户可以参与到这个项目中，并且同时需要设置这个用户在本项目中的角色（角色可随便设置，例如风清扬、冬瓜一号等）。需要仔细设置“可用工日”和“可用工时/天”。通常，一个人不可能每天 8 小时全投入工作，也不可能一星期 7 天连续投入同一项目中。

设置完毕之后，系统会自动计算这个项目总可用工时，如图 2-39 所示。

图 2-39　计算项目可用工时

7. 确定项目要完成的需求列表

迭代开发区别于瀑布式开发就是它将众多的需求分成若干个迭代完成，每个迭代只完成当前优先级最高的那部分需求。禅道软件中项目关联需求的过程，就是对需求进行排序筛选的过程。以下讲解关联需求的操作。

（1）关联产品

如果在创建项目时，已经关联了产品，那么可以忽略此步骤。

①以项目经理身份登录系统。

②进入“项目”视图。

③单击“关联产品”按钮，然后选择该项目相关的产品即可，如图 2-40 所示。

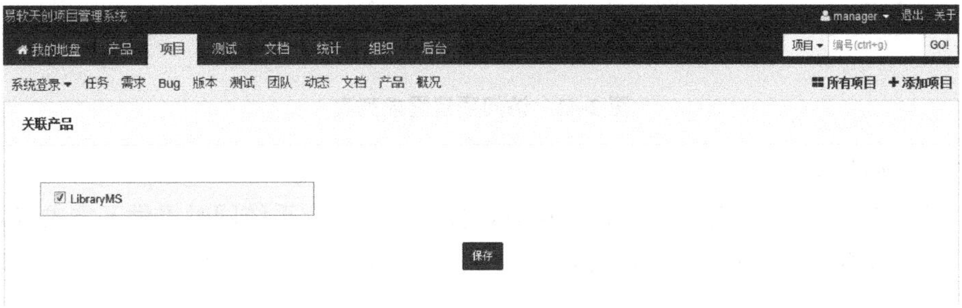

图 2-40　关联产品

（2）关联需求

如图 2-41、图 2-42 所示，在关联需求和关联需求列表时，可以按照优先级进行排序，但关联的需求其状态必须是激活的。

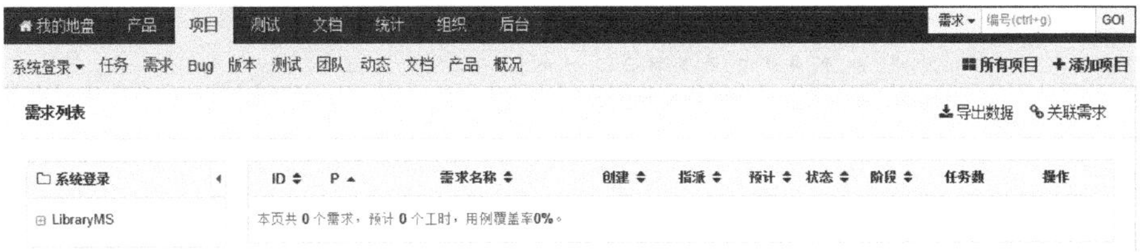

图 2-41　关联需求

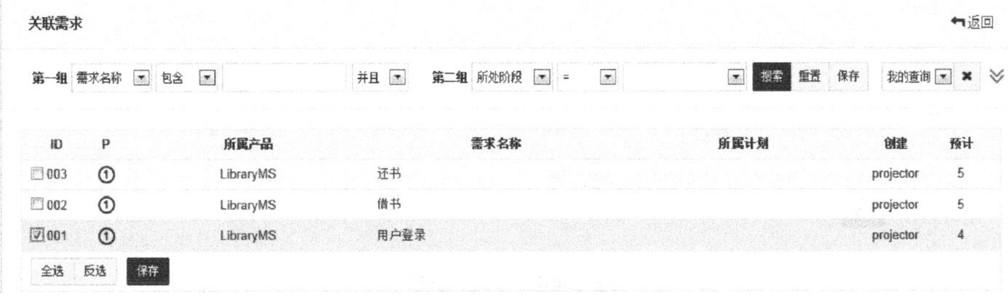

图 2-42　关联需求列表

8. 为需求分解任务

需求确定后，项目中几个关键的因素就都有了，如周期确定、资源确定、需求确定。那么就要为每一个需求做任务分解，生成完成这个需求的所有任务。注意：这里的所有任务是指完成需求的所有任务，这里面包括但不限于设计、开发、测试等。

（1）访问项目的需求列表

如图 2-43 所示，在访问项目需求列表界面，可以很方便地对某一个需求进行任务分解，同时还可以查看这个需求已经分解的“任务数”。

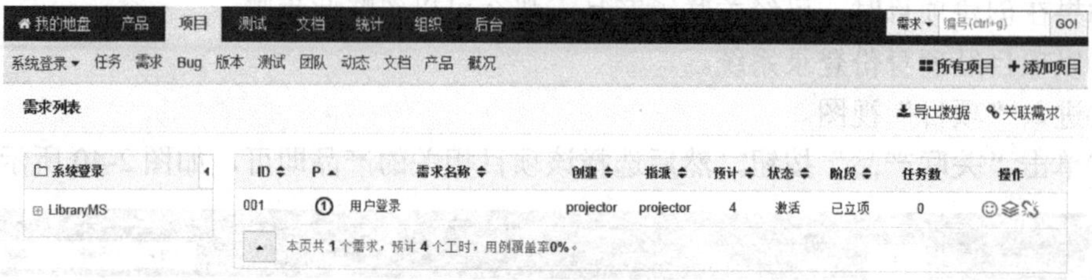

图 2-43　访问项目需求列表

（2）分解任务

如图 2-44 所示，创建任务时，就可以选择相关需求。系统同时提供了需求查看的链接。如果需求和任务的标题一致，可以通过单击“同需求”按钮快捷地复制需求的标题。

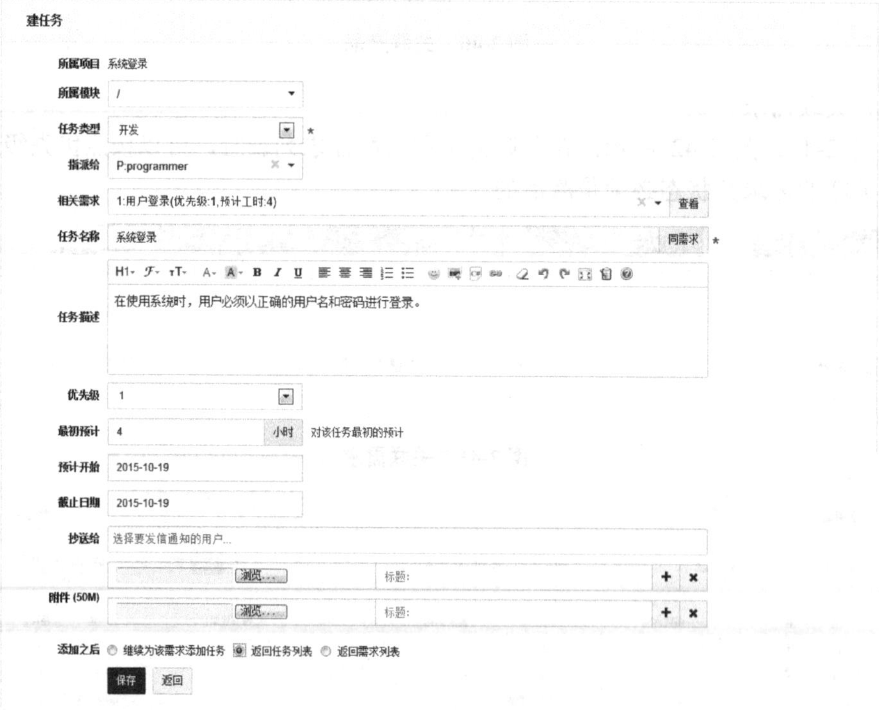

图 2-44　分解任务

（3）任务分解注意事项

①需要将所有的任务都分解出来，包括设计、开发、测试、美工，甚至包括购买的机器、部署测试环境等。任务分解的粒度越小越好，例如几小时可以完成任务。如果一个任务需要由多人负责，可以继续考虑将其拆分。

②事务型的事务可以批量指派，例如需要让团队里面的每个人都写项目总结，可以选择其“任务类型”是“事务”，然后批量指派给团队里的所有人员。

③任务类型应仔细设置，因其涉及需求研发阶段的自动计算，后面本书会有讲解。任务最好是自由领取的，这样可以最大限度地调动工作人员的积极性。

9. 领取任务并每天更新任务

当项目的任务分解完毕之后，项目团队成员需要领取自己喜欢做的任务，开始每天的开发工作。除了日常的编码工作之外，每天还应当花时间在禅道软件中更新任务的状态以及消耗情况。

（1）领取任务

按照 Scrum 的原则，工作人员最好领取自己喜欢做的任务，这样才能更好地调动团队人员的积极性。有的读者会问，如果没有人领取或大家都挑简单的怎么办？若一个新手挑选了一个关键任务怎么办？每个人的任务量不太均衡怎么办？其实这些问题都不是问题。因为信息是公开透明的，一个工作人员不可能每期都只挑最简单的任务，做最简单的事情。当然，项目经理宏观层面的把握也必不可少，尤其是一些关键任务，需要平衡任务分配。

领取任务通常有两种方式：一种是通过“指派”操作，另一种是通过“编辑”操作。这里以 Programmer 为例进行介绍，首先以相关身份登录，可以查看到他领取到的任务，如图 2-45 所示。

图 2-45 领取的任务

（2）更新任务状态

项目开始后，每人每天应当及时更新自己所负责的任务状态。禅道提供了几个快捷的操作按钮：开始、完成、关闭、取消和激活。

开始、完成和取消这几个按钮没有歧义，以下解释“关闭”和“激活”按钮。

禅道有一个可选流程，就是当任务完成之后，会自动指派回任务的创建者，这时任务的创建者可以验证任务是否完成。如果完成，则将任务关闭。如果任务没有完成，则激活该任务，并且这个流程是可选的，但不是必需的流程。该流程适用于传统的命令——控制式的管理。对于敏捷开发团队来讲，忽略这个流程即可。

（3）更新任务的消耗

如图 2-46 和图 2-47 所示，除了更新自己负责任务的状态，还应该及时更新任务的工时消耗情况。

图 2-46　更新任务

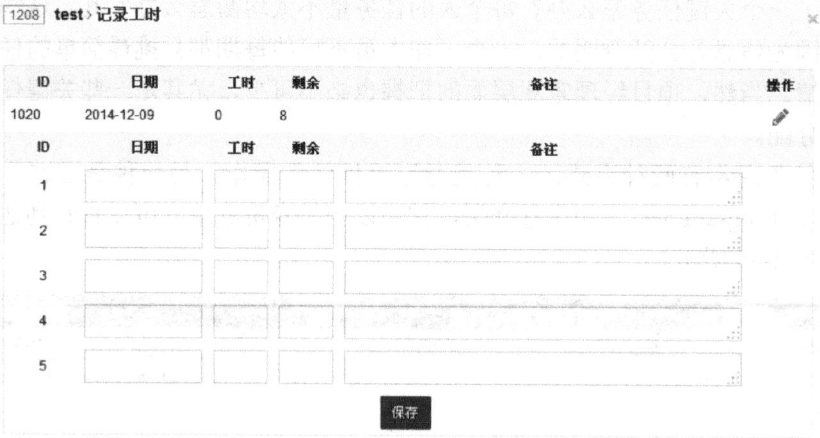

图 2-47　更新工时消耗

①最初预计，即创建任务时的最初预计。该字段在任务开始之后，不应该再进行修改。这个字段当任务结束之后，可以和“已经消耗”字段进行对比，以纠正自己的预计。

②已经消耗，则是指完成这个任务花费的所有工时数。

③预计剩余，则是指预计完成这个任务大约还需要多少时间。如果预计剩余为 0，则表示任务完成。

这里需要特别强调的是，最初预计≠已经消耗+预计剩余。

一定要每天更新自己所负责的任务，因为燃尽图的绘制，就是通过“预计剩余”字段来计算的。

10. 创建版本

当完成若干功能之后，就可以创建版本了。版本英文译为 build，可以对应到软件配置管理的范畴。这是一个可选流程，但还是建议团队能够实施版本管理。版本主要的作用在于明确测试的范畴，方便测试人员和开发人员之间的互动，以及解决不同版本的发布和修复 Bug 等问题。

既然是版本管理，那么禅道能不能管理源代码呢？禅道当然无法管理源代码，因为，管理源代码是非常专业的一件事情，已经有非常好的开源软件解决了这个问题，例如 subversion 和 git。读者可以根据自己实际的需要部署安装。

发布负责人可以在禅道软件中创建版本，如图 2-48 和图 2-49 所示。

图 2-48　版本界面

图 2-49　创建版本界面

创建版本并保存成功后，在版本的详情界面中应关联需求和 Bug，如图 2-50 所示。如果在版本详情界面中没有看到“关联需求”按钮，那么可以联系管理员让其在“组织”→“权限”中为你分配相关权限。

图 2-50　关联需求和 Bug

团队应该有自己的配置管理规范，因此在图 2-49 中的“名称编号”，应该规范设置，例如其名称可以采用产品名+版本号+状态（stble，beta 之类）+日期的形式设置。不同开发语言其版本的存在形式也不同，有的需要编译，有的只需要源代码。因此，应根据公司的实际情况来填写“源代码地址”，或者“下载地址”。

新版本的禅道系统，应先创建版本，然后再关联需求和 Bug。关联需求和 Bug 后在提交给测试人员进行测试时，就可以明确这次测试的范畴，这样测试会更加有针对性。“描述”字段可以填写相关测试的注意事项、重点内容等。

11. 提交测试

当版本创建完毕后，提交给测试人员进行测试，提交测试时会生成一个测试任务。在这儿需要和读者解释一下测试任务的概念。这个测试任务和项目中创建的类型为“测试”的任务没有直接关联。请读者在使用时，注意这个细节。

一般来讲，在分解任务时，可以先创建若干“测试”类型的任务，例如测试某某，预估测试需要的时间，然后具体的测试工作可在测试界面的测试任务中进行跟踪。

申请测试的步骤为：

①进入“项目”视图，单击“测试”，如图 2-51 所示。

②出现提交测试的详细描述和测试情况界面，如图 2-52 和图 2-53 所示，填写完成后单击“提交测试”按钮。

图 2-51 “测试”申请界面

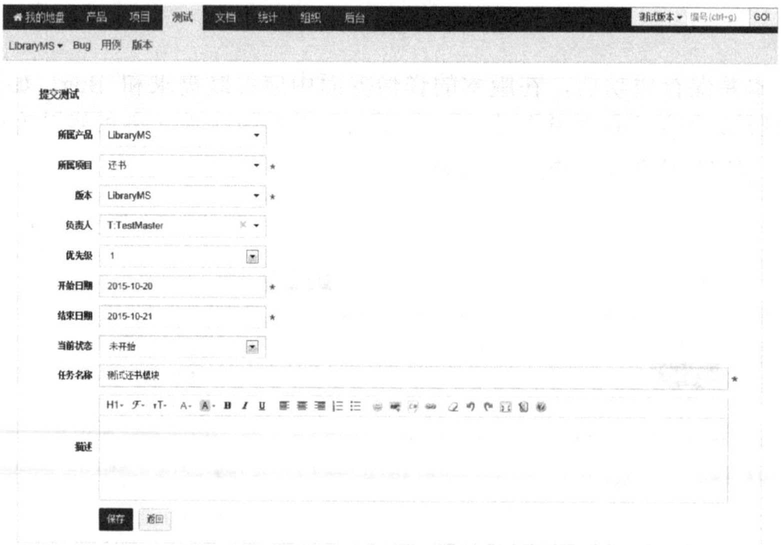

图 2-52 提交测试的详细描述

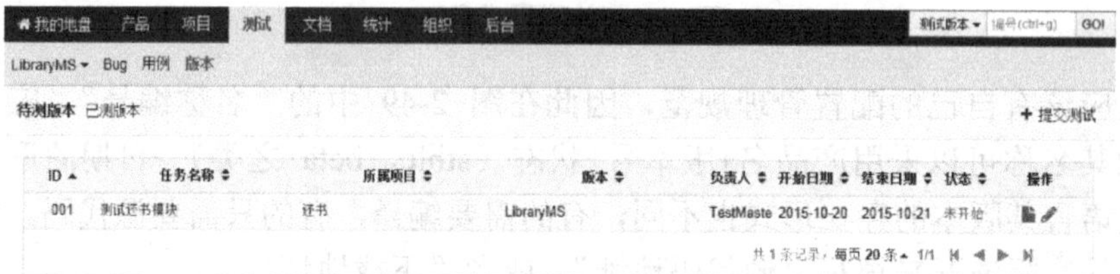

图 2-53 测试情况界面

“负责人”选项设为本次测试的负责人。负责人可以指定这次测试预计的“开始日期”和“结束日期”。在“描述”文本框中可以注明此次测试需要注意的事项以及测试功能点。需要说明的是，目前测试任务还没有被指派，所以需要项目负责人线下通知测试团队的负责人，由他负责组织相应人员进行测试。接下来以 TestMaster 身份登录系统组织测试。

12. 创建测试用例

登录之后，出现“版本”页面，测试将从这里开始，如图 2-54 所示。

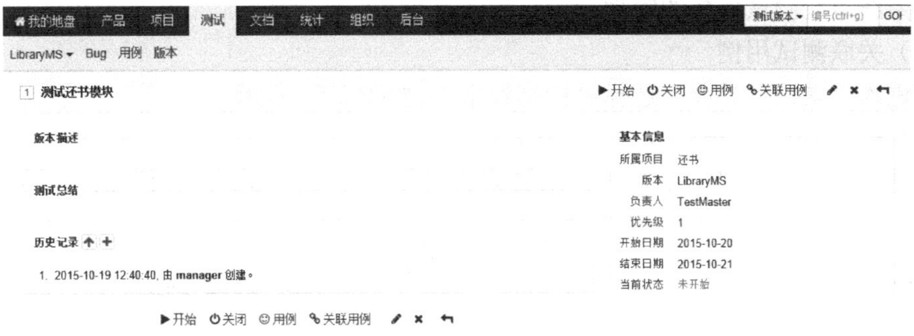

图 2-54　“版本”页面

单击“开始”按钮，再单击“用例”按钮，进入“书写用例”界面。以 test1 身份进入系统，开始编写测试用例。禅道中的测试用例，可以按步骤分开，每一个测试用例都由若干个步骤组成，每一个步骤都可以设置自己的预期值。这样能非常方便地进行测试结果的管理和 Bug 的创建。创建测试用例界面如图 2-55 所示。

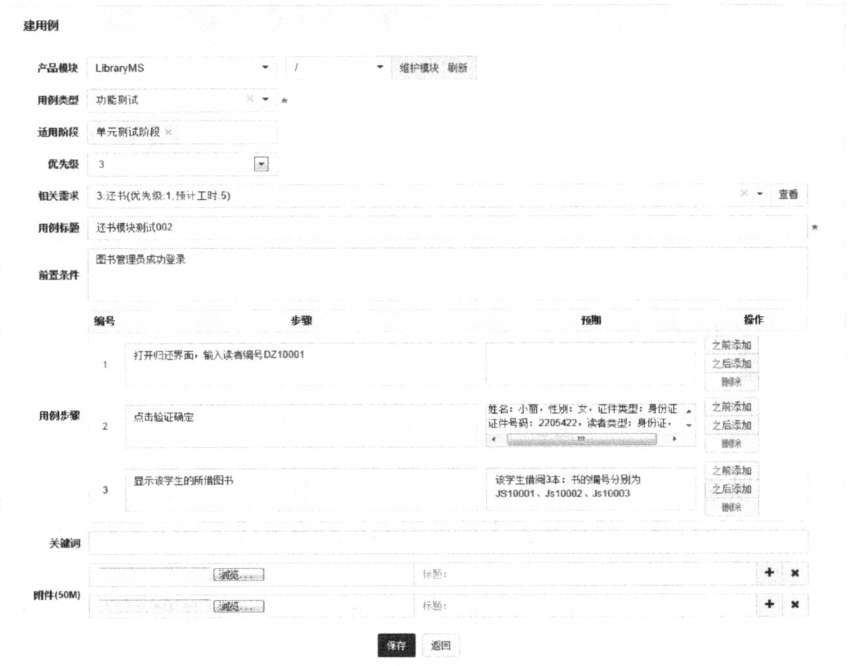

图 2-55　创建测试用例界面

用例的“适用阶段”是指在哪些测试阶段，可以用此用例，该选项可以进行多选。“用例步骤”可以在步骤之后或之前插入，或者删除当前的步骤。不能把若干个测试用例作为步骤写到一个测试用例中，因为这样不利于测试的管理和统计。

13. 管理测试任务

当开发人员申请测试之后，会生成相应的测试任务给测试人员。这时测试人员需要为这个测试任务关联相应的测试用例。如果这个测试任务需要多人配合完成，则需要将相应的用例指派给相应的人员来完成，或者自己领取相应的测试用例。以 TestMaster 身份登录系统进行测试任务的管理。

（1）关联测试用例

①进入“测试”界面，选择“待测版本”，如图 2-56 所示。

②选择“版本”，然后进入版本列表。

③选择某一个待测版本（即原来的测试任务），单击“关联用例”按钮，即出现关联测试用例的界面，如图 2-57 所示。

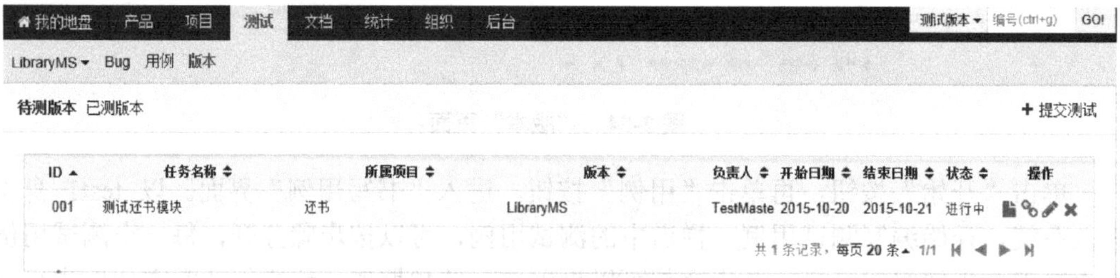

图 2-56　选择待测版本

图 2-57　关联测试用例的界面

测试用例可以通过单击“搜索”按钮进行搜索。测试用例默认的版本是关联最新的版本，也可以单击下载框，然后选择之前的版本按照需求或者 Bug 进行检索。

（2）指派或领取测试用例

在版本（测试任务）的用例列表界面，可以选择用例，将其指派给某一个测试人员执行，如图 2-58 所示。

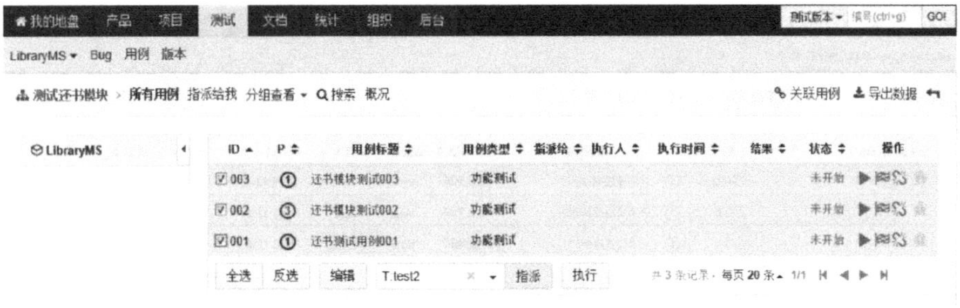

图 2-58 指派测试用例界面

14. 执行测试用例，并提交 Bug

在测试任务的用例列表界面，用户可以按照模块进行选择，或者选择所有指派给自己的用例，并查到需要自己执行的用例列表。在用例列表界面，选择某一个用例，然后单击右侧的“执行”按钮，即可执行该用例。以 test2 身份进行登录，执行测试用例。

（1）用例列表界面，单击“执行”按钮，如图 2-59 所示。

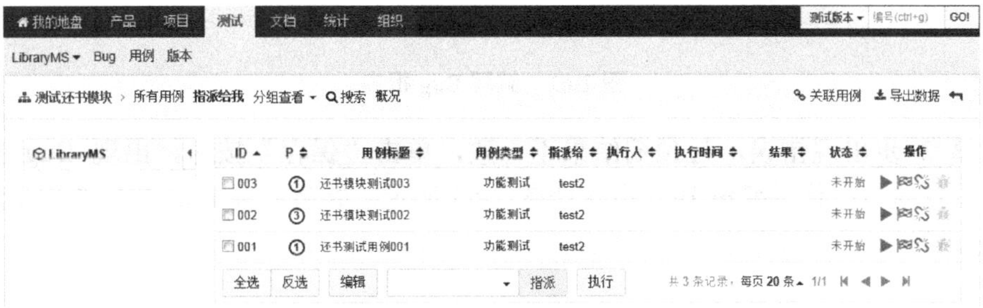

图 2-59 用例列表界面

（2）执行测试用例后，结果如图 2-60 所示。

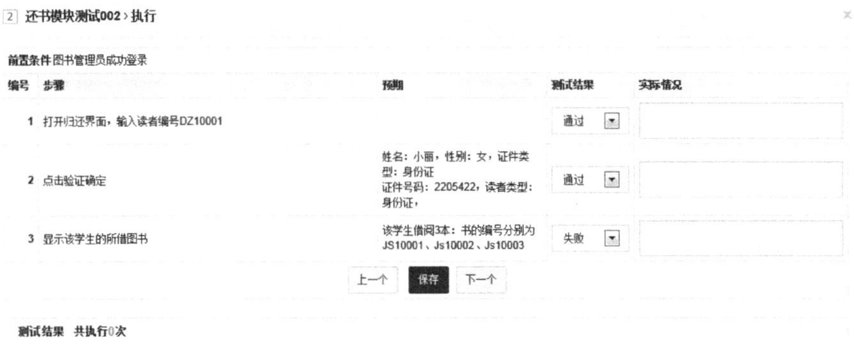

图 2-60 执行测试用例结果

（3）创建 Bug。如果一个测试用例执行失败，那么可以直接由这个测试用例创建一个 Bug，而且其重现步骤会自动拼装。单击“Bug”菜单，创建和编写 Bug 报告如图 2-61 和图 2-62 所示。

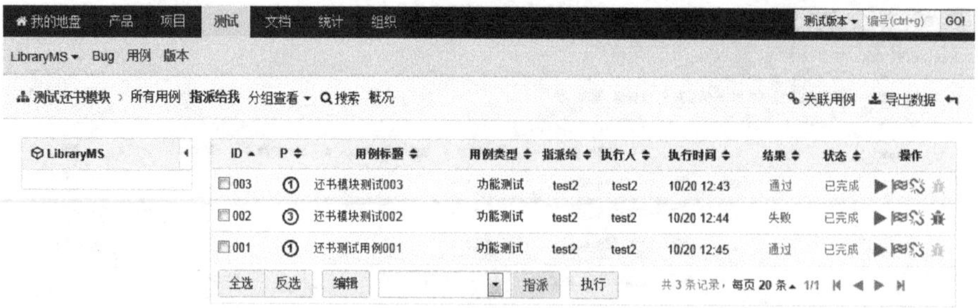

图 2-61 创建 Bug 报告

编号	步骤	预期	测试结果	实际情况
☐ 1	打开归还界面，输入读者编号DZ10001		通过	
☐ 2	点击验证确定	姓名：小丽，性别：女，记	通过	
☑ 3	显示该学生的所借图书	该学生借阅3本：书的编号	失败	

全选　反选　保存

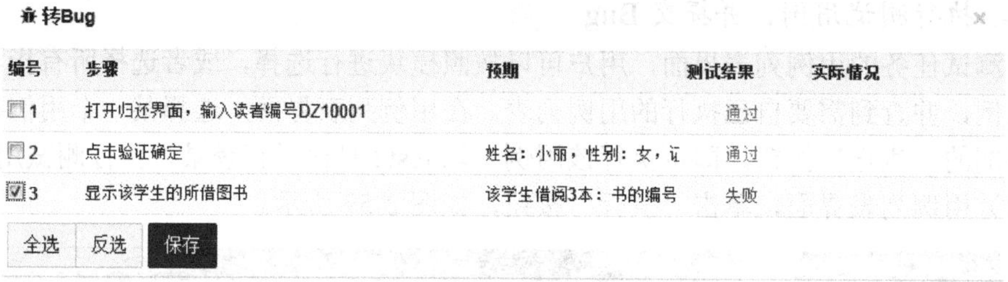

图 2-62 编写 Bug 报告

在第 3 步出现错误，与预期结果不一致，单击"保存"按钮，出现 Bug 报告界面。将信息填写完整，编辑 Bug 报告如图 2-63 所示，并将解决 Bug 的任务指派给程序员 programmer。

图 2-63 编辑 Bug 报告界面

15. 解决 Bug

以 programmer 身份登录系统。提交测试之后，测试人员展开测试，便会有 Bug 产生。这时研发团队的一个重要职责便是解决 Bug。禅道中 Bug 的处理流程如下：测试人员提交 Bug→开发人员解决 Bug→测试人员验证并关闭，这是正常的 Bug 处理流程。

还有一个激活流程：测试人员提交 Bug→开发人员解决 Bug→测试人员验证未通过→激活 Bug→重新解决→验证并关闭。

开发人员需要处理自己负责的 Bug，并在禅道中登记解决方案。

（1）项目视图中的 Bug 列表，如图 2-64 所示。

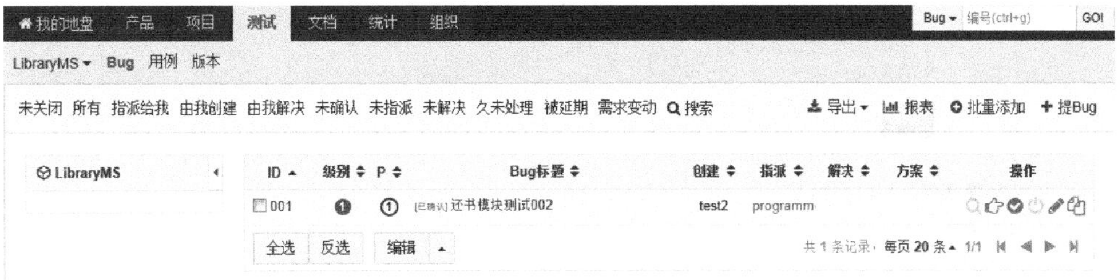

图 2-64 项目视图中的 Bug 列表

（2）单击“Bug”菜单，进入 Bug 详情界面，再单击“解决”按钮，如图 2-65 所示。

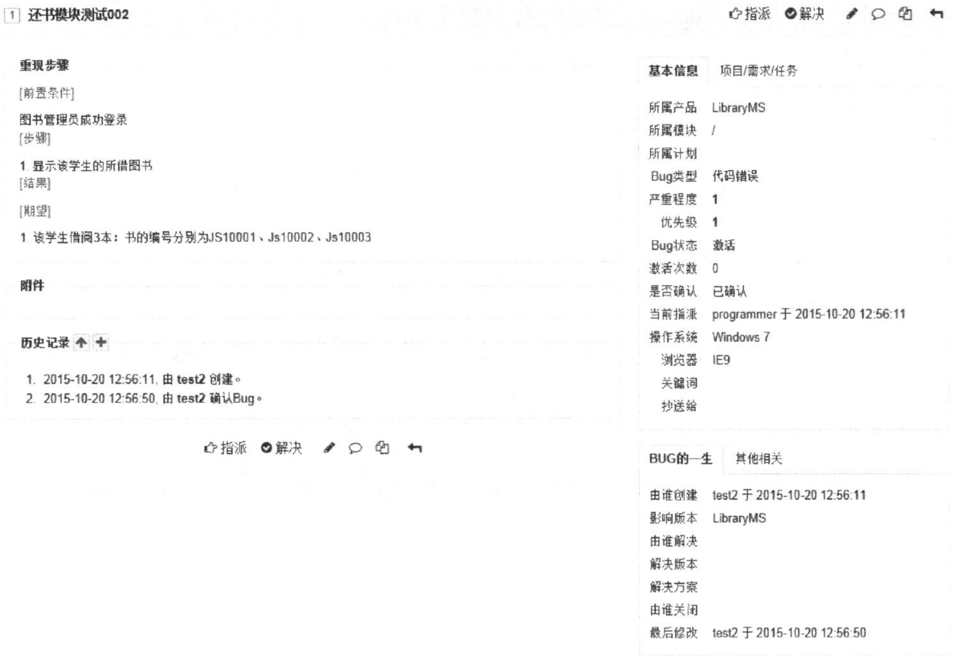

图 2-65 Bug 详情界面

（3）解决 Bug 时，需要编辑 Bug 的解决方案，如图 2-66 所示。

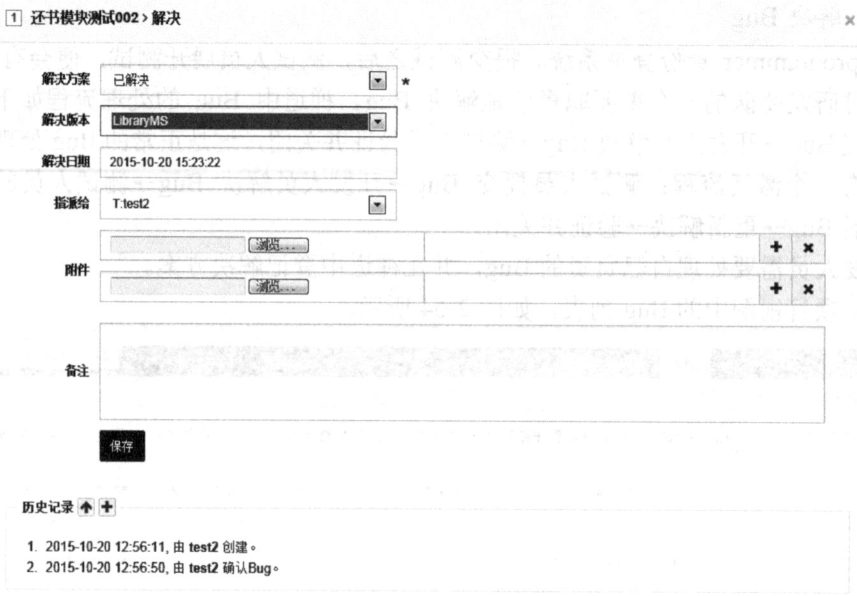

图 2-66 编辑 Bug 的解决方案

通常禅道软件提供了以下几种 Bug 的解决方案。

- Bydesign：设计如此，无须改动。
- Duplicate：重复 Bug，以前已经有同样的 Bug。
- External：外部原因，非本系统原因。
- Fixed：已解决。
- Notrepro：无法重现 Bug。
- Postponed：延期处理，该缺陷确实是 Bug，但现在不解决，放在以后解决。
- Willnotfix：不予解决。

其中“Fixed”和“Postponed”的 Bug 视为有效 Bug。

16. 确认 Bug

当测试人员提交 Bug 之后，如果开发人员来不及解决这个 Bug，这时可选的一个操作是确认这个 Bug，给测试人员一个反馈。

（1）Bug 列表页面会显示 Bug 是否已经确认，如图 2-67 所示。

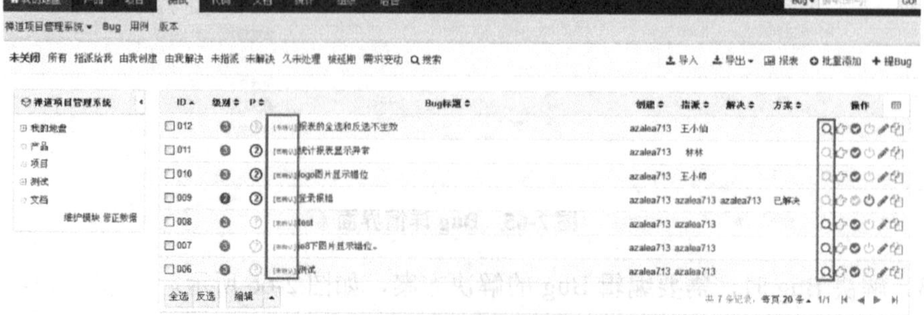

图 2-67 Bug 列表

（2）Bug 详情页面有“确认”按钮，如图 2-68 所示。

图 2-68　Bug 详情页面

（3）Bug 列表右侧有“确认操作”按钮，单击后出现如图 2-69 所示页面。

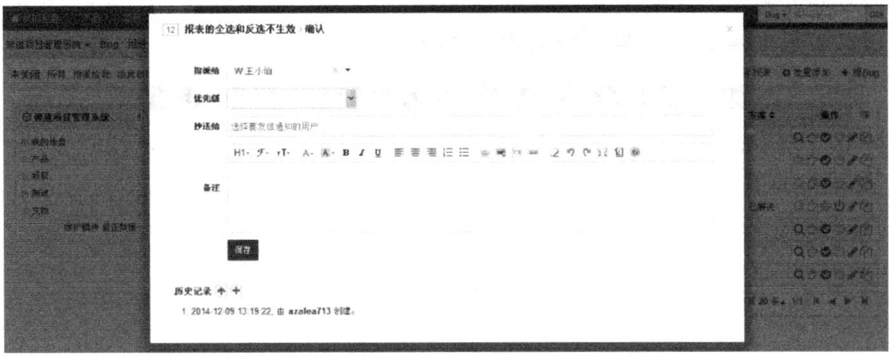

图 2-69　确认操作页面

需要说明的是，如果一个 Bug 被解决之后，也会自动变成“已确认”状态。

17. 验证 Bug 并关闭

当开发人员解决 Bug 之后，就需要验证 Bug，如果没有问题，则将其关闭，如图 2-70 所示。Bug 确认解决界面如图 2-71 所示。

图 2-70　关闭 Bug 界面

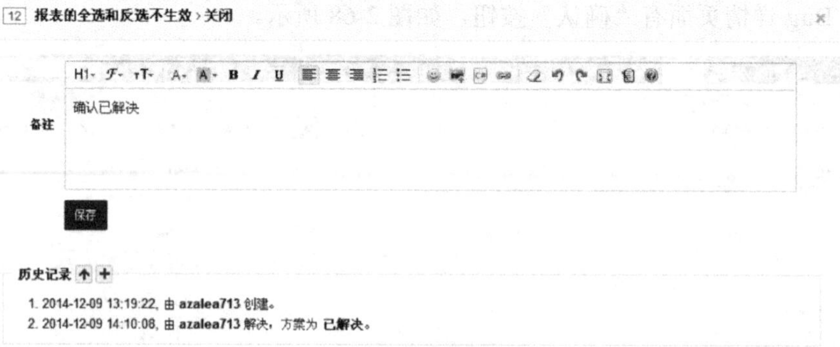

图 2-71　Bug 确认解决界面

18. 激活 Bug

如果开发人员解决 Bug 之后，验证无法通过，则可以将 Bug 重新激活，交给最后的解决者去重新解决。还有一种情况是 Bug 关闭之后，过一段时间，Bug 又重现，这种情况也需要重新激活，如图 2-72 和图 2-73 所示。

图 2-72　激活 Bug 界面

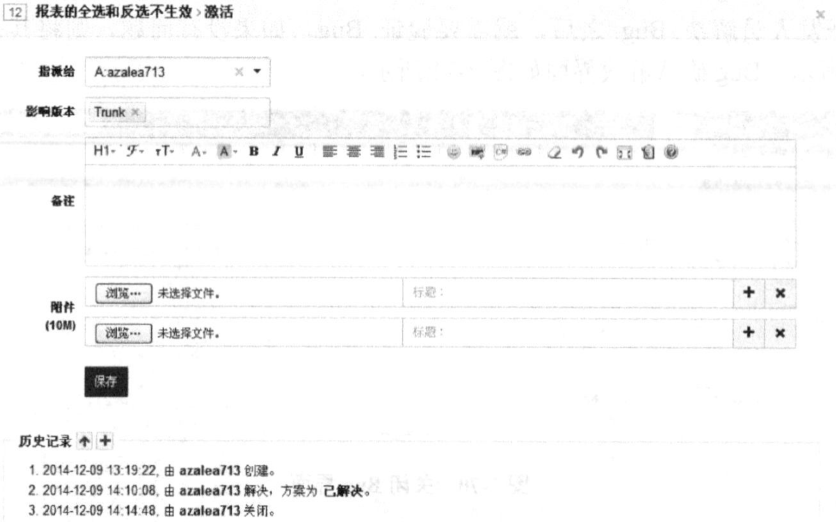

图 2-73　激活 Bug 编辑界面

Bug 被激活时，会自动指派给最后的解决者。

19. 查看统计报表

测试管理还有一个重要工作就是统计报表，其步骤为：在 Bug 列表页面，单击页面上部的“报表”按钮，即可出现统计报表界面，如图 2-74 所示。

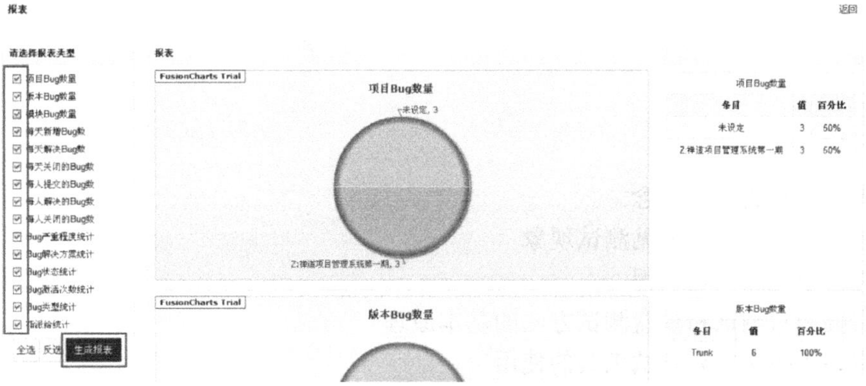

图 2-74 Bug 统计报表界面

说明：Bug 的统计报表与当前的列表集合相关。因此，读者可以通过不同的搜索条件查找自己需要统计的 Bug 列表，然后再按照不同的统计项进行统计。

任务实施

以 CVIT 系统注册模块为例，创建 CVIT 系统产品，设计测试计划，再将登录模块分配给一个测试团队。该团队中设置项目经理、测试人员、程序员角色，按照不同的角色实现测试过程管理。一个测试人员设计注册模块的测试，再在测试管理工具中进行提交，另一个测试人员进行执行测试用例和提交 Bug 报告；最后完善演练测试管理过程。

拓展训练

以 CVIT 系统注册模块为例，在测试管理工具中提交测试用例和 Bug 报告，再对其进行管理。

学习情境3　进行 CVIT 的单元测试

知识目标

- 理解单元测试的概念
- 熟悉单元测试的常见测试现象
- 熟悉单元测试的过程
- 掌握白盒测试和黑盒测试方法的基本原理
- 掌握 NUnit 单元测试工具的使用

能力目标

- 能运用测试技术书写测试用例
- 能绑定 NUnit 与 Visual Studio 实现项目中类的单元测试

引例描述

单元测试是指对软件中的最小可测试单元进行的检查和验证。对于单元测试中单元的含义，通常，应根据实际情况去判定其具体含义，如 C 语言中单元是指一个函数，Java 中的单元是指一个类，图形化的软件中单元可以指一个窗口或一个菜单等。总之，单元就是人为规定的最小的被测功能模块。单元测试是在软件开发过程中进行的最低级别的测试活动，软件的独立单元将与程序的其他部分相隔离的情况下进行测试。

经常与单元测试联系起来的一些开发活动有代码走读、静态分析和动态分析。静态分析就是对软件的源代码进行研读、查找错误或收集一些度量数据，并不需要对代码进行编译和执行。动态分析就是通过观察软件运行时的动作来提供执行跟踪、时间分析，以及测试覆盖度方面的信息。

本学习情境针对 CVIT 系统进行单元测试，包括代码的单元测试和针对界面功能的单元测试，再学习白盒测试方法和黑盒测试方法，然后面对 CVIT 系统中的不同模块采用较好的测试方法编写相应的测试用例。

任务 3.1　单元测试概述

任务陈述

单元测试又称组件测试，是针对软件设计的基本组成部分，也是对单元进行检查和验证的测试工作，主要检查被测单元在语法和逻辑上的错误。单元测试是软件测试的第一个阶段，是软件测试的基础，其测试效果将直接影响后续的其他测试阶段，并最终对整个软件产品的质量产生影响。

本节的主要任务是对 CVIT 系统单元模块进行梳理，再对已完成的测试方案做进一步修改和完善，特别是单元测试方案的模块描述，需进一步描述详尽，不能有任何遗漏，以达到测试的全面性。

学习目标

- 熟悉单元测试的概念
- 了解单元测试的内容
- 掌握单元测试工具 NUnit 的使用

知识准备

在单元测试活动中，软件的一个基本组成单元通常需要与软件的其他部分隔离再进行测试，因此如何界定、划分软件的“单元”是进行单元测试的首要任务。

3.1.1 单元测试的概念

一般来讲，单元测试是软件设计中最小的但可独立运行的单位，具有以下特征：

- 单元应该是可测试的，可重复执行的；
- 有明确的功能定义；
- 有明确的性能定义；
- 有明确的接口定义，不会轻易地扩展到其他单元。

单元测试是软件测试的基础，其测试效果直接影响软件的其他模块，并最终对软件产品造成影响。单元测试的重要意义如下：

（1）单元测试紧接在软件编码实现之后展开，能最早发现软件中各式各样的 Bug，付出很低的成本就可进行修改，而在软件开发的后期阶段，Bug 的发现和修改将会变得十分困难，并要耗费大量额外的时间和成本。

（2）单元经过测试后，会使系统集成过程大为简化，开发人员就可将精力集中在单元之间的交互作用和全局的功能实现上，从而节约软件开发时间，提高开发效率。

（3）单元测试是其他模块测试的基础，它能及时准确地发现后期测试很难发现的代码中深层次的问题。高质量的单元测试是后期测试顺利进行的保障。

（4）单元测试大多由程序员自己完成，因此程序员会有意识地将软件单元代码编写得便于测试和调用，这样在执行测试时有助于提高代码质量。

综上所述，单元测试是一种验证行为，测试验证软件设计中基本组成单元功能的正确性。单元测试也是一种设计行为，程序员在进行程序设计时应从调用者的角色考虑测试，就会有意识地将程序设计成易于调用和可测。单元测试也是一种保障行为，保证了软件代码质量、可维护性和可扩展性。

3.1.2 单元测试的内容

执行单元测试是为了保证被测试软件单元代码的正确性，即测试单元范围内的重要控制路径，及时发现错误。单元测试内容一般包括以下 5 方面。

1. *模块接口测试*

模块接口测试是单元测试的基础。该测试的重点是检查数据的交换、传递和控制管理过程，只有在数据正确流入、流出模块的前提下，其他测试才有意义。模块接口测试也是集成测试的重点，此阶段的测试主要是为后期代码测试打好基础。测试接口正确与否应考虑下列因素：

- 输入的实际参数与形式参数的个数是否相同。
- 输入的实际参数与形式参数的属性是否匹配。
- 输入的实际参数与形式参数的量纲是否一致。
- 调用其他模块时所给实际参数的个数与被调模块的形参个数是否相同。
- 调用其他模块时所给实际参数的属性与被调模块的形参属性是否匹配。
- 调用其他模块时所给实际参数的量纲与被调模块的形参量纲是否一致。
- 调用预定义函数时所用参数的个数、属性和次序是否正确。
- 是否存在与当前入口点无关的参数引用。
- 是否修改了只读型参数。
- 对全程变量的定义各模块是否一致。
- 是否把某些约束作为参数传递。

如果模块功能包括外部输入和输出，还应考虑下列因素：

- 文件属性是否正确。
- OPEN/CLOSE 语句是否正确。
- 格式说明与输入/输出语句是否匹配。
- 缓冲区大小与记录长度是否匹配。
- 文件使用前是否已经打开。
- 是否处理了文件尾。
- 是否处理了输入/输出错误。
- 输出信息中是否有文字性错误。

2. *局部数据结构测试*

局部数据结构测试是为了保证临时存储在模块内的数据在程序执行过程中完整、正确。该测试的重点是一些函数是否正确被执行，内部运行是否正确。局部数据结构错误往往是错误的根源，应仔细设计测试用例，力求发现下面几类错误：

- 不合适或不相容的类型说明。
- 变量无初值。
- 变量初始化或默认值有错。
- 不正确的变量名（拼错或截断不正确）。
- 出现上溢、下溢和地址异常。

3. 边界条件测试

边界条件测试是单元测试中最重要的一项测试任务。众所周知，软件经常在边界上失效，采用边界值分析技术，针对边界值及其左、右设计测试用例，发现新的错误。边界条件测试是一项基础测试，也是后期系统测试中功能测试的重点。边界条件测试执行效率高，可以大大提高程序的健壮性。边界条件测试重点应考虑以下内容：

- 软件单元内的一个 *n* 次循环，其循环次数应是 1～*n*，而不是 0～*n*。
- 由各种比较运算确定的值是否出错。
- 上溢、下溢和地址是否发生异常问题。

4. 模块中所有独立执行路径测试

在模块中应对每一条独立执行路径进行测试，单元测试的基本任务是保证模块中每条语句至少执行一次。测试目的主要是发现因错误计算、不正确的比较和不适当的控制流造成的错误。具体做法就是程序员逐条调试语句。常见的错误包括：误解或用错了运算符优先级、混合类型运算、变量初值错、变量精度设置不够、表达式符号错。

比较判断与控制流常常紧密相关，测试时应注意下列错误：

- 不同数据类型的对象之间进行比较。
- 错误地使用逻辑运算符或优先级。
- 因计算机表示的局限性，期望理论上相等而实际上不相等的两个量相等。
- 比较运算或变量出错。
- 循环终止条件或不可能出现。
- 迭代发散时不能退出。
- 错误地修改了循环变量。

5. 模块的各条错误处理通路测试

程序在遇到异常情况时不应该退出，好的程序应能预见各种出错条件，并预设各种出错处理通路。如果用户不按照正常操作，程序就退出或者停止工作，实际上也是一种缺陷，因此单元测试时需测试各种错误处理路径，该测试应着重检查以下问题：

- 输出的出错信息难以理解。
- 记录的错误与实际遇到的错误不相符。
- 在程序自定义的出错处理段运行之前，系统已介入。
- 异常处理不当。
- 错误陈述中未能提供足够的定位出错信息。

3.1.3　单元测试的步骤

通常单元测试在编码阶段进行。在源程序代码编制完成，经过评审和验证，确认没有语法错误之后，就可以开始进行单元测试的测试用例设计。利用设计文档，通过测试验证程序的功能，找出程序错误的多个测试用例。对于每一组输入，应有预期的正确结果。

1. 单元测试的环境

模块并不是一个独立的程序，在考虑测试模块时，同时要考虑其和外界的联系，用一些辅助模块去模拟与被测模块相联系的其他模块。这些辅助模块分为两种：

● 驱动模块，相当于被测模块的主程序。其接收测试数据，再把这些数据传送给被测模块，最后输出实测结果。

● 桩模块，用以代替被测模块调用的子模块。桩模块可以做少量的数据操作，不需要把子模块所有功能都带进来，但不允许什么事情也不做。

被测模块与其相关的驱动模块及桩模块共同构成了一个“测试环境”，如图 3-1 所示。

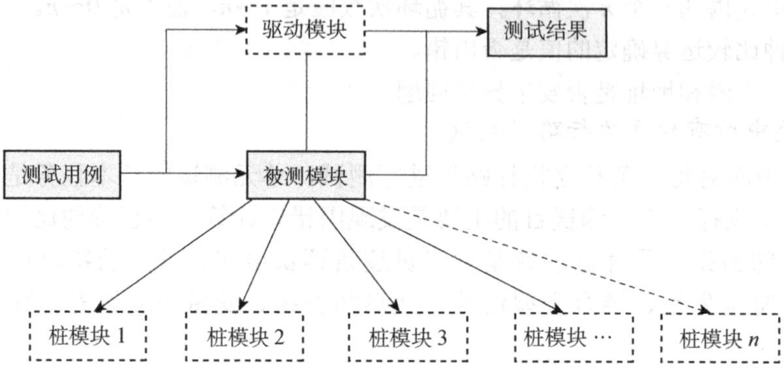

图 3-1　驱动模块和桩模块构成的测试环境

如果一个模块要完成多种功能，且以程序包或对象类的形式出现，如 C++中的类，这时可以将这个模块看成由几个小程序组成，对其中的每个小程序先进行单元测试，对关键模块还要做性能测试。

2. 技术要求

● 对软件设计文档规定的软件单元功能、性能、接口等应逐项进行测试。
● 每个软件特性应至少被一个正常测试用例和一个被认可的异常测试用例覆盖。
● 测试用例的输入应至少包括有效等价类值、无效等价类值和边界数值。
● 在对软件单元进行动态测试之前，一般应对软件单元的源代码进行静态测试。
● 语句覆盖率应达到 100%。
● 分支覆盖率应达到 100%。
● 对输出数据及格式进行测试。

3.1.4　单元测试工具 NUnit 的介绍

NUnit 是一个单元测试框架，专门是针对.NET 来开发的。

NUnit 最初是由 James W. Newkirk，Alexei A. Vorontsov 和 Philip A. Craig 创建的，后来开发团队逐渐庞大。在开发过程中，Kent Beck 和 Erich Gamma 提供了许多帮助。

NUnit 是 xUnit 家族中的第 4 个主打产品，完全采用 C#语言编写，并且编写时充分利用了许多.NET 的特性，例如反射、客户属性等。最重要的是其适合于所有.NET 语言。它可以到网址 http：//www.nunit.org/下载。

1. NUnit 入门

在正式讲解 NUnit 之前，先看几张 NUnit 运行效果图，如图 3-2 和图 3-3 所示。

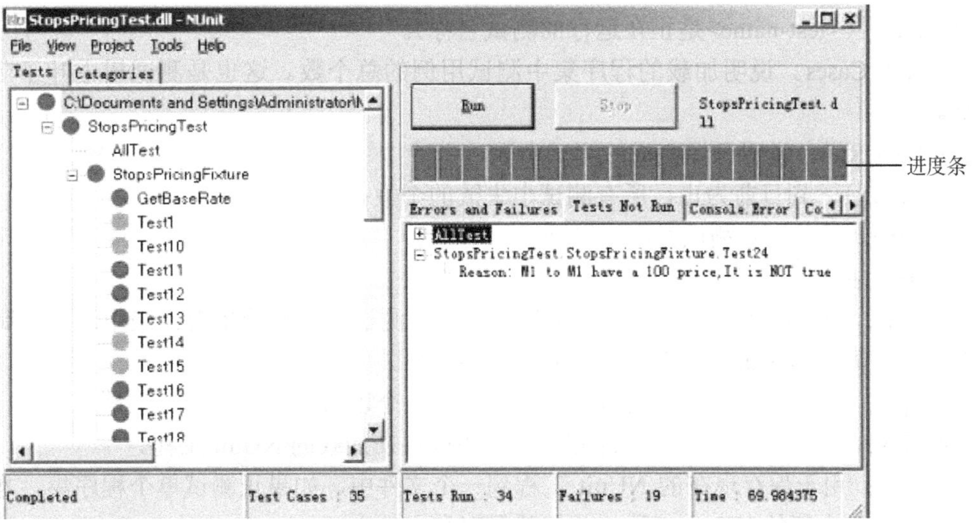

图 3-2　NUnit 运行效果图

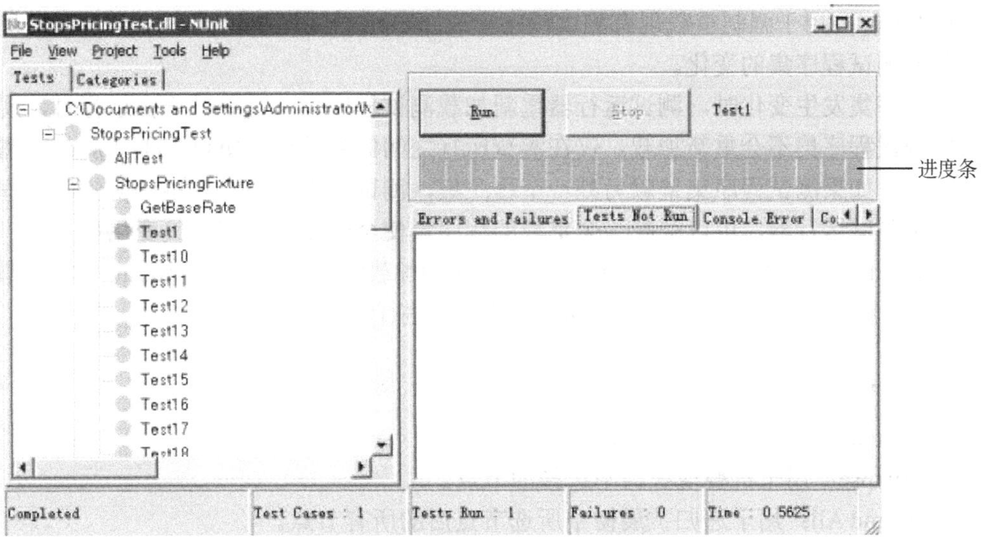

图 3-3　NUnit 运行的另外一个效果图

图 3-2 中的进度条是红色的，而图 3-3 中的进度条是绿色的。为什么会这样呢？因为如果所有测试案例运行成功，则进度条就是绿色的，反之如果有一个不成功，则为红色的。在图 3-2 和图 3-3 的左边工作域内显示的则是编写的每一个单元测试。

仔细观察测试运行器窗口的布局，在右边面板的中间，可以看到测试进度条。进度条的颜色反映了测试执行的状态：

- 绿色表示目前所执行的测试都通过。
- 黄色表示某些测试忽略，但是这里测试没有失败。
- 红色表示测试有失败。

底部的状态栏表示的状态如下（这里的状态表示现在运行测试的状态）。

- 当所有测试完成时，状态变为 Completed。当运行测试中，状态为 Running：

<test-name>（<test-name>是正在运行的测试名称）。

- Test Cases。说明加载的程序集中测试用例的总个数。这也是测试树中叶子节点的个数。
- Tests Run。说明已经完成的测试个数。
- Failures。到目前为止，所有测试中失败的个数。
- Time。显示运行测试时间（以秒计）。

“File”主菜单有以下命令。

- New：用于创建一个新工程。工程是指一个测试程序集的集合。采用这种机制可以组织多个测试程序集，并把它们作为一个组对待。
- Open：用于加载一个新的测试程序集，或一个以前保存的 NUnit 工程文件。
- Close：用于关闭现在加载的测试程序集或现在加载的 NUnit 工程。
- Save：用于保存现在的 NUnit 工程到一个文件中。如果正测试单个程序集，本命令允许创建一个新的 NUnit 工程，并把其保存在文件中。
- Save As：用于将现有 NUnit 工程作为一个文件保存。
- Reload：用于强制重载现有测试程序集或 NUnit 工程。NUnit-Gui 会自动监测正在加载的测试程序集的变化。

当程序集发生变化时，测试运行器重新加载测试程序集。当测试正在运行时，现在加载的测试程序集不会重新加载。仅在测试运行之间的测试程序集可以重新加载。需要忠告的是，如果测试程序集依赖另外一个程序集，测试运行器不会观察任何依赖的程序集。对于测试运行器，可以强制一个重载的程序集使全部依赖的程序集变化可见。

- Recent Files：用于说明 5 个最近在 NUnit 中加载的测试程序集或 NUnit 工程。最近程序集的数量可以使用“Tools”→“Options”命令进行修改。
- Exit：退出。

“View”菜单有以下命令。

- Expand：用于一层层地扩展现在树中所选节点。
- Collapse：用于折叠现在树中选择的节点。
- Expand All：用于递归扩展树中所选节点后的所有节点。
- Collapse All：用于递归折叠树中所选节点后的所有节点。
- Expand Fixtures：用于扩展树中所有代表测试 Fixture 的节点。
- Collapse Fixtures：用于折叠树中所有代表测试 Fixture 的节点。
- Properties：用于显示树中所选节点的属性。

“Tools”菜单有以下命令。

- Save Results as XML：作为一个 XML 文件保存运行测试的结果。
- Options：用于定制 NUnit 的行为。

在 NUnit 运行效果图的右边，还有“Run”按钮、进度条和“Stop”按钮。单击“Stop”按钮会终止正在运行的测试。进度条下面是一个文本窗口，在其上方，有以下“4 个”标签。

- Errors and Failures：用于显示失败的测试。
- Tests Not Run：用于显示没有得到执行的测试。

● Console.Error：用于显示运行测试所产生的错误消息。这些消息是应用程序代码使用 Console.Error 输出流产生的文本信息。

● Console.Out：用于显示运行测试打印到 Console.Error 输出流的文本消息。

2. 简单操作

NUnit 的操作流程很简单，这里只是简单介绍一下 NUnit 的使用流程，以一个实例进行介绍，需要检验某一个流程中 a*b 的值是否正确。

①安装 NUnit，NUnit 的安装程序可以在网站上下载。

②在 Visual Studio 中建立关于实例的方案，按图 3-4 和图 3-5 所示的顺序操作即可。

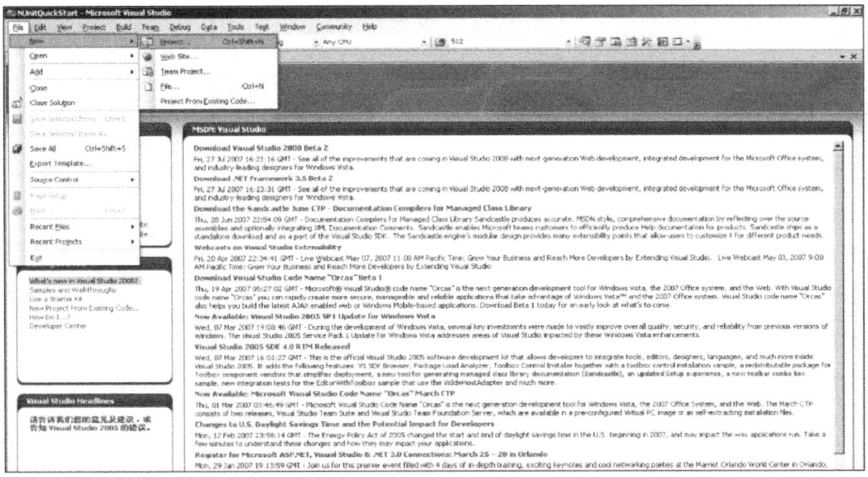

图 3-4　新建一个项目

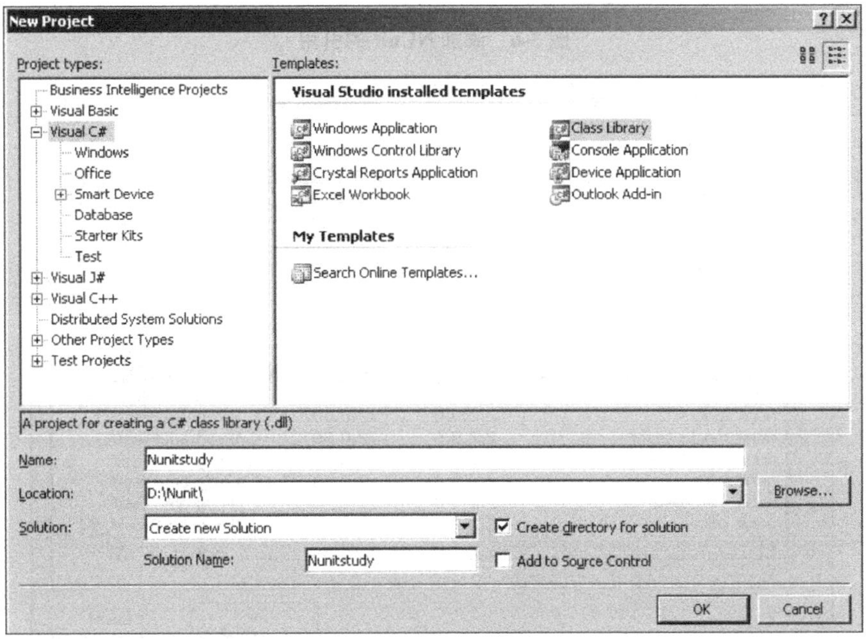

图 3-5　添加一个新类

③引用 NUnit 框架，具体操作如图 3-6 和图 3-7 所示。

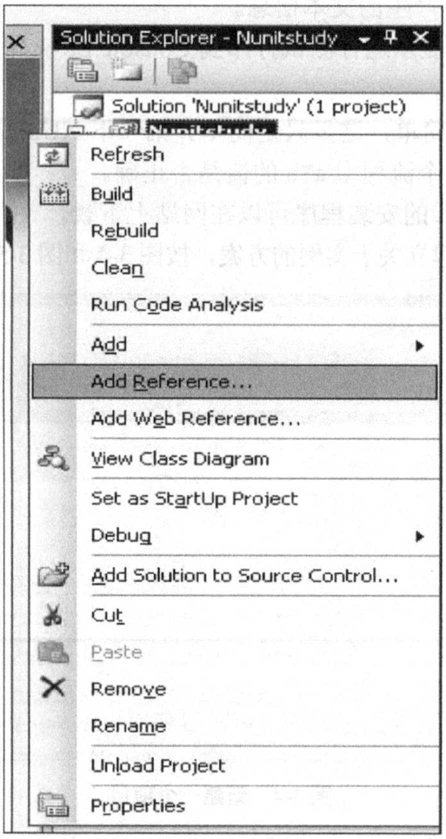

图 3-6　添加 NUnit 的引用

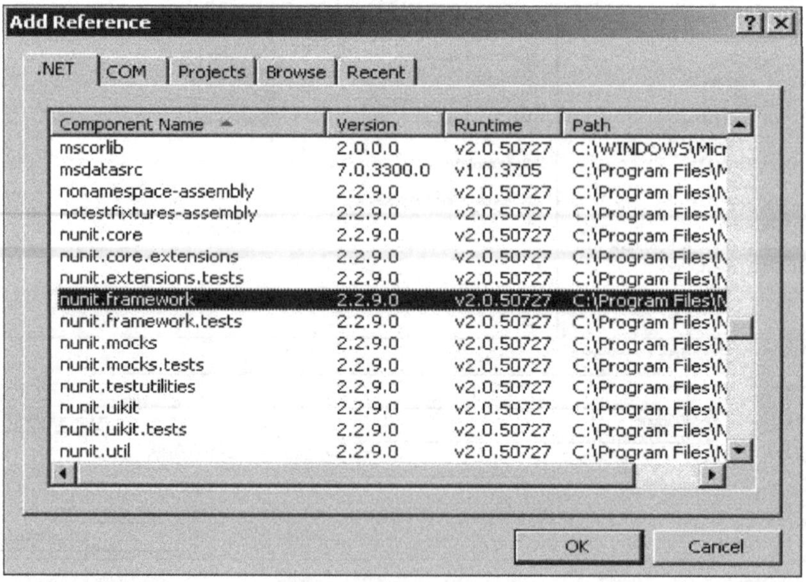

图 3-7　选择 NUnit 引用

④将 NUnit 加入到 Visual Studio 中，具体操作如图 3-8 和图 3-9 所示。

图 3-8　将 Visual Studio 与 NUnit 进行绑定

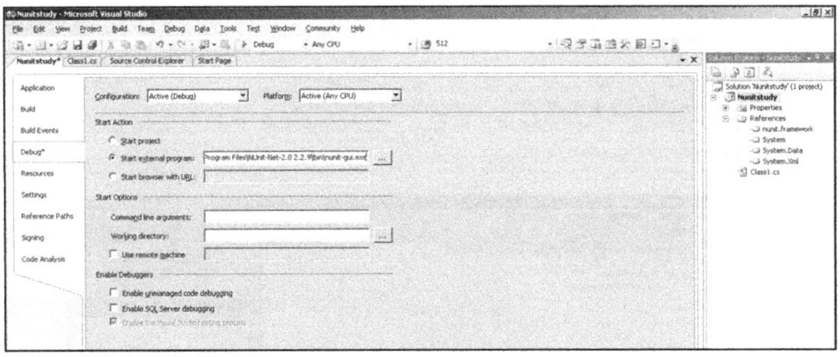

图 3-9　绑定界面

⑤添加一个类，具体操作如图 3-10 所示。

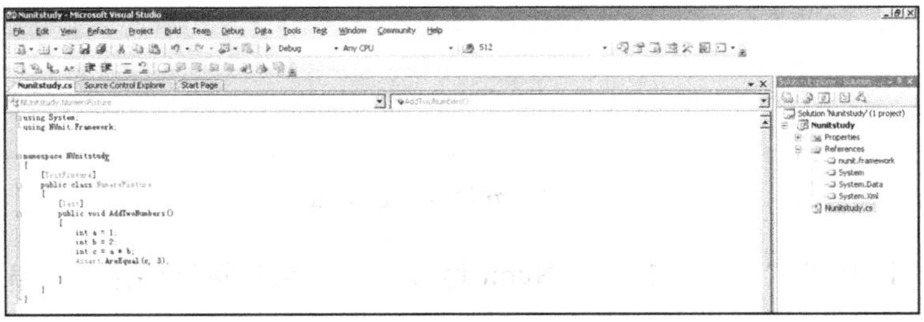

图 3-10　添加新类

类的代码如下：

```
using System;
using NUnit.Framework;
namespace NUnitstudy
{
    [TestFixture]
    public class NumersFixture
    {
        [Test]
        public void AddTwoNumbers()
        {
            int a = 1;
            int b = 2;
            int c = a * b;
            Assert.AreEqual(c,2);
        }
    }
}
```

⑥新项目调试测试。单击图中的运行绿色箭头，系统首先对项目进行编译，然后弹出 Nunit_Gui 窗口，如图 3-11 所示。

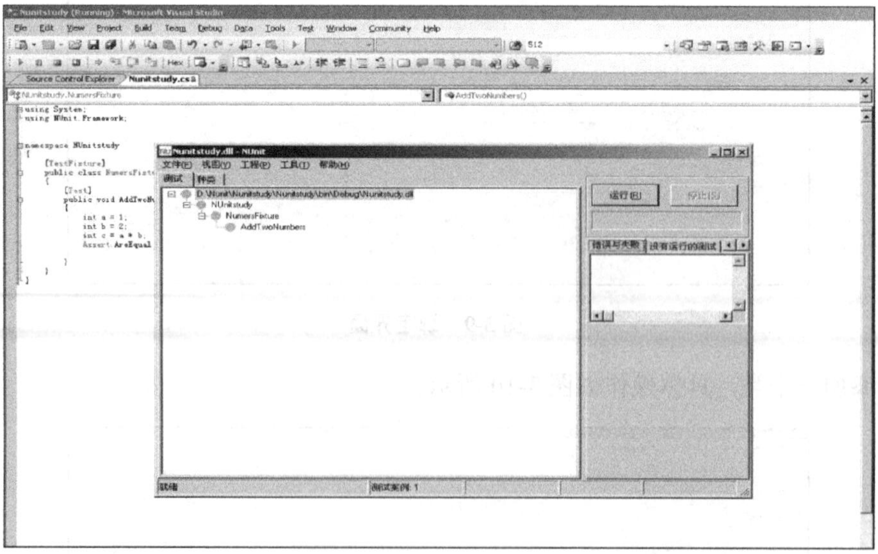

图 3-11　新项目调试测试

单击图 3-11 中的“运行”按钮，Nunit 运行测试，项目运行结果如图 3-12 所示。

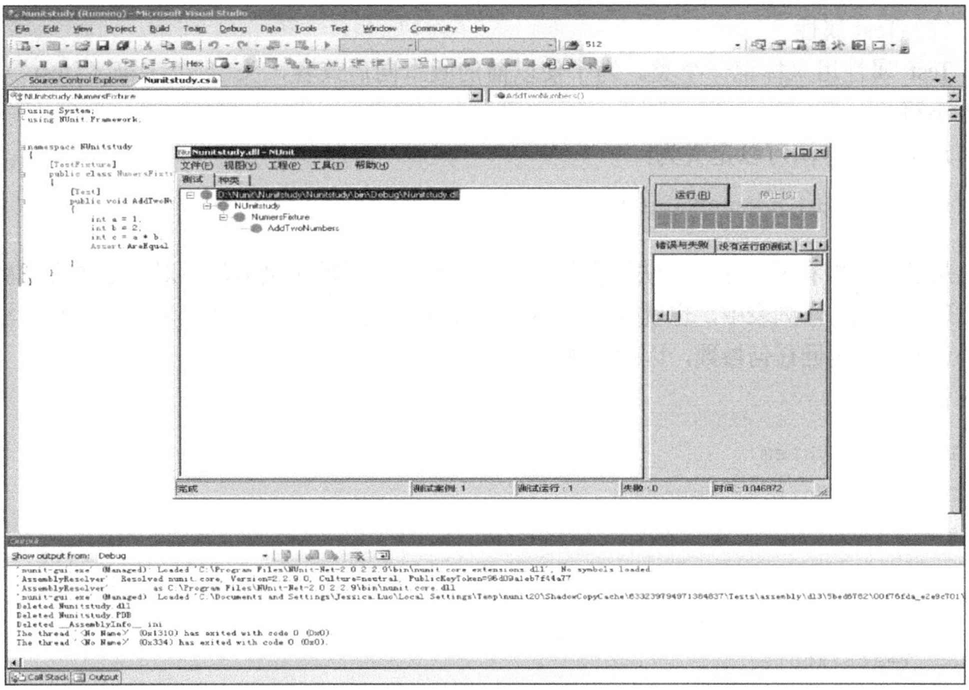

图 3-12 项目运行结果

3. 常用属性

下面介绍 NUnit 框架的使用方法，这里会涉及一些非常重要的概念，例如属性。下面将对每种属性一一讲解。

（1）TestFixture 属性

本属性用于标记一个类包含测试，当然 SetUp 和 TearDown 方法可有可无。作为一个测试的类，这个类还存在一些限制，例如它必须是 public，否则 NUnit 看不到它的存在。其必须有一个默认的构造函数，否则 NUnit 不会构造它。构造函数没有任何副作用，NUnit 在运行时会多次构造这个类。

例如：

```
using System;
using NUnit. Framework;
namespace MyTest.Tests
...{

[TestFixture]
public class PriceFixture
...{
//...
}
}
```

（2）Test 属性

Test 属性用来标记一个类。为了使以前的版本向后兼容，头 4 个字符（“test”）忽略大小写。

这个测试方法可以定义为：

```
public void MethodName()
```

从以上可以看出，这个方法没有任何参数。如果我们的定义方法不对，这个方法就不会出现在测试方法列表中，也就是说在 NUnit 的界面左边的工作域内，看不到这个方法。另外该方法不返回任何参数，因此必须设为 public。

例如：

```
using System;
using NUnit.Framework;

namespace MyTest.Tests
...{
[TestFixture]
public class SuccessTests
...{
   [Test] public void Test1()
   ...{ /**//* ... */ }
 }
}
```

通常有了以上两个属性，即可做基本的工作了。另外，这里再对如何进行比较做一个描述。

在 NUnit 中，用 Assert（断言）进行比较，而 Assert 其实是一个类，它包括的方法有：AreEqual，AreSame，Equals，Fail，Ignore，IsFalse，IsNotNull，具体请参看 NUnit 的文档。

（3）SetUp/TearDown 属性

在早期的 TestFixture 定义中，TestFixture 测试需要一组常规运行时的资源。在测试完成之后，或在测试执行中，或是释放或清除之前，这些常规运行时的资源可能需要进行获取和初始化工作。NUnit 使用 2 个额外的属性：SetUp 和 TearDown，就可以处理这种常规的初始化/清除工作。

例如：

```
using System;
using NUnit.Framework;

namespace NUnitQuickStart
...{
      [TestFixture]
```

```
    public class NumersFixture
      …{
          [Test]
           public void AddTwoNumbers()
             …{
                 int a=1;
                 int b=2;
                 int sum=a+b;
                 Assert.AreEqual(sum, 3);
           }
           [Test]
           public void MultiplyTwoNumbers()
             …{
                 int a = 1;
                 int b = 2;
                 int product = a * b;
                 Assert.AreEqual(2, product);
           }

    }
}

```

仔细查看代码可以发现存在重复的代码，那如何去除重复的代码呢？我们可以提取这些代码到一个独立的方法中，然后标志这个方法为SetUp属性，这样两个测试方法可以共享对操作数的初始化，以下为修改后的代码：

```
using System;
using NUnit.Framework;

namespace NUnitQuickStart
…{
    [TestFixture]
    public class NumersFixture
      …{
          private int a;
           private int b;
           [SetUp]
           public void InitializeOperands()
             …{
```

```
                a = 1;
                b = 2;
            }

            [Test]
            public void AddTwoNumbers()
              …{
                int sum=a+b;
                Assert.AreEqual(sum, 3);
            }
            [Test]
            public void MultiplyTwoNumbers()
              …{
                int product = a * b;
                Assert.AreEqual(2,product);
            }

        }
}
```

这样 NUnit 将在执行每个测试前先执行标记 SetUp 属性的方法，在本案例中就是执行 InitializeOperands()方法。注意：这里的方法属性必须为 public，否则就会出现错误提示：Invalid Setup or TearDown method signature。

（4）ExpectedException 属性

该属性用于验证某个假设的测试。有时，我们知道某些操作会有异常出现，例如，在案例中增加除法，某个数被 0 除，抛出的异常和.NET 文档描述的一致。参看以下源代码：

```
[Test]
[ExpectedException(typeof(DivideByZeroException))]
public void DivideByZero()
…{
  int zero = 0;
  int infinity = a/zero;
  Assert.Fail ("Should have gotten an exception") ;
}
```

在 DivideByZero 方法中有另外一个属性为 ExpectedException。在这个属性中，可以在执行过程中捕获我们期望的异常类型，例如在本案例中的 DivideByZeroException。如果这个方法在没有抛出期望异常的情况下完成了，则这个测试失败。使用该属性能帮助程序员测试验证边界条件（Boundary Conditions）。

（5）Ignore 属性

由于种种原因，某些测试我们不想运行。当然，这些原因可能是这个测试还没有完成正在重构之中、这个测试的需求不是太明确。但又不想破坏测试，此时就可以使用 Ignore 属性。这样既可以保持测试的进程，又不运行此编码。例如，标记 MultiplyTwoNumbers 测试方法为 Ignore 属性，编码如下：

```
[Test]
[Ignore("Multiplication is ignored")]
public void MultiplyTwoNumbers()
...{
  int product = a * b;
  Assert.AreEqual(2,product);
}
```

运行测试输出结果如图 3-13 所示。

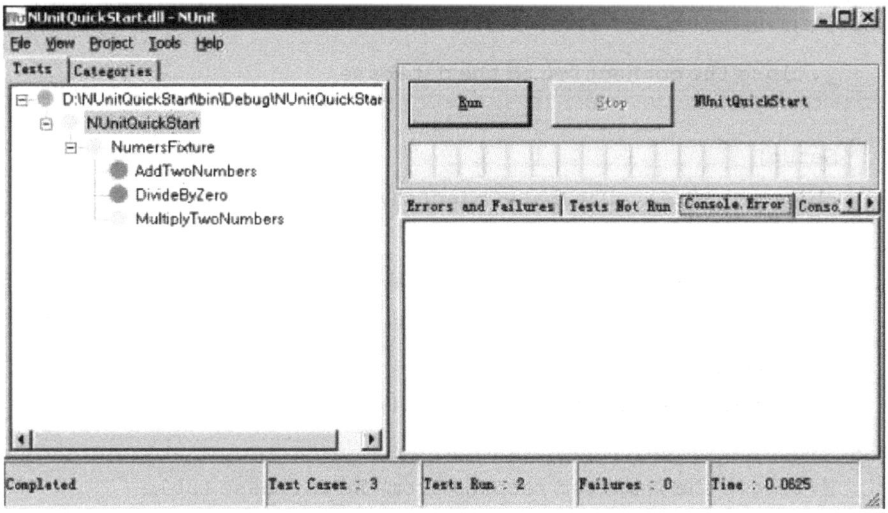

图 3-13 使用 Ignore 属性的运行测试结果

Ignore 属性可附加到一个独立的测试方法中，也可以附加到整个测试类（TestFixture）中。如果 Ignore 属性附加到 TestFixture，所有在 Fixture 的测试都被忽略。

（6）TestFixtureSetUp/TestFixtureTearDown 属性

有时，一组测试需要的资源太昂贵。例如，连接的数据库可能是一个关键资源，在一个 TestFixture 测试中，打开/关闭数据库连接的速度可能非常慢。如何解决呢？NUnit 有一对类似于前面讨论的 SetUp/TearDown 属性，其为 TestFixtureSetUp/TestFixtureTearDown 属性。正如名字所表明的一样，这些属性用来标记整个 TestFixture 的一次初始化/释放资源的方法。

例如，如果想为所有 TestFixture 的测试共享相同的数据库连接对象，程序员可以编写一个打开数据库连接的方法，并标记为 TestFixtureSetUp 属性，编写另外一个关闭数据库连接的方法，标记为 TestFixtureTearDown 属性。

代码：

```
using NUnit.Framework;

[TestFixture]
public class DatabaseFixture
{
  [TestFixtureSetUp]
  public void OpenConnection()
  {
    //open the connection to the database
  }
  [TestFixtureTearDown]
  public void CloseConnection()
  {
    //close the connection to the database
  }
  [SetUp]
  public void CreateDatabaseObjects()
  {
    //insert the records into the database table
  }
  [TearDown]
  public void DeleteDatabaseObjects()
  {
    //remove the inserted records from the database table
  }
  [Test]
  public void ReadOneObject()
  {
    //load one record using the open database connection
  }

  [Test]
  public void ReadManyObjects()
```

```
    …{
      //load many records using the open database connection
    }
}
```

（7）TestSuite 属性

TestSuite 是 Test Case 或其他 TestSuite 的集合。合成（Composite）模式描述了 Test Case 和 TestSuite 之间的关系。参考来自 NUnit 的关于 Suite 的代码如下：

```
namespace NUnit.Tests
…{
using System;
  using NUnit.Framework;
  public class AllTests
    …{
      [Suite]
      public static TestSuite Suite
        …{
          get
            …{
              TestSuite suite = new TestSuite("All Tests");
              suite.Add(new OneTestCase());
              suite.Add(new Assemblies.AssemblyTests());
              suite.Add(new AssertionTest());
              return suite;
            }
        }
    }
}
```

（8）Category 属性

对于测试来说，程序员有时需要将之分类，此属性正好就是用来解决这个问题的。程序员既可选择需要运行的测试类目录，也可选择除了这些目录之外的测试都可以运行。在命令行环境中由/include 和/exclude 来实现。在 GUI 环境下，实现起来更简单，只需选择左边工作域中的 Catagories Tab，单击“Add”或“Remove”按钮即可。将上面的案例稍做改善后的代码如下：

```
using System;
using NUnit.Framework;

namespace NUnitQuickStart
```

```
…{
    [TestFixture]
    public class NumersFixture
      …{
         private int a;
          private int b;
          [SetUp]
          public void InitializeOperands()
            …{
                a = 1;
                b = 2;
          }
          [Test]
          [Category("Numbers")]
          public void AddTwoNumbers()
            …{
                int sum=a+b;
                Assert.AreEqual(sum, 3);
          }
          [Test]
       [Category("Exception")]
          [ExpectedException(typeof(DivideByZeroException))]
          public void DivideByZero()
            …{
                int zero = 0;
                int infinity = a/zero;
                Assert.Fail("Should have gotten an exception");
          }
          [Test]
          [Ignore("Multiplication is ignored")]
          [Category("Numbers")]
          public void MultiplyTwoNumbers()
            …{
                int product = a * b;
                Assert.AreEqual(2,product);
          }
      }
```

使用 Catagory 属性的界面如图 3-14 所示。

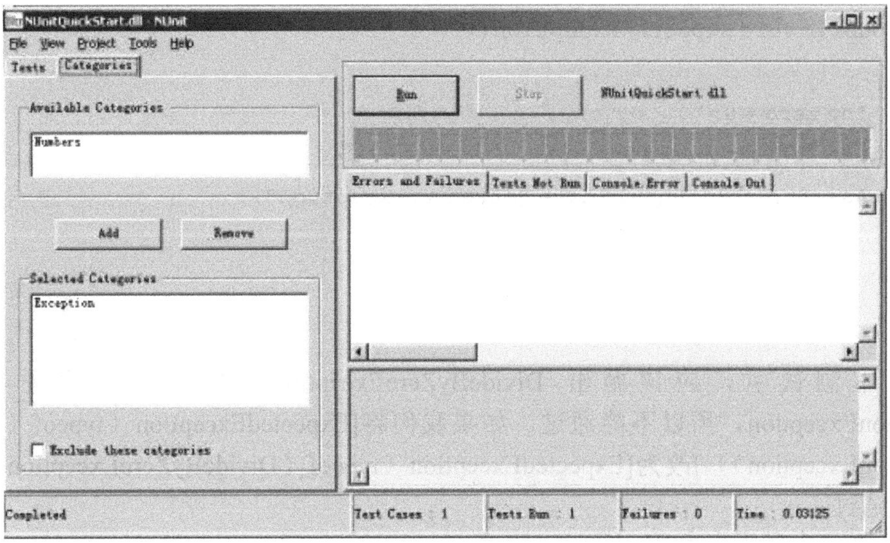

图 3-14　使用 Catagory 属性的界面

（9）Explicit 属性

本属性为忽略一个 Test 和 TestFixture，直到显式时再选择执行。如果 Test 和 TestFixture 在执行的过程中被发现，则忽略。如此进度条的颜色显示为黄色，因为存在 Test 或 TestFixture 被忽略的情况。代码如下：

```
[Test, Explicit]
 [Category("Exception")]
[ExpectedException(typeof(DivideByZeroException))]
 public void DivideByZero()
⊟⊞  ...{
  int zero = 0;
int infinity = a/zero;
  Assert.Fail("Should have gotten an exception");
 }
```

为什么要这样设计呢？原因是 Ingore 属性忽略了某个 Test 或 TestFixture，那么程序员再想调用执行是不可能的。若程序员想调用被忽略的 Test 或 TestFixture，就需要使用 Explicit 属性。

（10）再次测试 ExpectedException 属性

是否期望在运行时抛出一个期望的异常，如果是，则测试通过，否则不通过。

参看下面的例子：

```
[Test]
[ExpectedException(typeof(InvalidOperationException))]
```

```
public void ExpectAnException()
...{
    int zero = 0;
    int infinity = a/zero;
    Assert.Fail("Should have gotten an exception");

}

```

在本测试中，应该抛出 DivideByZeroException，但是期望的是 InvalidOperationException，所以不能通过。如果我们将[ExpectedException（typeof（InvalidOperationException））]改为[ExpectedException（typeof（DivideByZeroException））]，本测试通过。

4. 测试生命周期合约

Test Case 定义中有一个属性用于测试的独立性或隔离性。SetUp/TearDown 方法可以提供达到测试隔离性的目的。SetUp 可以确保共享的资源在每个测试运行前正确地初始化，TearDown 可以确保运行测试没有产生遗留副作用。TestFixtureSetUp/TestFixtureTearDown 提供相同的目的，但在 TestFixture 范围中，描述的内容组成了测试框架的运行时容器（Test Runner）和程序员编写的测试之间的生命周期合约（LifeCycle Contract）。

为了描述这个合约，编写一个简单的测试代码来说明用什么方法或怎么合适调用。代码如下：

```
using System;
using NUnit.Framework;
[TestFixture]
public class LifeCycleContractFixture
...{
    [TestFixtureSetUp]
    public void FixtureSetUp()
    ...{
        Console.Out.WriteLine("FixtureSetUp");
    }

    [TestFixtureTearDown]
    public void FixtureTearDown()
    ...{
        Console.Out.WriteLine("FixtureTearDown");
    }

```

```
 [SetUp]
public void SetUp()
 ...{
  Console.Out.WriteLine("SetUp");
 }

 [TearDown]
public void TearDown()
 ...{
  Console.Out.WriteLine("TearDown");
 }

 [Test]
public void Test1()
 ...{
  Console.Out.WriteLine("Test 1");
 }

 [Test]
public void Test2()
 ...{
  Console.Out.WriteLine("Test 2");
 }

}
```

当编译和运行以上测试代码，可以在 System.Console 窗口看到如下输出：

```
FixtureSetUp
SetUp
Test 1
TearDown
SetUp
Test 2
TearDown
FixtureTearDown
```

绿色表示运行结果正常；黄色表示没有运行；红色表示运行失败。

任务实施

以 CVIT 登录模块为例，使用 NUnit 工具实施登录模块的白盒测试，设计相应的测试用例，在 NUnit 工具中搭建登录模块的测试环境，利用相应的测试类和测试方法进行测试。

拓展训练

以 CVIT 系统的其他模块为测试对象展开白盒测试，使得系统模块代码测试覆盖率尽量达到 100%。

熟练运用 NUnit 工具，熟练设计白盒测试的测试用例。

任务 3.2 白盒测试与黑盒测试

任务陈述

测试方法有白盒测试和黑盒测试之分，其重要的区别在于测试过程是否以代码为测试对象，若以代码为主要测试对象的测试方法为白盒测试，若以模块的输入和输出，考察其功能的则为黑盒测试。

在任务 3.1 寻找测试点的基础之上，本任务主要是划分系统的核心模块和非核心模块，对模块的功能重要程度进行细分，因为对应的测试用例也会有等级划分，核心功能必须进行白盒测试，对核心功能的测试用例等级程度会更高。

学习目标

熟悉白盒测试和黑盒测试的基本原理。

知识准备

测试的关键是测试用例的设计，对任何工程产品都可用白盒测试和黑盒测试方法对其进行测试，第一是基于产品的功能来规划测试，检查软件程序各功能是否能实现，并检查其中的错误，这种测试称为黑盒测试；第二是基于产品的内部结构来规划测试，检查内部操作是否按规定执行，各部分是否被充分利用，这种测试称为白盒测试。一般来说，这两类测试方法是从完全不同的起点出发的，两类方法各有侧重，各有优缺点，从而构成互补关系，在测试的实践中都是有效和实用的。在规划测试时需要把黑盒测试和白盒测试相结合来执行。通常在进行单元测试时多数采用白盒测试，而在确认测试或系统测试中大都采用黑盒测试。

3.2.1 白盒测试

白盒测试又称结构测试、逻辑驱动测试或基于程序的测试，它依赖于对程序细节的严密检查，针对特定条件和循环集设计测试用例，对软件的逻辑路径进行测试。在程序的不同点检验“程序的状态”，以判定其实际情况是否和预期的状态一致。白盒测试示意图如图 3-15 所示。

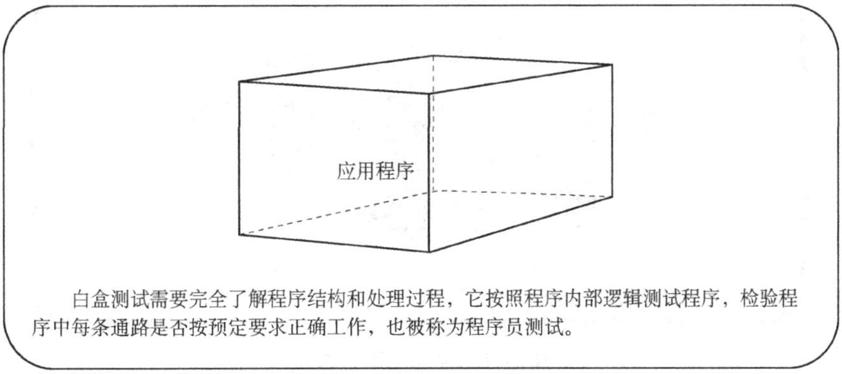
应用程序
白盒测试需要完全了解程序结构和处理过程，它按照程序内部逻辑测试程序，检验程序中每条通路是否按预定要求正确工作，也被称为程序员测试。

图 3-15 白盒测试示意图

白盒测试主要是根据被测程序的内部结构设计测试用例的。有人可能会认为全面的白盒测试将产生“百分之百正确的程序”，只要保证程序中所有的路径都被执行一次即可，这显然是不可能的。即使是一个非常小的控制流程，如循环语句（循环次数是 20 次）又嵌套 4 个 If-Then-Else 语句，则该程序可能的路径有 5～10 条，又如进行穷举测试，假设每毫秒内开发一个测试用例进行测试，并评估结果。每天运行 24 小时，每年运行 365 天，则需要 3170 年的时间来测试这个程序。

因此，白盒测试要求对某些程序的结构特性做到一定程度的覆盖，或者说是“基于覆盖的测试”，并以此为目标，朝着提高覆盖率的方向努力，找出那些已被忽略的程序错误。为了取得被测程序的覆盖情况，最为常用的方法是在测试前对被测程序进行预处理。预处理的主要工作是在其重要的控制点插入“探测器”——程序插装。必须要说明的是，无论采用哪种测试方法，即使其覆盖率达到 100%，都不能保证把所有覆盖的程序错误都揭露出来。

3.2.2 黑盒测试

黑盒测试又称功能测试、数据驱动测试或基于规格说明书的测试，是一种从用户观点出发的测试。用这种方法进行测试时，把被测试程序当作一个黑盒，在不考虑程序内部结构和内部特性，测试者只知道该程序的输入和输出之间的关系或程序的功能的情况下，依靠能够反映这一关系和程序功能需求规格的说明书，以此确定测试用例和推断测试结果的正确性。软件的黑盒测试可被用来证实软件功能的正确性和可操作性。

黑盒测试主要根据规格说明来设计测试用例，并不涉及程序的内部构造。它是一种传统的测试方法，有严格的规定和系统的方式可供参考。功能测试不仅能够找到大多数其他测试方法无法发现的错误，而且还是一些外购软件、参数化软件包以及某些生成的软件的主要测试方法，由于无法得到源程序，用其他方法进行测试是完全无能为力的。黑盒测试示意图如图 3-16 所示。

输入
输出
黑合测试是在程序接口进行测试，它只是检查程序功能是否按照规格说明书的规定正常使用，也被称为用户测试。

图 3-16　黑盒测试示意图

任何软件作为一个系统都是有层次的，在软件的总体功能之下可能有若干个层次的功能，而且软件开发总是从原始问题变换成计算机能处理的形式开始，接着进行一系列变换，最后得到程序编码。在这一系列变换过程中，每一步都得到不同形式的中间成果，生成相应的功能。因而，测试人员常常面临的一个实际问题是在哪个层次上进行测试，如果仅在高层上进行测试，就可能会忽略一些细节，因此测试是不完全的和不充分的；若是在低层次上进行测试，又可能忽略各功能之间存在的相互作用和相互依赖关系。从策略上讲，测试人员最重要的工作是设计可靠的并且高效的功能测试方法。

此外，如果想用黑盒测试方法发现程序中所有的错误，则必须输入所有的可能值来检查程序是否都能产生正确的结果，这显然是做不到的。因为一方面在于输入和输出的结果是否正确本身无法全部事先知道；另一方面要穷举所有可能的输入数据更是天方夜谭。另外，黑盒测试的测试数据是根据规格说明书来决定的，但实际上，并不能保证规格说明书是完全正确的，因而也有可能存在问题。例如，在规格说明书中规定了多余的功能，或是漏掉了某些必要功能，这对于黑盒测试来说是无能为力的。

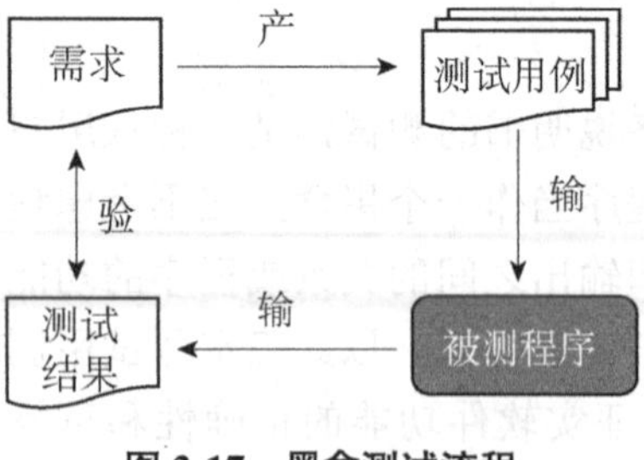

图 3-17　黑盒测试流程

因此，局限于功能测试是不够的，还要花时间和精力进行逻辑（结构）测试。黑盒测试只是通过测试检测软件的每个功能是否都能正常使用，并且着眼于程序外部结构，不考虑内部逻辑结构，主要针对软件界面和软件功能进行测试。其测试流程如图 3-17 所示。

3.2.3　黑盒测试与白盒测试的比较

黑盒测试是根据输入数据与输出数据的对应关系，即根据程序外部特性来进行测试的，而不考虑内部结构及工作情况。黑盒测试技术注重于软件的信息域（范围），通过划分程序的输入和输出域确定测试用例。若外部特性本身存在问题或规格说明有误，应用黑盒测试方法是不能发现问题的。白盒测试只根据程序的内部结构进行测试，测试用例的设计不仅要保证测试时程序的所有语句至少执行一次，而且要检查所有的逻辑条件。如果程序的结构本身存在问题，比如程序逻辑有错误或者有遗漏，那白盒测试也是无法发现错误的。黑盒测试与白盒测试的简单比较如表 3-1 所示。

表 3-1 黑盒测试与白盒测试的简单比较

项目	黑盒测试	白盒测试
规划方面	功能的测试	结构的测试
优点方面	确保从用户的角度出发进行测试	能对程序内部的特定部位进行覆盖测试
缺点方面	无法测试程序的内部特定部位；当规格说明有误，则不能发现问题	无法检查程序的外部特性； 无法对未实现规格说明的程序内部欠缺部分进行测试
应用范围	边界分析法、等价类划分法、决策表测试法等	逻辑覆盖法、路径覆盖法、循环覆盖法

任务实施

在前面书写的 CVIT 系统的测试方案中，有一项内容是要求定义模块的重要程度。读者在深入了解 CVIT 系统之后，对系统中的模块功能进行重要程度的划分，可将重要程度分为三个等级或者四个等级，比如高、中和低；另外要界定系统中的核心模块和非核心模块。

拓展训练

进一步完善测试方案，对整个 CVIT 系统形成一个完整的测试方案，包括具体的内容和不同的测试需求，特别是测试需求要尽量描述详尽。

任务 3.3 运用逻辑覆盖法设计测试用例

任务陈述

测试用例的设计和编写一定要遵循测试方法的基本要求，所设计的测试用例才不会遗漏。不同的测试方法使用对象也会有差别，可以根据实际的模块情况，抓住输入和输出之间的关系再选择测试方法。如系统中存在核心模块，一定要对核心模块展开白盒测试，保证代码测试的覆盖率，使测试达到全面性的覆盖。

本节介绍逻辑覆盖的白盒测试方法，运用逻辑覆盖法对登录模块进行单元测试，设计和编写相应的测试用例。

学习目标

- 掌握逻辑覆盖设计测试用例的方法
- 掌握不同覆盖标准下测试用例的设计

知识准备

逻辑覆盖是白盒测试主要的动态测试方法之一，是以程序内部的逻辑结构为基础的测试技术，是通过对程序逻辑结构的遍历实现程序的覆盖，这一方法要求测试人员对程序逻辑结构有清楚的了解。根据覆盖源程序语句的详细程度，逻辑覆盖包括 6 种不同的覆盖标准：语句覆盖、判定覆盖（又称为分支覆盖）、条件覆盖、判定-条件覆盖（又称为分支-条件覆盖）、条件组合覆盖和路径覆盖。

具体案例源代码（C 语言）如下：

```
int logicExample(int x, int y)
{
  int magic=0;
  if(x>0 && y>0)
  {
    magic = x+y+10;// 语句块 1
  }
  else
  {
    magic = x+y-10;// 语句块 2
  }

  if(magic < 0)
  {
    magic = 0;      // 语句块 3
  }
  return magic;    // 语句块 4
}
```

通常白盒测试不会直接根据源代码，而是根据流程图来设计测试用例和编写测试代码，在没有设计文档时，要根据源代码画出程序流程图如图 3-18 所示。

做好以上的准备工作，才能开始 6 个逻辑覆盖测试用例的设计。

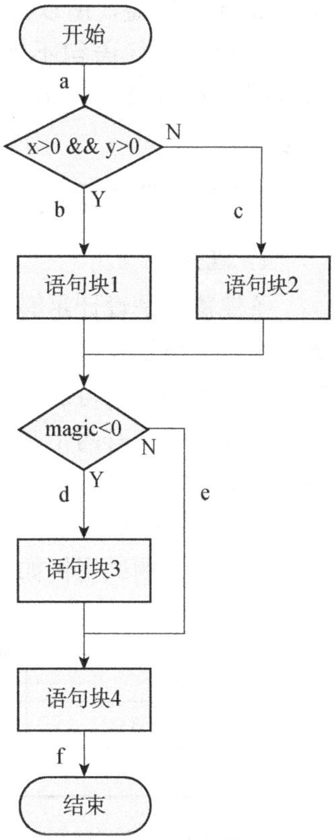

图 3-18　程序流程图

3.3.1　语句覆盖

1. 概念

语句覆盖是设计足够多的测试用例，使被测试程序中的每条可执行语句至少被执行一次。在本用例中，可执行语句是指语句块 1 到语句块 4 中的语句。

2. 测试用例

{x=3，y=3}可以执行到语句块 1 和语句块 4，所走的路径为：a-b-e-f;

{x=−3，y=0}可以执行到语句块 2、语句块 3 和语句块 4，所走的路径为：a-c-d-f。

这样，通过两个测试用例即达到了语句覆盖的标准，当然，测试用例（测试用例组）并不是唯一的。

3. 测试的充分性

假设第一个判断语句 if（x>0 && y>0）中的“&&”被程序员错误地写成了“||”，即 if（x>0 || y>0），使用这样设计出来的一组测试用例进行测试，仍然可达到 100%的语句覆盖，所以语句覆盖无法发现上述的逻辑错误。

在 6 种逻辑覆盖标准中，语句覆盖标准是最弱的。

3.3.2　判定覆盖（分支覆盖）

1. 概念

判定覆盖是设计足够多的测试用例，使被测试程序中的每个判断的“真”“假”分支至少被执行一次。在本用例中共有两个判断 if（x>0 && y>0）（记为 P1）和 if（magic < 0）（记为 P2）。

2. 测试用例

判定覆盖测试用例如表 3-2 所示。

表 3-2　判定覆盖测试用例

数据	P1	P2	路径
{x=3，y=3}	T	F	a-b-e-f
{x=−3，y=0}	F	T	a-c-d-f

两个判断的每个真、假分支都已经被执行，所以满足判定覆盖的标准。

3. 测试的充分性

假设第一个判断语句 if（x>0 && y>0）中的“&&”被程序员错误地写成了“||”，即 if（x>0 || y>0），使用上面设计出来的一组测试用例进行测试，仍然可达到

100%的判定覆盖，所以判定覆盖也无法发现上述的逻辑错误。

由于可执行语句不是在判定的真分支上，就是在假分支上，所以，只要满足了判定覆盖标准就一定满足语句覆盖标准，反之则不然。因此，判定覆盖比语句覆盖更强。

3.3.3 条件覆盖

1. 概念

条件覆盖是设计足够多的测试用例，使被测试程序中的每个判断语句中的每个逻辑条件的可能值至少被满足一次。也可描述为：设计足够多的测试用例，使被测试程序中的每个逻辑条件的可能值至少被满足一次。

在本用例中有两个判断 if（x>0 && y>0）（记为 P1）和 if（magic<0）（记为 P2），共计 3 个条件 x>0（记为 C1）、y>0（记为 C2）和 magic<0（记为 C3）。

2. 测试用例

条件覆盖测试用例如表 3-3 所示。

表 3-3 条件覆盖测试用例

数据	C1	C2	C3	P1	P2	路径
{x=3，y=3}	T	T	T	T	F	a-b-e-f
{x=−3，y=0}	F	F	F	F	T	a-c-d-f

3 个条件的各种可能取值都满足了一次，因此，达到了 100%条件覆盖的标准。

3. 测试的充分性

表 3-3 所列的测试用例虽同时达到了 100%的判定覆盖的标准，但并不能保证达到 100%的条件覆盖标准的测试用例（组）都能达到 100%的判定覆盖标准，如表 3-4 所示的用例。

表 3-4 用例

数据	C1	C2	C3	P1	P2	路径
{x=3，y=0}	T	F	T	F	F	a-c-e-f
{x=−3，y=5}	F	T	F	F	F	a-c-e-f

既然条件覆盖标准不能 100%达到判定覆盖的标准，也就不一定能够达到 100%的语句覆盖标准。

3.3.4 判定–条件覆盖（分支–条件覆盖）

1. 概念

判定-条件覆盖是指设计足够多的测试用例，使被测试程序中的每个判断本身的判定结果（真假）至少满足一次，同时，每个逻辑条件的可能值也至少被满足一次。即同时满足 100%的判定覆盖和 100%的条件覆盖的标准。

2. 测试用例

判定-条件覆盖测试用例如表 3-5 所示。

表 3-5 判定-条件覆盖测试用例

数据	C1	C2	C3	P1	P2	路径
{x=3，y=3}	T	T	T	T	F	a-b-e-f
{x=-3，y=0}	F	F	F	F	T	a-c-d-f

所有条件的可能取值都满足了一次，而且所有的判断本身的判定结果也都满足了一次。

3. 测试的充分性

达到 100%的判定-条件覆盖标准一定能够达到 100%的条件覆盖、100%的判定覆盖和 100%的语句覆盖。

3.3.5 条件组合覆盖

1. 概念

条件组合覆盖是指设计足够多的测试用例，使被测试程序中的每个判断的所有可能条件取值的组合至少被满足一次。

注意：条件组合只针对同一个判断语句内存在多个条件的情况，让这些条件的取值进行笛卡儿乘积组合，不同的判断语句内的条件取值之间无须组合。对于单条件的判断语句，只需要满足自己的所有取值即可。

2. 测试用例

条件组合覆盖测试用例如表 3-6 所示。

表 3-6 条件组合覆盖测试用例

数据	C1	C2	C3	P1	P2	路径
{x=-3，y=0}	F	F	F	F	F	a-c-e-f
{x=-3，y=2}	F	T	F	F	F	a-c-e-f
{x=-3，y=0}	T	F	F	F	F	a-c-e-f
{x=3，y=3}	T	T	T	T	T	a-b-d-f

C1 和 C2 处于同一判断语句中，它们的所有取值的组合都被满足了一次。

3. 测试的充分性

100%满足条件组合覆盖标准一定满足 100%的条件覆盖标准和 100%的判定覆盖标准。

但在表 3-6 所示的用例中，只走了两条路径 a-c-e-f 和 a-b-d-f，而本用例的程序存在 3 条路径（a-b-d-f/a-c-d-f/a-c-e-f），还有一条路径是 a-b-e-f，该路径是不可能被覆盖的路径。

3.3.6 路径覆盖

1. 概念

路径覆盖是指设计足够多的测试用例，使被测试程序中的每条路径至少被覆盖一次。

2. 测试用例

路径覆盖测试用例如表 3-7 所示。

表 3-7 路径覆盖测试用例

数据	C1	C2	C3	P1	P2	路径
{x=3，y=5}	T	T	T	T	T	a-b-d-f
{x=0，y=2}	F	T	T	F	T	a-c-d-f
这条路径不可能						a-b-e-f
{x=−8，y=3}	F	T	F	F	F	a-c-e-f

所有可能的路径都满足过一次。

3. 测试的充分性

由表 3-7 可见，100%满足路径覆盖，但并不一定能 100%满足条件覆盖（C2 只取“真”（T）），但一定能 100%满足判定覆盖标准（因为路径就是从判断的某条分支获取的）。

3.3.7 6 种逻辑覆盖的强弱关系

一般人认为这 6 种逻辑覆盖从弱到强的排列顺序是：语句覆盖→判定覆盖→条件覆盖→判定-条件覆盖→条件组合覆盖→路径覆盖。但经以上的分析，它们之间的强弱关系实际如图 3-19 所示。注意：路径覆盖很难在该图中表示出来。

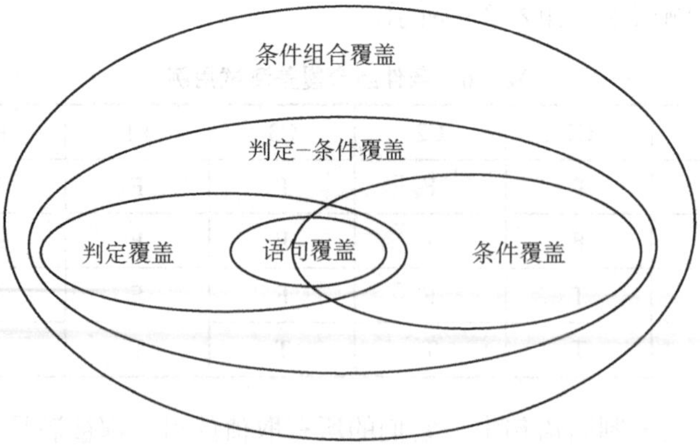

图 3-19 6 种逻辑覆盖的强弱关系

任务实施

围绕 CVIT 系统的登录模块展开逻辑覆盖测试，对应登录模块的代码，绘制程序流程图，找出程序中的判定、条件语句和路径，依据逻辑覆盖的基本原理，设计相应的测试用例。

拓展训练

对 CVIT 系统其他模块的代码实施逻辑覆盖测试。

任务 3.4 运用基本路径覆盖法设计测试用例

任务陈述

基本路径覆盖法是白盒测试方法中运用最为广泛的测试方法。基本路径覆盖法是在程序控制流图的基础上，通过分析控制构造的环形复杂度，导出基本可执行路径集合，从而设计测试用例的方法。

路径测试时从一个程序的入口开始，执行所经历的各个语句。从广义的角度讲，任何有关路径分析的测试都可以被称为路径测试。完成路径测试的理想情况是做到路径覆盖，但对于复杂性大的程序要做到所有路径覆盖（测试所有可执行路径）是不可能的。

在不能做到所有路径覆盖的前提下，如果某一程序的每一个独立路径都被测试过，那么可认为程序中的每个语句都已经检验过，即达到了语句覆盖。这种测试方法就是通常所说的基本路径覆盖法。

通过了解基本路径的概念，利用基本路径覆盖法设计测试用例，实现 CVIT 系统部分发布新闻功能模块的测试用例设计，对该功能模块实施测试，书写测试报告。

学习目标

- 熟悉基本路径的概念
- 掌握基本路径覆盖法设计测试用例
- 掌握基本路径覆盖法的步骤

知识准备

基本路径覆盖法包括以下 4 个步骤。

步骤 1：画出程序的控制流图。

步骤 2：计算程序的环形复杂度，导出程序基本路径集中的独立路径条数，这是确定程序中每个可执行语句至少被执行一次所必需的测试用例数目的上界。

步骤 3：导出基本路径集，确定程序的独立路径。

步骤 4：根据步骤 3 中的独立路径，设计测试用例的输入数据和预期输出。

微课：基本路径覆盖法

首先将程序结构或者程序控制流图转换成控制流程图，利用程序控制流图计算环形复杂度，并导出程序的基本路径集，确定独立路径。

3.4.1 程序控制流图

程序控制流图中只有两种图形符号，每一个圆圈称为流图的一个节点，代表一条或多条无分支的语句或者源程序语句；箭头称为边或连接，代表控制流。任何过程设计都要被翻译成程序控制流图。常见控制结构的程序控制流图的基本结构如图 3-20 所示。

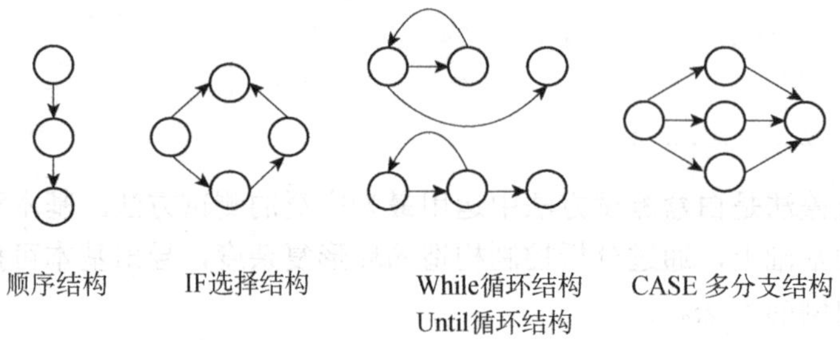

图 3-20 常见控制结构的程序控制流图的基本结构

如何根据程序控制流图画出控制流程图？在将程序控制流图简化成程度控制流图时，应注意：

● 在选择或多分支结构中，分支的汇聚处应有一个汇聚节点。

● 边和节点圈定的范围叫做区域，当对区域计数时，图形外的区域也应记为一个区域。如图 3-21 所示，给出了一个待测试程序的程序控制流图转换成程序控制流图举例。

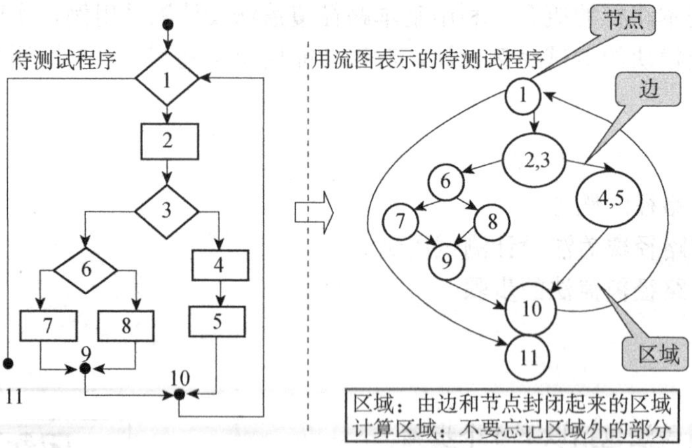

图 3-21 一个待测试的程序控制流图转换成程序控制流图举例

● 如果判断中的条件表达式是由一个或多个逻辑运算符（or，and，nand，nor）连接的复合条件表达式，则需要将该判断改为一系列只有单条件的嵌套的判断。

例如：

```
if(a or b)
x
else
y
```

对应的复合条件程序控制流图如图 3-22 所示。

而独立路径是指至少沿一条新的边移动的路径。独立路径示例如图 3-23 所示。

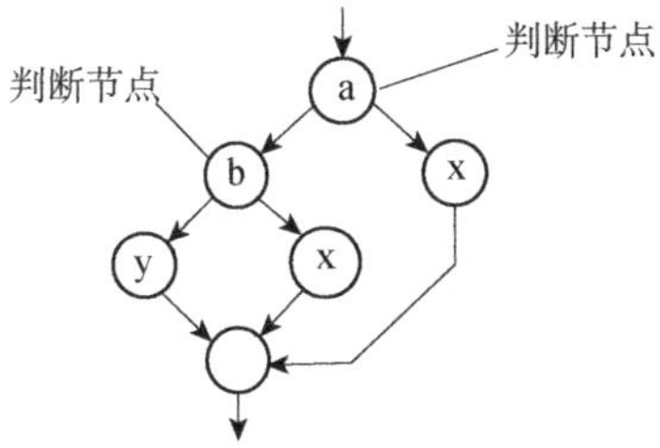

图 3-22　复合条件程序控制流图

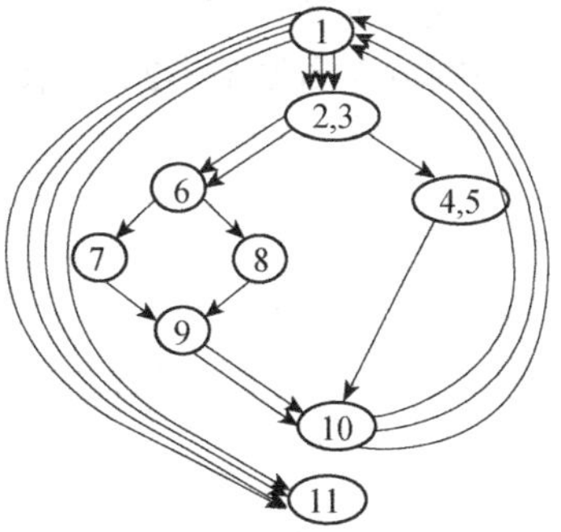

图 3-23　独立路径示例

图 3-23 所示的是对以上路径的遍历，就是至少有一次执行了程序中的所有语句，所以可以得到如下的基本路径集。

路径 1：1-11；

路径 2：1-2-3-4-5-10-1-11；

路径 3：1-2-3-6-8-9-10-1-11；

路径 4：1-2-3-6-7-9-10-1-11。

3.4.2　基本路径覆盖法的步骤

例如，有如下 C 语言函数，用基本路径覆盖法进行测试。

```
voidSort(intiRecordNum, intiType)
{
  int x=0;
  int y=0;
  while(iRecordNum-- > 0)
  {
 if(iType==0)
     x=y+2;
   else
 if(iType==1)
          x=y+10;
      else
          x=y+20;
   }
}
```

步骤 1：画出程序控制流程图。

程序控制流程图用来描述程序控制结构，可将程序控制流程图映射到一个相应的程序控制流图（假设流程图的菱形判定框中不包含复合条件）。在程序控制流图中，每一个圆称为流图的节点，代表一个或多个语句。一个处理方框序列和一个菱形判定框可被映射为一个节点，流图中的箭头，称为边或连接，代表控制流，类似于流程图中的箭头。

一条边必须终止于一个节点，即使该节点并不代表任何语句（例如 If-Else-Then 结构）。由边和节点限定的范围称为区域。计算区域时应包括图外部的范围。画出其程序流程图和对应的控制流程图如图 3-24 所示。

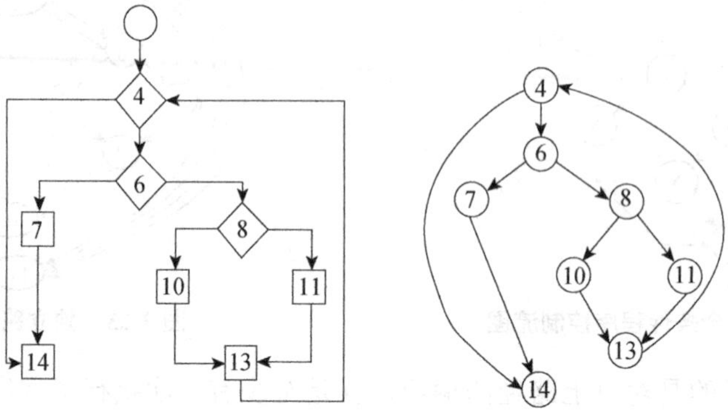

程序流程图　　程序控制流图

图 3-24　控制流图示例

步骤 2：计算程序的环形复杂度，导出程序基本路径集中的独立路径条数，这是确定程序中每个可执行语句至少执行一次所必需的测试用例数目的上界。

圈复杂度是一种为程序逻辑复杂性提供定量测度的软件度量，将该度量用于计算程序的基本的独立路径数目，为确保所有语句至少被执行一次的测试数量的上界。独立路径必须包含一条在定义之前不曾用到的边。

有以下三种方法计算圈复杂度：

- 流图中区域的数量对应于环形复杂度。
- 给定流图 G 的圈复杂度 $V(G)$，定义为 $V(G)=E-N+2$，E 是流图中边的数量，N 是流图中节点的数量。
- 给定流图 G 的圈复杂度 $V(G)$，定义为 $V(G)=P+1$，P 是流图 G 中判定节点的数量。

例如，图 3-25 所示的程序控制流图，按照上面方法计算圈复杂度，计算如下：

- 流图中有 4 个区域。
- $V(G)$ =10 条边−8 节点+2=4。
- $V(G)$ =3 个判定节点+1=4。

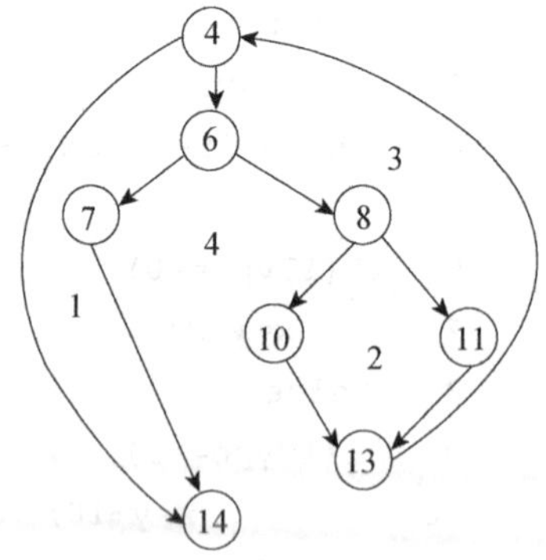

图 3-25　程序控制流图

步骤 3：导出基本路径集，确定程序的独立路径。

根据上面的计算方法，可得出 4 条独立的路径（一条独立路径是指，和其他的独立路径相比，至少引入一个新处理语句或一个新判断的程序通路。$V(G)$ 值正好等于该程序的独立路径的条数）。

路径 1：4-14

路径 2：4-6-7-14

路径 3：4-6-8-10-13-4-14

路径 4：4-6-8-11-13-4-14

根据上面的独立路径，去设计输入数据，使程序分别执行到上面 4 条路径。

步骤 4：根据步骤 3 中的独立路径，设计测试用例的输入数据和预期输出。

为了确保基本路径集中的每一条路径都被执行，判断节点给出的条件，选择适当的数据以保证某一条路径可以被测试到，满足上面示例基本路径集的测试用例如下。

路径 1：4-14

输入数据：iRecoedNum=0，或者取 iRecordNum<0 的某一值

预期结果：x=0

路径 2：4-6-7-14

输入数据：iRecoedNum=1，iType=0

预期结果：x=2

路径 3：4-6-8-10-13-4-14

输入数据：iRecoedNum=1，iType=1

预期结果：x=10

路径 4：4-6-8-11-13-4-14

输入数据：iRecoedNum=1，iType=2

预期结果：x=20

3.4.3 基本路径覆盖法设计举例说明

示例程序流程图如图 3-26 所示，描述了最多输入 50 个值（以−1 作为输入结束标志），计算其中有效的学生分数的个数、总分数和平均值。

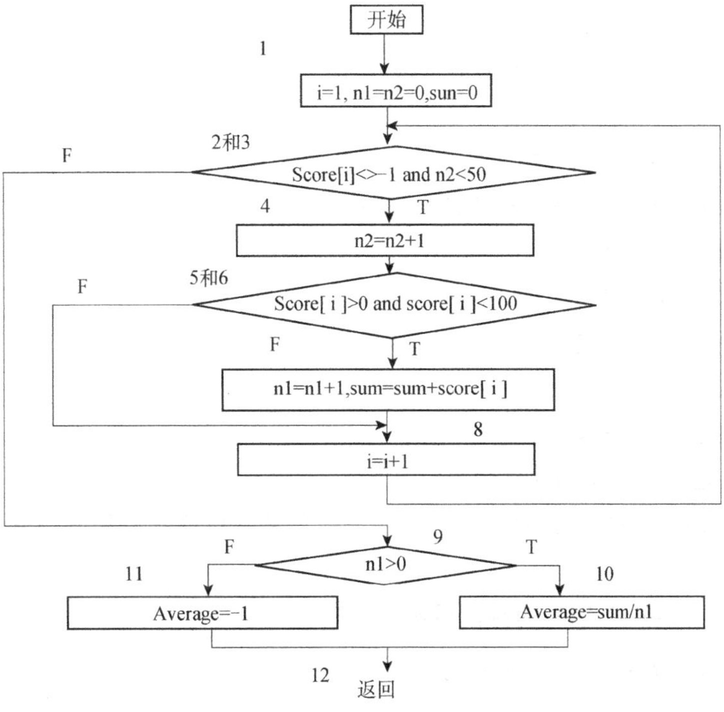

图 3-26 示例程序流程图

步骤1：导出过程的程序控制流图，如图3-27所示。

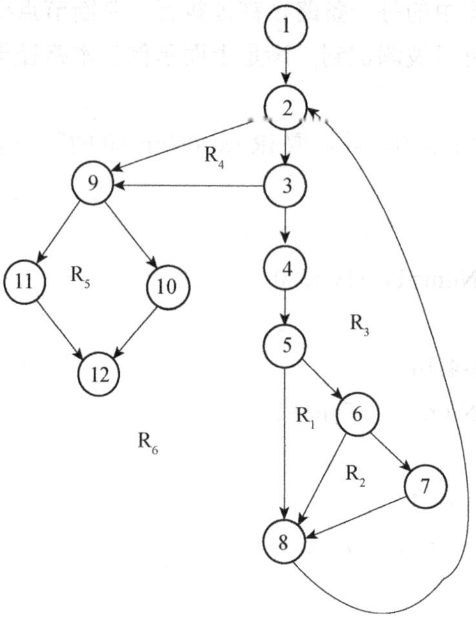

图3-27　示例程序控制流图

步骤2：确定环形复杂度 *V*（*G*）。

①*V*（*G*）= 6（个区域）。

②*V*（*G*）=*E*–*N*+2=16–12+2=6。

其中 *E* 为流图中的边数，*N* 为节点数。

③*V*（*G*）=*P*+1=5+1=6。

其中 *P* 为节点的个数。在流图中，节点2、3、5、6、9是谓词节点。

步骤3：确定基本路径集合（即独立路径集合）。这里可确定6条独立的路径。

路径1：1-2-9-10-12

路径2：1-2-9-11-12

路径3：1-2-3-9-10-12

路径4：1-2-3-4-5-8-2…

路径5：1-2-3-4-5-6-8-2…

路径6：1-2-3-4-5-6-7-8-2…

步骤4：为每一条独立路径各设计一组测试用例，以便强迫程序沿着该路径至少执行一次。

①路径1（1-2-9-10-12）的测试用例：

```
score[k]=有效分数值，当 k<I;
score[i]=-1,2≤i≤50;
```

期望结果：根据输入的有效分数算出正确的分数个数 n1、总分 sum 和平均分 average。

②路径 2（1-2-9-11-12）的测试用例：

```
score[1]=-1;
```

期望的结果：average =-1，其他量保持初值。

③路径 3（1-2-3-9-10-12）的测试用例：

输入多于 50 个有效分数，即试图处理 51 个分数，要求前 51 个分数为有效分数；

期望结果：n1=50 且算出正确的总分和平均分。

④路径 4（1-2-3-4-5-8-2…）的测试用例：

```
score[i]=有效分数,当 i<50;
score[k]<0,k<i;
```

期望结果：根据输入的有效分数算出正确的分数个数 n1、总分 sum 和平均分 average。

⑤路径 5（1-2-3-4-5-6-8-2…）的测试用例：

```
score[i]=有效分数，当 i<50 时；
score[k]>100,k<i;
```

期望结果：根据输入的有效分数算出正确的分数个数 n1、总分 sum 和平均分 average。

⑥路径 6（1-2-3-4-5-6-7-8-2…）的测试用例：

```
score[i]=有效分数，当 i<50 时；
score[k]>100,k<i;
```

期望结果：根据输入的有效分数算出正确的分数个数 n1、总分 sum 和平均分 average。

注意：一些独立的路径往往不是完全孤立的，有时它是程序正常的控制流的一部分。这时，这些路径的测试可以是另一条路径测试的一部分。

任务实施

对 CVIT 系统中的新闻发布模块进行测试，采用基本路径覆盖法，编写测试用例，设计相关的测试类及测试方法，在 NUnit 工具中展开测试过程。

拓展训练

熟练运用 NUnit 单元测试工具和基本路径覆盖法测试其他功能模块，达到路径 100%覆盖。

任务 3.5 循环测试策略

任务陈述

从本质上来讲，循环测试的目的就是检查循环结构的有效性。事实上，循环是绝大多数软件算法的基础。但由于其测试的复杂性，在测试软件时往往未对循环结构进行足够的测试。

本次任务是对 CVIT 系统中存在的循环进行循环测试，设计和编写相关的测试用例。

学习目标

- 熟悉循环测试的种类
- 熟悉循环测试的策略

知识准备

循环测试是一种白盒测试，其专注于测试循环结构的有效性。在结构化程序中通常只有 3 种循环，即简单循环、嵌套循环和串接循环，如图 3-28 所示。

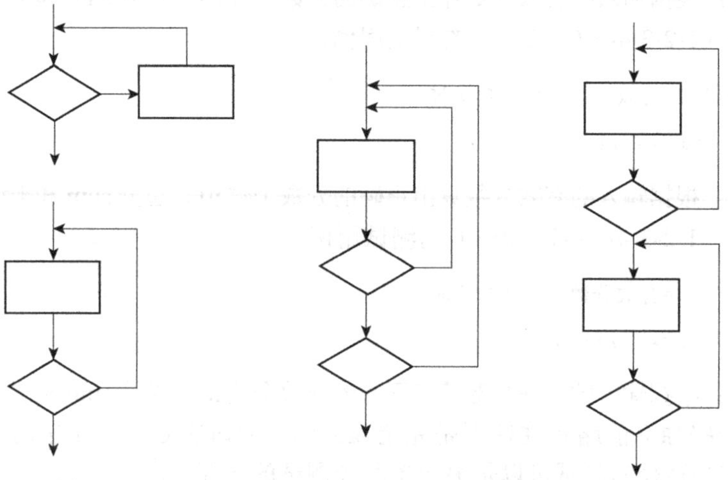

(a) 简单循环　(b) 嵌套循环　(c) 串接循环

图 3-28　循环结构

下面分别讨论这 3 种循环的测试方法。

3.5.1　简单循环

使用下列测试集测试简单循环，其中 n 是允许通过循环的最大次数。

①跳过循环。

②只通过循环一次。

③通过循环两次。

④通过循环 m 次，其中 $m<n-1$（通常取 $m=n/2$）。

⑤通过循环 $n-1$，n，$n+1$ 次。

3.5.2　嵌套循环

如果把测试简单循环的方法直接应用到嵌套循环中，测试树可能就会随嵌套层数的增加按几何级数增长，这会导致不切实际的测试数目。B.Beizer 提出了一种能减少测试数的方法：

①从最内层循环开始测试，把所有其他循环都设置为最小值。

②对最内层循环使用简单循环测试方法，而使外层循环的迭代参数（例如，循环计数器）取最小值，并为越界值或非法值增加一些额外的测试。

③由内向外，对下一个循环进行测试，但保持所有其他外层循环的迭代参数为最小值，其他嵌套循环设为“典型”。继续进行下去，直到测试完所有循环。

3.5.3 串接循环

如果串接循环中的各个循环都彼此独立，则可以使用前述的测试简单循环的方法来测试串接循环。但是，如果两个循环串接，而且第一个循环的循环计数器值是第二个循环的初始值，则这两个循环并不是独立的。当循环不独立时，建议使用测试嵌套循环的方法来测试串接循环。

1. 实现案例的基本路径测试用例编写

“isTri（tri[0]，tri[1]，tri[2]）；”为调用前面所测试的判断识别三角形问题的函数，因为其已经单独测试过，这里仅将其当作一个简单的语句对待。

基本路径测试法的测试步骤如下。

（1）画出控制流图

根据程序代码，其中将 do whilc 循环判定为两个逻辑值的组合，因此需要将其拆分成两部分。据此，可以得出如图 3-29 所示的控制流图，其中节点 4 和节点 5 即代表了 while 的两种判定。

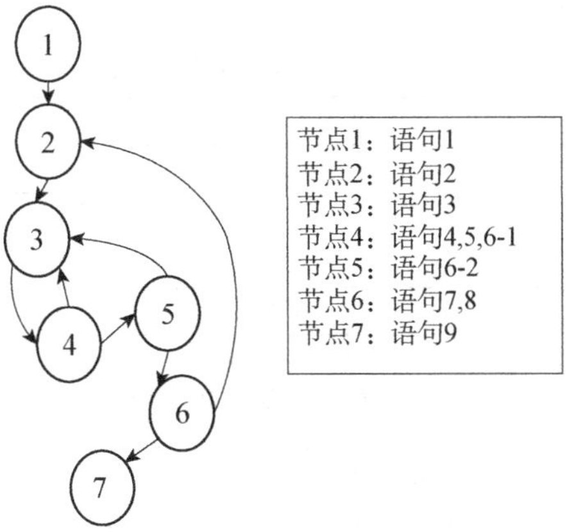

图 3-29 控制流图

（2）计算圈复杂度

用 3 种方法计算圈复杂度。

方法一：直观观察，共有 3 个封闭区域，因此圈复杂度为 3+1=4。

方法二：$V(G)=E-N+2=9-7+2=4$。

方法三：$V(G)=P+1=3+1=4$。

因此圈复杂度为 4。

（3）导出测试用例

从以上步骤可以得出，本案例的独立路径应该是 4 条。

路径 1：1-2-3-4-5-6-7

路径 2：1-2-3-4-3-4-5-6-7

路径 3：1-2-3-4-5-3-4-5-6-7

路径 4：1-2-3-4-5-6-2-3-4-5-6-7

测试用例如表 3-8 所示。

表 3-8　测试用例

路　　径	输入与操作	期望结果
1-2-3-4-5-6-7	数组 tri，n=1，输入 50	tri[0]=50
1-2-3-4-3-4-5-6-7	数组 tri，n=1，输入 0，50	tri[0]=50
1-2-3-4-5-3-4-5-6-7	数组 tri，n=1，输入 201，50	tri[0]=50
1-2-3-4-5-6-2-3-4-5-6-7	数组 tri，n=2，输入 50，30	tri[0]=50，tri[1]=30

2. 本段程序包含两个循环，且它们组成一个嵌套循环

首先观察内层循环：循环次数必然≥1，不可能测到内层循环=0 的情况。且内层循环的循环次数取决于输入的数是否符合规则，具有不确定性，因此内层循环的测试仅能取循环 1 次、循环 2 次和循环正常次数，这里取 5 次。

然后观察外层循环：外层循环的循环次数取决于参数 n，n=0 时，不执行循环体，n>1 时，将进入循环体，考虑各种循环次数都能测试则取 n=10，此时最大循环次数为 9。

根据以上分析，可得出针对该循环测试的测试用例如表 3-9 所示。

表 3-9　循环测试的测试用例

测试项		输　　入	期望结果
	循环 1 次	tri 数组，n=1，依次输入 0，201，−5，300，50	a=0
	循环 2 次		a=201
	循环 5 次		a=50，tri[0]=50
	循环 0 次	n=0	
	循环 1 次	tri 数组，n=10，依次输入 10，20，30，40，50，60，70，80，90，100	tri[0]=10
	循环 2 次		tri[1]=20
	循环 5 次		tri[4]=50
	循环 9 次		tri[9]=100

任务实施

以 CVIT 系统的登录模块为例，代码部分存在一个单层循环中，运用循环测试为这个单层循环设计测试用例，要求循环执行 1 次，2 次，n 次以及多次。

拓展训练

循环测试比较复杂，执行次数较多，但当一个循环陷入死循环时，就会出现系统

致命性错误。死循环对循环测试必不可少，甚至要多加测试。循环测试的关键点在于退出循环条件是否能够满足以及循环初始条件与循环步数是否和功能一致。读者不妨多找几个案例，展开训练。

任务 3.6 运用等价类划分方法设计测试用例

任务陈述

本次任务将会学习黑盒测试的等价类划分方法，其基本思想是对功能测试点的某个输入进行等价类划分，在每个等价类划分中选择一个数据作为测试输入数据。

以 CVIT 系统的新用户注册模块为例，利用等价类划分法测试该模块。

学习目标

- 掌握等价类划分方法的基本原理
- 掌握等价类划分方法的实施步骤
- 运用等价类划分方法设计测试用例

知识准备

设计测试用例实现一个对 x（$0 \leqslant x \leqslant 100$）的实数进行开平方运算 y=sqrt（x）的程序的测试。

微课：等价类划分法

为了保证测试无遗漏，即达到完备性，从理论上讲，黑盒测试只有采用穷举输入测试，即把所有可能的输入都作为测试情况考虑，才能查出程序中所有的错误。实际上，测试情况有无穷多种，人们不仅要测试所有合法的输入（$0 \leqslant x \leqslant 100$ 的实数），而且还要对那些不合法但可能的输入进行测试。这样看来，完全测试是不可能的。因此，从经济的角度来讲，希望测试没有冗余。所以需要进行有针对性的测试，在大量的输入数据中选取一部分作为输入，使采用的这些测试数据能够有效地把隐藏的故障揭露出来。

由于开平方根运算只对非负实数有效，这时需要对所有的实数（输入域 x）进行划分，可以分成：正实数、0 和负实数。假定选定+1.4444 代表正实数，−2.345 代表负实数。

3.6.1 等价类划分

等价类划分是把程序的输入域划分成若干不相交的子集，也称之为等价类。所谓等价类，是指输入域的某个子集合，所有等价类的并集便是整个输入域。这对于测试有两个非常重要的意义：完备性和无冗余性。等价类表示整个输入域提供了一种形式的完备性，而互不相交则保证一种形式的无冗余性。由于等价类由等价关系决定，因此等价类中的元素有一些共同的特点：如果用等价类中的一个元素作为测试数据进行测试不能发现软件中的故障，那么使用等价类中的其他元素进行测试也不可能发现故障。也就是说，对揭露软件中的故障来说，等价类中的每个元素都是等效的。如果测试数据全都是从同一个等价类中选取的，除了其中一个测试数据对发现软件故障有意义，使用其余的测试数据进行测试都是徒劳的，它们对测试工作的进展没有任何益处，不如把测试时间花在其他等价类元素的测试上。例如，在平方根运算问题中，如果选择 x=2.5 作为测试输入，可以得到 y=0.5，若再以 x=2.6 或 x=3.6 作为测试输入，会得到多少新的测试值呢？直觉告诉我们，这些测试用例会采用与测试用例 x=2.5 一样的方式进行测试，因为具有等价的测试效果，即如果将 x=2.5 作为测试数据，能暴露这个软件故障，那么以 x=2.6 或者 x=3.6 作为测试数据也能发现这个故障。因此，这些测试用例是冗余的。使用等价类划分测试的目的是既希望进行完备的测试，同时又希望避免冗余。

1. 等价类的两种情况

软件不能只接收有效的合理的数据，还应该经受意外的考验，即接收无效的或者不合理的数据，这样获得的软件才能具有较高的可靠性。因此，在考虑等价类时，应注意区别以下两种不同的情况。

（1）有效等价类

有效等价类是指对软件规格说明书而言，是有意义的、合理的输入数据所构成的集合。利用有效等价类可检验程序是否实现了规格说明中预先规定的功能和性能。在具体问题中，有效等价类可以是一个，也可以是多个。

（2）无效等价类

无效等价类是指对软件规格说明而言，是不合理或无意义的输入数据所构成的集合。利用无效等价类可检查软件功能和性能的实现是否有不符合规格说明中要求的地方。对于具体的问题，无效等价类至少应有一个，也可以有多个。

2. 等价类的划分原则

如何进行等价类划分是使用等价类划分方法的一个重要问题。以下给出 5 条确定等价类的原则。

（1）如果规定了输入条件的取值范围或者个数，则可以确定一个有效等价类和两个无效等价类。

例如，程序要求输入的数值是从 10 到 20 之间的整数，则有效等价类为“大于等于 10 而小于等于 20 的整数”，两个无效等价类为“小于 10 的整数”和“大于 20 的整数”。

（2）如果规定了输入值的集合，则可以确定一个有效等价类和一个无效等价类。

例如，程序要进行平方根运算，则“大于等于 0 的数”为有效等价类，“小于 0 的整数”为无效等价类。

（3）如果规定了输入数据的一组值，并且程序要求每一个输入值分别进行处理，则可以为每组确定一个有效等价类，此外根据这组值确定一个无效等价类，即所有不允许的输入值的集合。

例如，程序规定某个输入条件 x 的取值只能为集合{1，3，5，7}中的某一个，则有效等价类为 x=1，x=3，x=5，x=7，程序对这 4 个数值分别进行处理；无效等价类为 x 不等于 1，3，5，7 的值的集合。

（4）如果规定了输入数据必须遵守的规则，则可以确定一个有效等价类和若干个无效等价类。

例如，程序中某个输入条件规定输入数据必须是 4 位数字，则可以划分一个有效等价类为输入数据为 4 位数字，3 个无效等价类分别为输入数据中含有非数字字符、输入数据少于 4 位数字、输入数据多于 4 位数字。

（5）如果已知的等价类中各个元素在程序中的处理方式不同，则应将等价类进一步划分成更小的等价类。

在确定了等价类之后，可按表 3-10 所示的形式列出所有划分出来的等价类。

表 3-10 等价类表

输入条件	有效等价类	编号	无效等价类	编号

同样，也可以按照输出条件，将输出域划分成若干等价类。

3.6.2 等价类测试的分类

在有多个输入的情形下，根据对等价类的覆盖程度可分为以下两种。

- 弱组合形式：测试用例仅需满足对有效等价类的完全覆盖。
- 强组合形式：测试用例不仅应满足对有效等价类的完全覆盖，而且应覆盖所有的等价类组合。

根据是否对无效数据进行检测，可以将等价类分为以下两种。

- 一般等价类测试：只考虑有效等价类。
- 健壮等价类测试：考虑有效、无效等价类。

将以上两种加以组合，可以得到以下几种测试类：弱一般等价类测试、强一般等价类测试、弱健壮等价类测试、强健壮等价类测试。

为了便于理解，这里以一个有两个变量 x_1 和 x_2 的程序 F 为例，说明上述 4 种情况。假设，F 的输入变量 x_1 和 x_2 的边界以及边界内的区间为

$a \leqslant x_1 \leqslant d$，区间为$[a, b)$，$[b, c)$，$[c, d]$。

$e \leqslant x_2 \leqslant g$，区间为$[e, f)$，$[f, g]$。

其中，方括号和圆括号分别表示闭区间和开区间的端点。因此，变量 x_1 和 x_2 的等价类分别为

x_1 的有效等价类：$[a, b)$，$[b, c)$，$[c, d]$

x_1 的无效等价类：$(-\infty, a)$，$(d, +\infty)$

x_2 的有效等价类：$[e, f)$，$[f, g]$

x_2 的无效等价类：$(-\infty, e)$，$(g, +\infty)$

以上划分可以用图 3-30 表示。其中深色矩形内部为有效输入区，外部为无效输入区。每一个小格子表示一种 x_1，x_2 的组合情形。

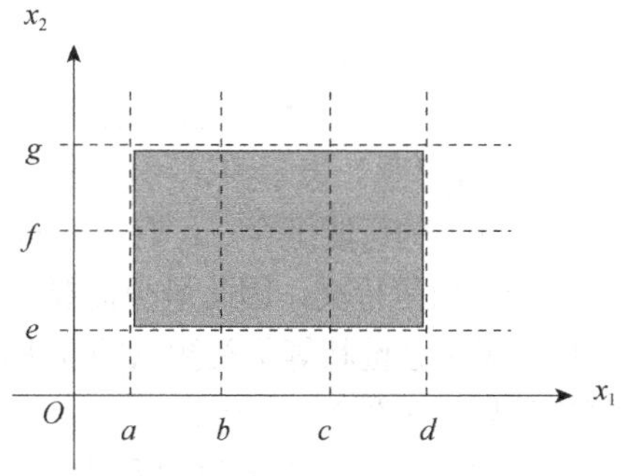

图 3-30 F 的等价类划分

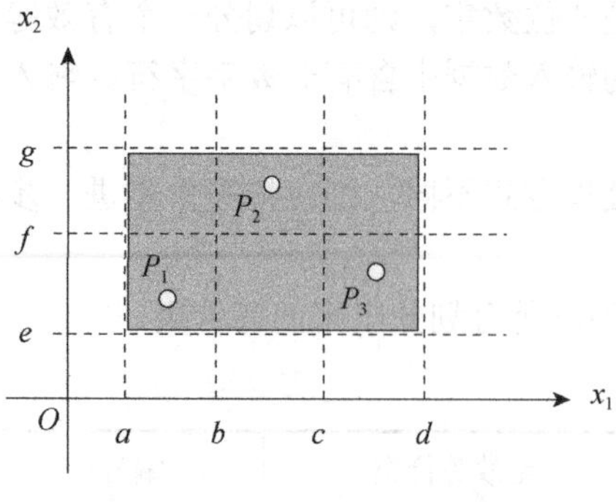

图 3-31　F 的弱一般等价类测试

1. 弱一般等价类测试

“一般”表示只考虑有效等价类，“弱”表示测试用例只需覆盖两个输入的所有的有效等价类即可，无须考虑它们之间的组合情况。因此，最少只需 3 个测试用例即可以满足弱一般等价类测试的要求。F 的弱一般等价类测试如图 3-31 所示，选取 3 个点（P_1，P_2，P_3）即可，其中 P_1 覆盖了[a，b)，[e，f)，P_2 覆盖了[b，c)，[f，g]，P_3 覆盖了[c，d]，[e，f)。当然，选取方式可以有多种。

2. 强一般等价类测试

“一般”表示只考虑有效等价类，“强”表示测试用例需覆盖两个输入的所有有效等价类的可能组合。x_1 有 3 个有效等价类，x_2 有 2 个有效等价类，因此最少需要 6 个测试用例才可以满足强一般等价类测试的要求，F 的强一般等价类测试如图 3-32 所示。

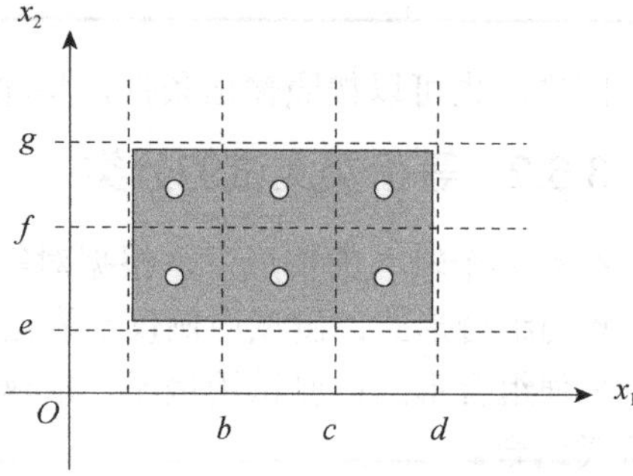

图 3-32　F 的强一般等价类测试

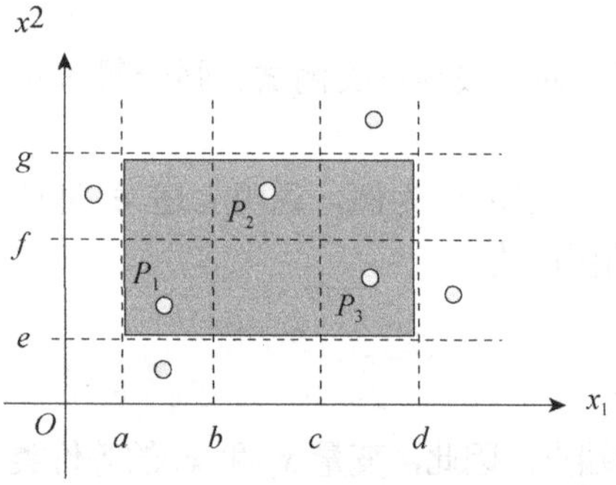

图 3-33　F 的弱健壮等价类测试

3. 弱健壮等价类测试

“健壮”表示不仅考虑有效等价类还要考虑无效等价类，“弱”表示测试用例只需覆盖两个输入的所有等价类即可，无须考虑它们之间的组合情况。因此，在弱一般等价类测试用例的基础上，增加 4 个针对无效等价类的测试用例，方能满足弱健壮等价类测试的要求，F 的弱健壮等价类测试如图 3-33 所示。注意，在编写测试用例时，一个测试用例只能覆盖一个无效等价类。

4. 强健壮等价类测试

“健壮”表示不仅考虑有效等价类还要考虑无效等价类，“强”表示测试用例需覆盖两个输入的所有等价类的可能组合。x_1 有 5 个有效等价类，x_2 有 4 个有效等价类，因此最少需要 20 个测试用例才可以满足强健壮等价类测试的要求，F 的强健壮等价类测试如图 3-34 所示。

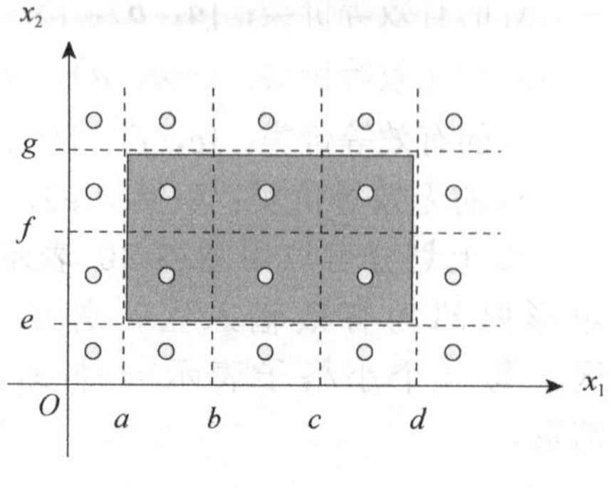

图 3-34　F 的强健壮等价类测试

通常情况下，在测试过程中，只要采用弱健壮等价类测试即可。但在实际测试中，应当分析待测程序的具体情况，选用合适的测试种类。

3.6.3 等价类设计测试用例的步骤

在设计测试用例时，应同时考虑有效等价类和无效等价类测试用例的设计。希望用最少的测试用例，覆盖所有的有效等价类。但对每一个无效等价类，设计一个测试用例来覆盖即可。

具体来说，可以按以下步骤确定测试用例：

①划分等价类，形成等价类，为每一个等价类规定一个唯一的编号。

②设计一个新的测试用例，使其能够尽量覆盖尚未覆盖的有效等价类。重复这个步骤，直到所有的有效等价类均被测试用例所覆盖。

③设计一个新的测试用例，使其仅覆盖一个尚未覆盖的无效等价类。重复这一步骤，直到所有的无效等价类均被测试用例所覆盖。

这里规定每次只覆盖一个无效等价类，是因为若用一个测试用例检测多个无效等价类，那么某些无效等价类可能永远不会被检测到，因为第一个无效等价类的测试可能会屏蔽或终止其他无效等价类的测试执行。例如，软件规格说明规定“每类科技参考书50～100 册”，若一个测试用例为“文艺书籍 10 册”，在测试中，很可能检测出书的类型错误，而忽视了书的册数错误。

此外，在设计测试用例时，应意识到，期望结果也是测试用例的一个必要组成部分，对采取无效输入的测试也是如此。

等价类划分通过识别许多相等的条件极大地降低了要测试的输入条件的数量，但是其不会测试输入条件的组合情况。

3.6.4 等价类设计测试用例举例

设有一个档案管理系统，要求用户输入以年月表示的日期。假设日期限定在 1990 年 1 月～2049 年 12 月，并规定日期由 6 位数字字符组成，前 4 位表示年，后 2 位表示月。现用等价类划分法设计测试用例，来测试程序的“日期检查功能”。

（1）划分等价类并编号，等价类划分的结果如表 3-11 所示。

表 3-11 等价类划分的结果

输入等价类	有效等价类	编号	无效等价类	编号
日期类型与长度	6 位数字字符	①	有非数字字符	②
			小于 6 位数字字符	③
			多余 6 位数字字符	④
年份范围	在 1990～2049 之间	⑤	小于 1990	⑥
			大于 2049	⑦
月份范围	在 1～12 之间	⑧	等于 00	⑨
			大于 12	⑩

（2）设计测试用例，以便覆盖所有的有效等价类。在表 3-11 中列出了 3 个有效等价类，编号分别为①、⑤、⑧，设计的测试用例如下。

测试数据期望结果覆盖的有效等价类：

200211 输入有效①、⑤、⑧

（3）为每一个无效等价类设计一个测试用例，设计结果如下。

95June 无效输入②

20036 无效输入③

2001006 无效输入④

198912 无效输入⑥

200401 无效输入⑦

200100 无效输入⑨

200113 无效输入⑩

任务实施

围绕 CVIT 系统的新用户注册模块，分析模块的输入和输出，根据模块的输入划分有效等价类和无效等价类，制作等价类表，依据等价类划分法的基本思想设计和编写测试用例。

拓展训练

运用等价类划分法实施 CVIT 其他功能模块的测试，编写测试方案、测试用例和提交 Bug 报告，并进行模块测试分析和总结。

任务 3.7　运用边界值分析法设计测试用例

任务陈述

等价类划分是将输入或者输出根据等价性划分为有效等价类和无效等价类。在每一个等价类中取一个数据作为输入或者输出。

边界值分析法就是对输入或输出的边界值进行测试的一种黑盒测试方法。通常边界值分析法是作为对等价类划分法的补充，这种情况下，其测试用例来自等价类的边界。本节任务在等价类划分的基础上，对 CVIT 系统中新用户注册模块进行边界值分析法设计测试用例，然后执行测试用例，并对软件缺陷书写 Bug 报告。

学习目标

- 掌握边界值取值的方式和组合方式
- 掌握边界值分析方法设计测试用例步骤

知识准备

由长期的测试工作经验得知，大量的错误是发生在输入或输出范围的边界上，而不是发生在输入或输出范围的内部。因此针对各种边界情况设计测试用例，可以查出更多的错误。但是，在软件设计和程序编写中，常常对规格说明中的输入域边界或输出域边界重视不够，以致形成一些差错。实践表明，在设计测试用例时，对边界附近的处理必须给予足够的重视。为检验边界附近的处理设计专门的测试用例，常常可以取得良好的效果。

3.7.1 边界值分析法基本原理

使用边界值分析法设计测试用例，首先应确定边界情况。通常输入和输出等价类的边界，就是应着重测试的边界情况。应当选取正好等于、刚刚大于或刚刚小于边界的值作为测试数据，而不是选取等价类中的典型值或任意值作为测试数据。

微课：边界值分析法

边界值分析法关注的是输入空间边界，用以标志测试用例，其基本思想是在最小值（min）、略高于最小值（min+）、正常值（nom）、略低于最大值（max−）和最大值（max）等处取值。边界值分析手段主要有两种方式：通过变量数量和通过值域的种类进行。如一个 n 变量函数 $f(x_1, x_2, \cdots, x_n)$ 按以上方式每次确定一个测试对象（基于“单缺陷假设”理论），会产生 $4n+1$ 个测试用例。健壮性测试是扩展边界值分析的测试，即增加一个略大于最大值（max+）和略小于最小值（min−）的取值，则用例数量将变为 $6n+1$。当边界值变量不是独立变量时，则以上测试用例就表现为不充分。对于逻辑变量而言这种测试用例没有什么用处。

1. 边界值

以下为常见的边界类型：

- 对 16-bit 的整数而言，32767 和-32768 是边界。
- 屏幕上光标在最左上和最右下位置。
- 报表的第一行和最后一行。
- 数组的第一个和最后一个元素。
- 循环的第 0 次、第 1 次和倒数第 2 次、最后一次。
- 程序允许在一张纸上打印多个页面，可以尝试打印一页、打印最多页、打印 0 页、打印多余的所允许的页面。

一些可能与边界有关的数据类型有数值、速度、字符、地址、位置等，同时还考虑这些类型特征，如第一个/最后一个、最大/最小、首位/末位、上/下、最快/最慢、最高/最低、最短/最长、空/满等情况。

在多数情况下，边界值条件是基于应用程序的功能设计而需要考虑的因素，可以从软件的规格说明或常识中获得，也是最终用户能很容易发现的问题。

2. 次边界或者内部边界

在多数情况下，边界值条件是基于应用程序的功能设计而需要考虑的因素，可以从软件的规格说明或常识中获得，也是最终用户能很容易发现的问题。然而，在测试用例设计过程中，某些边界值条件不需要呈现给用户，或者说用户是很难注意到的，但同时又确实属于检验范畴内的边界条件，称为内部边界值条件或子边界值条件。

内部边界值条件主要有下面 3 种。

①数值的边界值检验：计算机是基于二进制进行工作的，因此，软件的任何数值运算都有一定的范围限制。数值的边界情况如表 3-12 所示。

表 3-12　数值的边界情况

项	范围或值
位（bit）	0 或 1
字节（byte）	0～255
字（word）	0～65535 或 0～4294967295
千（KB）	1024
兆（MB）	1048576
吉（GB）	1073741824

②字符的边界值检验：在计算机软件中，字符也是很重要的表示元素，其中 ASCII 和 Unicode 是常见的编码方式。表 3-13 中列出了一些常用字符对应的 ASCII 码值。

表 3-13　字符的边界情况

字　　符	ASCII 码值	字　　符	ASCII 码值
空（null）	0	A	65
空格（space）	32	a	97
斜杠（/）	47	Z	90
0	48	z	122
冒号（:）	58	单引号（‘）	96
@	64		

③其他边界值检验。

3.7.2　边界值设计测试用例的原则

（1）如果输入条件规定了值的范围，则应取刚达到这个范围的边界的值，以及刚刚超越这个范围边界的值作为测试输入数据。

例如，如果程序的规格说明中规定：“重量在 10 千克至 50 千克范围内的邮件，其邮费计算公式为……”作为测试用例，我们应取 10 及 50 千克，还应取 10.01，49.99，9.99 及 50.01 千克等。

（2）如果输入条件规定了值的个数，则用最大个数，最小个数，比最小个数少 1，比最大个数多 1 的数作为测试数据。比如，一个输入文件应包括 1～255 个记录，则测试用例可取 1 和 255，还应取 0 及 256 等。

（3）将原则（1）和（2）应用于输出条件，即设计测试用例使输出值达到边界值及其左右的值。

例如，某程序的规格说明要求计算出“每月保险金扣除额为 0 至 1165.25 元”，其测试用例可取 0.00 及 1165.24 元，还可取 0.01 及 1165.26 元等。

再如，一程序属于情报检索系统，要求每次“最少显示 1 条、最多显示 4 条情报摘要”，这时我们应考虑的测试用例包括 1 和 4，还应包括 0 和 5 等。

（4）如果程序的规格说明给出的输入域或输出域是有序集合，则应选取集合的第一个元素和最后一个元素作为测试用例。

（5）如果程序中使用了一个内部数据结构，则应当选择这个内部数据结构的边界上的值作为测试用例。

（6）分析规格说明，找出其他可能的边界条件。

3.7.3 边界值设计测试用例的方法

为了便于理解，以下讨论一个有两个变量 x_1 和 x_2 的程序 F，其中 $x_1 \in [a, b]$ 和 $x_2 \in [c, d]$。强类型语言允许显式地定义这种变量值域。事实上，边界值测试更适用于采用非强类型语言编写的程序。程序 F 两个变量的输入空间（定义域）如图 3-35 所示。其中，带阴影矩形中的任何点都是 F 的有效输入。

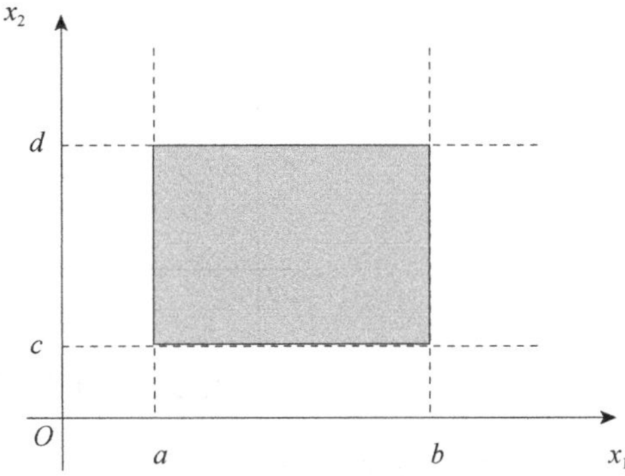

图 3-35 程序 F 两个变量的输入空间

1. 两个变量程序的边界值分析测试

边界值分析利用输入变量的最小值（min）、稍大于最小值（min+）、域内任何值（nom）、稍小于最大值（max−）和最大值（max）来设计测试用例。

两个变量的取值如何组合得到测试用例呢？边界值分析基于一种在可靠性理论中称为“单故障”的假设，即由两个（或两个以上）故障同时出现而导致软件失效的情况很少。也就是说，软件失效是由单故障引起的，即通过使所有变量取正常值，只使一个变量分别取 min、min+、nom、max−、max。有两个输入变量的程序 F 的边界值分析测试用例如图 3-36 所示。

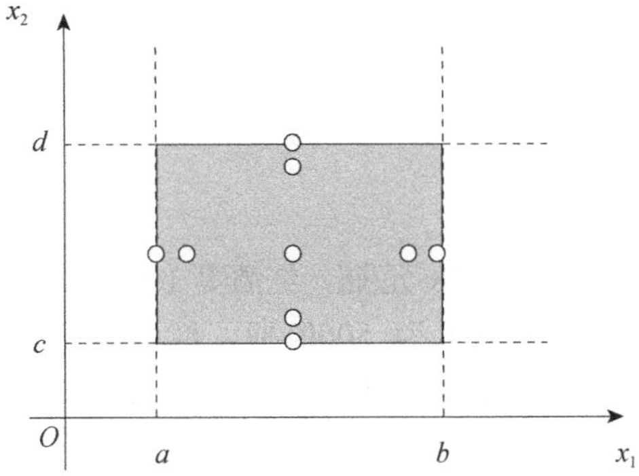

图 3-36 两个变量程序的边界值分析测试用例

$\{<x_1\text{nom}, x_2\text{min}>, <x_1\text{nom}, x_2\text{min-}>, <x_1\text{nom}, x_2\text{nom}>, <x_1\text{nom}, x_2\text{max-}>, <x_1\text{nom}, x_2\text{max}>, <x_1\text{min}, x_2\text{nom}>, <x_1\text{min+}, x_2\text{nom}>, <x_1\text{max-}, x_2\text{nom}>, <x_1\text{max}, x_2\text{nom}>\}$

对于一个含有 n 个变量的程序，保留其中一个变量，让其余变量取正常值，这样被保留的变量取值 min、min+、nom、max−、max，对每个变量重复进行。这样，对于一个 n 变量的程序，边界值分析测试会产生 $4n+1$ 个测试用例。

2. 边界值健壮性测试

健壮性是指在异常情况下，软件还能正常运行的能力。健壮性测试是边界值分析的一种简单扩展，两个变量程序的健壮性测试用例如图 3-37 所示。除了使用 5 个边界值分析取值，还采用：

- 一个略大于最大值（max+）的值。
- 一个略小于最小值（min−）的值。

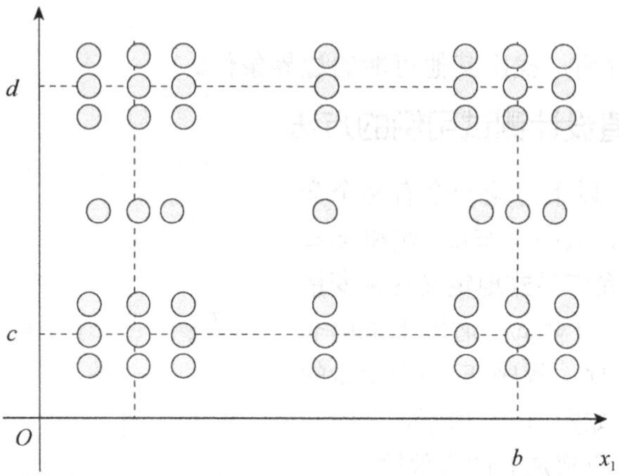

图 3-37 两个变量程序的健壮性测试用例

健壮性测试的主要价值是观察异常情况的处理，从而考察：软件质量要素的衡量标准（软件的容错性）和软件容错性的度量（从非法输入中恢复）。

边界值分析的大部分讨论都可直接用于健壮性测试。健壮性测试最有意义的部分不是输入，而是预期的输出。观察例外情况如何处理，如当物理量超过其最大值时会出现什么情况。

如果汽车的速度超过其最大值，则汽车有可能失控；如果公共电梯的负荷能力超过其最大值，就会发生警报。对于强类型语言，健壮性测试可能比较困难。例如在 C 语言中，如果变量被定义在特定的范围内，则超过这个范围的取值都会产生导致正常执行中断的故障。

3.7.4 边界值设计测试用例举例

某酒水销售公司指派销售员销售各种酒水，其中白酒卖 168 元/瓶，红酒卖 120 元/瓶，啤酒卖 5 元/瓶。对于每个销售员，白酒每月的最高供应量为 5000 瓶，红酒为 3000 瓶，啤酒为 30000 瓶，各销售员每月至少需售出白酒 50 瓶，红酒 30 瓶，啤酒 300 瓶。奖金计算方法如下：

- 销售额 2 万元以下（含）的为 4%；
- 销售额 2 万元（不含）到 4.5 万元（含）的为 1%；
- 销售额 4.5 万元以上（不含）的为 0.5%。

案例分析：

从输入角度分析该问题，该问题的输入有 3 个，其对应的等价类划分为：

```
白酒数，有效等价类[50,5000]
红酒数，有效等价类[30,3000]
```

```
啤酒数，有效等价类[300,30000]
```

按照边界值取值方法，对每个输入分别取 7 个值。

```
白酒数,{49,50,51,2500,4999,5000,5001}
红酒数,{29,30,31,1500,2999,3000,3001}
啤酒数,{299,300,301,15000,29999,30000,30001}
```

根据边界值组合测试用例规则，保留其中一个变量，让其余变量取正常值，共可以得到 6×3+1=19 个测试用例。

得到的边界值组合测试用例如表 3-14 所示。

表 3-14 边界值组合测试用例情况

测试用例	白酒	红酒	啤酒	销售额/元	预期输出
Test1	49	1500	15000	263232	输入非法
Test2	50	1500	15000	263400	佣金：2142
Test3	51	1500	15000	263568	佣金：2142.84
Test4	2500	1500	15000	675000	佣金：4200
Test5	4999	1500	15000	1094832	佣金：6299.16
Test6	5000	1500	15000	1095000	佣金：6300
Test7	5001	1500	15000	1095168	输入非法
….					

从输出角度对该程序进行测试。因为销售员每月至少需售出白酒 50 瓶，红酒 30 瓶，啤酒 300 瓶，此时销售额为 1.35 万元。至少需售出白酒 5000 瓶，红酒 3000 瓶，啤酒 30000 瓶，此时销售额为 135 万元。销售额等价类划分为：

```
[1.35,2]、(2,4.5]、(4.5,135]
```

对此等价类分别取边界值为：

```
{
略小于 1.35,1.35，略大于 1.35,1.7,
略小于 2,2,略大于 2,3.5
略小于 4.5,4.5,略大于 4.5,70
略小于 135,135,略大于 135,
}
```

考虑到的次边界情况选择的测试用例如表 3-15 所示。

表 3-15 考虑次边界选择的测试用例

测试用例	白酒	红酒	啤酒	销售额/元	预期输出
Test1	50	30	299	13495	输入非法

续表

测试用例	白酒	红酒	啤酒	销售额/元	预期输出
Test2	50	30	300	13500	佣金：540
Test3	50	30	301	13505	佣金：540.2
Test4	50	50	520	17000	佣金：680
Test5	60	60	543	19995	佣金：799.8
Test6	60	60	544	20000	佣金：800
Test7	60	60	545	20005	佣金：800.05
....					

任务实施

根据边界值分析法的基本原理，从 CVIT 系统的输入中分析出等价类，并取等价类的边界值，依据边界值分析法中的取值方法，设计测试用例。注意等价类边界值取值的组合测试。

拓展训练

对 CVIT 系统中新闻发布模块进行边界值分析法测试用例设计，并执行测试用例，遇到缺陷进行 Bug 报告的书写。

任务 3.8 运用决策表法设计测试用例

任务陈述

在一些数据处理问题中，某些操作是否实施依赖于多个逻辑条件的取值。在这些逻辑条件取值的组合所构成的多种情况下，分别执行不同的操作。处理这类问题的一个非常有力的分析和表达工具是判定表，或称决策表。在所有功能性测试方法中，基于决策表的测试方法最严格，并且决策表在逻辑上是严密的。

本节任务学习决策表方法设计测试用例，利用决策表法进行 CVIT 系统新闻审核测试用例设计，实施测试用例执行及 Bug 报告提交。

学习目标

- 掌握决策表的构造过程
- 掌握决策表法设计测试用例步骤

知识准备

3.8.1　决策表的组成

这里通过一个简单的案例，说明什么是决策表。

表 3-16 是一份名为“阅读指南”的表，表中列举了读者读书时可能遇到的 5 个问题，若读者的回答是肯定的（判定取真值），标以字母“Y”；若回答是否定的（判断取假值），标以字母“N”。3 个判定条件，共有 8 种取值情况。该表还为读者提供了 4 条建议，但不需要每种情况都实施。要实施的建议在相应栏内标以“√”，其他建议栏内则什么也不标。例如，表中的第三种情况，当读者已经疲劳，对内容又不感兴趣，并且还没读懂，这时建议读者去休息。其实表 3-16 就是一张决策表。

微课：决策表法

表 3-16　阅读指南

		1	2	3	4	5	6	7	8
问题	C1：你觉得疲倦吗？	Y	Y	Y	Y	N	N	N	N
	C2：感兴趣吗？	Y	Y	N	N	Y	Y	N	N
	C3：糊涂吗？	Y	N	Y	N	Y	N	Y	N
建议	A1：重读					√			
	A2：继续						√		
	A3：跳到下一章							√	√
	A4：休息	√	√	√	√				

决策表通常由 4 个部分组成，如图 3-38 所示。

条件桩：列出了问题的所有条件，除了某些问题对条件的先后次序有特定的要求，通常在这里列出的条件其先后次序无关紧要。

动作桩：列出了问题中规定的可能采取的操作，这些操作的排列顺序一般没有什么约束，但为了便于阅读也可令其按适当的顺序排列。

条件项：列出针对它所列条件的取值，在所有可能情况下的真假值。

动作项：列出在条件项的各种取值情况下应该采取的动作。

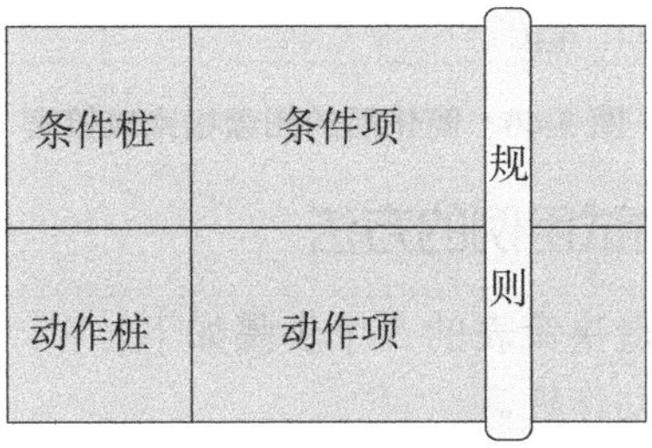

图 3-38　决策表的组成

规则：规则是指任何一个条件组合的特定取值及其相应要执行的操作。在决策表中贯穿条件项和动作项的一列就是一条规则。显然，决策表中列出多少组条件取值，就有多少条规则。

在表 3-16 中，如果 C1、C2 和 C3 都是真，则采取动作 A4；如果 C1 假，而 C2 和 C3 都是真，则采取动作 A1。

3.8.2 决策表的简化

实际使用决策表时，常常先将其简化，简化时以合并相似规则为目标。若表中有两条或多条规则具有相同的动作，并且在条件项之间存在极为相似的关系，便可以设法将其合并。例如，在上面决策表中，第（1）、（2）条规则（见 3.7.2 小节）其动作项一致，条件项中前两个条件取值一致，只是第三个条件取值不同，这一情况表明，前两个条件分别取真值和假值时，无论第三个条件取什么值，都要执行同一操作，即要执行的动作与第三个条件的取值无关。于是，便将这两个规则合并。合并后的第三个条件项目符号用“—”表示与取值无关，称为“无关条件”或“不关心条件”。依此类推，具有相同动作的规则还可进一步合并，两条规则合并成一条如图 3-39 所示。

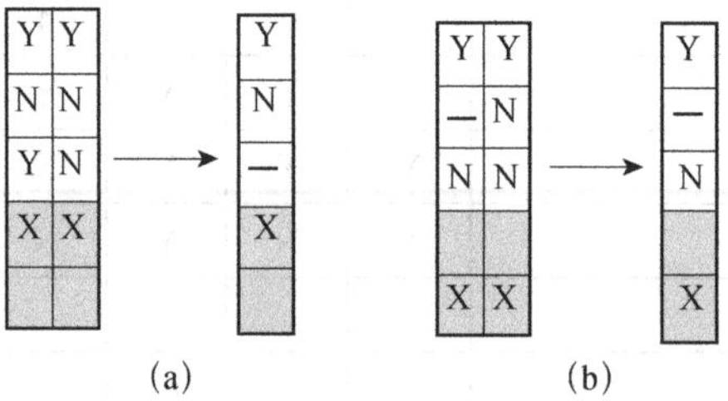

图 3-39 两条规则合并成一条

按照上述合并规则，可将“读书指南”决策表加以简化，简化后的阅读指南决策表如图 3-40 所示。

		1～4	5	6	7～8
问题	C1：你觉得疲倦吗？	Y	N	N	N
	C2：感兴趣吗？	—	Y	Y	N
	C3：糊涂吗？	—	Y	N	Y
建议	A1：重读		√		
	A2：继续			√	
	A3：跳到下一章				√
	A4：休息	√			

图 3-40 简化后的阅读指南决策表

3.8.3 决策表设计测试用例的方法

根据软件规格说明，构造决策表的 5 个步骤如下。

①列出所有的条件桩和动作桩。

- 分析输入域，对输入域进行等价类划分。
- 分析输出域，对输出进行细化，以指导具体的输出动作。

②确定规则的个数；假如有 n 个条件，每个条件有两个取值（0，1），则有 2^n 种规则。
③填入条件项。
④填入动作项，得到初始决策表。
⑤简化，合并相似规则（相同动作）。
⑥依据判定表，选择测试数据，设计测试用例。

使用决策表测试的 Beizer 条件为：

- 规格说明以决策表形式给出，或是可以很容易转换成判定表。
- 条件的排列顺序不会也不应影响执行哪些动作。
- 规则的排列顺序不会也不应影响执行哪些动作。
- 每当某一规则的条件已经满足，并确定要执行的动作后，不必检验别的规则。
- 如果某一规则得到满足要执行多个动作，这些动作的执行顺序无关紧要。

3.8.4 决策表设计测试用例举例

NextDate（int month，int day，int year）函数规定：输入三个整数，如 month、day 和 year，函数的输出为输入日期后一天的日期。例如，输入为 2006 年 3 月 7 日，则函数的输出为 2006 年 3 月 8 日，year 满足 1920⩽year⩽2050。

案例分析的步骤如下。

1. 列出所有的条件桩和动作桩

M1={月份：30 天/月}；
M2={月份：31 天/月，2 月除外}；
M3={月份：12 月}，M4={月份：2 月}。

D1={日期：1<=日<=27}；
D2={日期：日=28}；
D3={日期：日=29}；
D4={日期：日=30}；
D5={日期：日=31}。

Y1={年：闰年}；
Y2={年：平年}。
注：2 月份，平年为 28 天，闰年为 29 天。

- 条件桩

C1：月份取{M1，M2，M3，M4}中之一；
C2：日期取{D1，D2，D3，D4，D5}中之一；
C3：年取{Y1，Y2}中之一。

- 动作桩

A1：不可能；
A2：日期增 1；
A3：日期复位（置 1）；
A4：月份增 1；

A5：月份复位（置 1）；

A6：年增 1。

2. 确定规则的个数

在该案例中，条件的取值并不是取 0、1，在此情形下，规则的个数由每一个条件中的项的个数来确定；另外日期取 28、29 时只有两种情况，所以 C1 取 M4 时要求考虑闰年和平年问题。

经过仔细计算总的规则数为 4×5+2=22。

3. 填入条件项和动作项

填入条件项和动作项，形成初始决策表并简化，得到如表 3-17 所示的 NextDate 的决策表。

表 3-17 NextDate 的决策表

	1	2	3	4	5	6	7	8	9	10	11
C1：月	M1	M1	M1	M1	M1	M2	M2	M2	M2	M2	M3
C2：日	D1	D2	D3	D4	D5	D1	D2	D3	D4	D5	D1
C3：年											
A1 不可能					√						
A2 日期+1	√	√	√			√	√	√	√		√
A3 日期复位（置 1）				√						√	
A4 月份+1				√						√	
A5 月份复位（置 1）											
A6 年+1											

	12	13	14	15	16	17	18	19	20	21	22
C1：月	M3	M3	M3	M3	M4	M4	M4	M4	M4	M4	M4
C2：日	D2	D3	D4	D5	D1	D2	D2	D3	D3	D4	D5
C3：年						Y1	Y2	Y1	Y2		
A1 不可能									√	√	√
A2 日期+1	√	√	√		√	√					
A3 日期复位（置 1）				√			√	√			
A4 月份+1							√	√			
A5 月份复位（置 1）				√							
A6 年+1				√							

4. 由决策表设计测试用例

由决策表设计测试用例，得到 NextDate 测试用例表如表 3-18 所示。

表 3-18 NextDate 测试用例表

用例编号	月	日	年	预期输出
1～3	4	12/28/29	2001	2001 年 4 月 13/29/30 日
4	4	30	2001	2001 年 5 月 1 日

续表

用例编号	月	日	年	预期输出
5	4	31	2001	不可能
6～9	1	15/28/29/30	2001	2001 年 1 月 16/29/30/31 日
10	1	31	2001	2001 年 2 月 1 日
11～14	12	15/28/29/30	2001	2001 年 12 月 16/29/30/31 日
15	12	31	2001	2002 年 1 月 1 日
16	2	15	2001	2001 年 2 月 16 日
17	2	28	2004	2004 年 2 月 29 日
18	2	28	2001	2001 年 3 月 1 日
19	2	29	2005	2005 年 3 月 1 日
20	2	29	2001	不可能
21，22	2	30/31	2001	不可能

任务实施

CVIT 系统中新闻审核模块是根据新闻内容进行审核处理的，表现的结果有通过和不通过两种。根据决策表法的基本原理，分析新闻审核模块的输入和输出，构建决策表，并设计测试用例。

拓展训练

根据上面 NextDate 函数的测试，读者可以练习以下隔一天的日期问题：

程序有三个输入变量 month、day、year 分别作为输入日期的月份、日、年份，通过程序可以输出该输入日期在日历上隔一天的日期。例如，输入为 2004 年 11 月 29 日，则该程序的输出为 2004 年 12 月 1 日。

任务 3.9　运用因果图法设计测试用例

任务陈述

扫描二维码进行视频学习

等价类划分法和边界值分析法只是孤立地考虑各个输入数据的测试效果，没有考虑输入数据的组合及相互制约关系。虽然各种输入条件可能出错的情况已经被测试到，但多个输入条件组合起来可能出错的情况却被忽视。如果在测试时必须考虑输入条件的各种组合，则可能的组合数目将是天文数字，因此必须考虑采取一种适合于描述多种条件的组合、相应产生多个动作的形式来进行测试用例的设计，这就需要利用因果图（逻辑模型）。

本节任务依据因果图法的基本原理，利用因果图法实现 CVIT 系统新闻审核功能模块的测试用例设计，对该功能模块实施测试，书写测试报告。

学习目标

- 掌握因果图的构造过程
- 掌握因果图法设计测试用例步骤

知识准备

因果图法是利用图解法分析输入的各种组合情况，适合于描述多种输入条件的组合、相应产生多个动作的方法。因果图法具有如下优点：

（1）考虑多个输入之间的相互组合、相互制约关系。

（2）指导测试用例的选择，指出需求规格说明描述中存在的问题。

（3）能够帮助测试人员按照一定的步骤，高效率地开发测试用例。

（4）因果图法是将自然语言规格说明转化成形式语言规格说明的一种严格的方法，可以指出规格说明存在的不完整性和二义性。

3.9.1 因果图基本符号

因果图使用简单的逻辑符号，以直线连接左右节点。左节点表示输入状态（原因），右节点表示输出状态（结果）。因果图基本结构如图 3-41 所示。规格说明中的 4 种因果关系，其中 *Ci* 表示原因，通常置于图的左部；*ei* 表示结果，通常在图的右部。*Ci* 和 *ei* 均可取值 0 或 1（0 表示某状态不出现，1 表示某状态出现）。

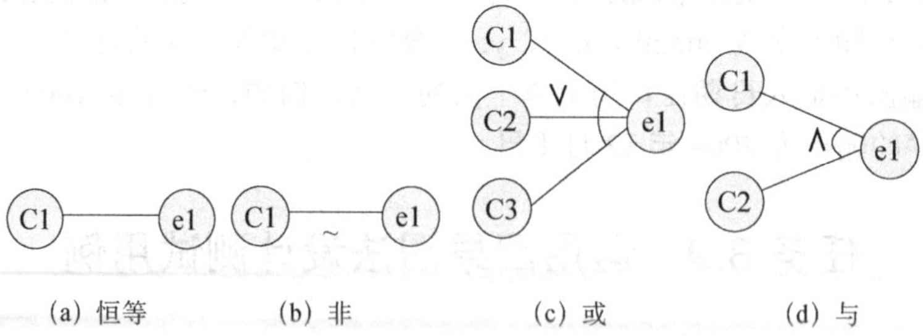

图 3-41 因果图基本结构

其中，

图 3-41（a）表示“恒等”关系，即若 C1 是 1，则 e1 也是 1；若 C1 是 0，则 e1 为 0；

图 3-41（b）表示“非”关系，即若 C1 是 1，则 e1 是 0；若 C1 是 0，则 e1 为 1；

图 3-41（c）表示“或”关系，“或”可有任意个输入，若 C1 或 C2 或 C3 是 1，则 e1 是 1，否则 e1 为 0；

图 3-41（d）表示“与”关系，也可以有任意个输入，若 C1 和 C2 都是 1，则 e1 为 1，否则 e1 为 0。

在输入、输出状态之间存在的某些依赖关系，称为约束。例如，某些输入条件不可能同时出现，如图 3-42 所示。

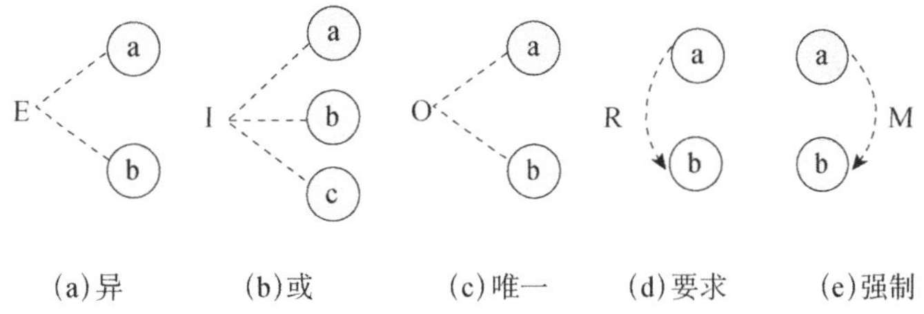

图 3-42 约束形式

对于输入条件的约束有以下 4 种。

- E 约束（异）：a 和 b 中最多有一个可能为 1，即 a 和 b 不能同时为 1。
- I 约束（或）：a、b、c 中至少有一个必须是 1，即 a、b、c 不能同时为 0。
- O 约束（唯一）：a 和 b 必须有一个且仅有一个为 1。
- R 约束（要求）：当 a 为 1 时，b 必须是 1。
- M 约束（强制）：若结果 a 为 1，则结果 b 强制为 0。对于输出条件的约束只有 M 约束。

3.9.2 因果图生成测试用例的步骤

对于一项软件功能，首先确定功能的输入和输出，然后依据下面的步骤运用因果图法设计测试用例。

步骤 1：分析软件规格说明书，哪些是原因（即输入条件或输入条件的等价类），哪些是结果（即输出条件），给每个原因和结果赋予标识符。

步骤 2：分析原因与结果之间、原因与原因之间的逻辑关系，用因果图的方式表示。

步骤 3：由于语法或者环境限制，有些原因与原因之间、原因与结果之间的组合情况不可能出现，在因果图上用一些记号表明这些特殊情况的约束或限制条件。

步骤 4：因果图转换成决策表。将因果图中的各个原因作为决策表的条件项，原因分别取“真”和“假”两种状态，一般用“1”或“0”表示；将因果图中的各个结果作为决策表的动作项，完成决策表的填写。

步骤 5：从决策表的每一列产生出测试用例。

对于逻辑结构复杂的软件，先用因果图进行图形分析，再用决策表进行统计，最后设计测试用例。

3.9.3 因果图设计测试用例举例

程序的规格说明要求，输入的第一个字符必须是“#”或“*”，第二个字符必须是数字，在此情况下进行文件的修改；如果第一个字符不是“#”或“*”，则给出信息 N；如果第二个字符不是数字，则给出信息 M。

由于此需求已经非常清晰，所以标准步骤中的第一步省略，从第二步开始分析。

（1）在明确了上述要求后，可以明确地将原因和结果分开。

● 原因

c1—第一个字符是“#”；

c2—第一个字符是“*”；

c3—第二个字符是一个数字。

● 结果

a1—给出信息 N；

a2—修改文件；

a3—给出信息 M。

（2）根据原因和结果产生因果图。确定因果逻辑关系：如果第一列和第二列都正确，则修改文件；如果第一列不正确，给出信息 L；如果第二列不正确，给出 M。可以得出的因果图如图 3-43 所示。

而根据需求描述，原因 10 还可以细分为 2 个原因：第一列字符是 A（c1），第一列字符是 B（c2）。因此原因 10 其实也可以看成结果。把它用因果图表示出来如图 3-44 所示。

根据以上分析，总共有 3 个原因，3 个结果。

确定约束关系：从需求描述中可知，原因 c1 和 c2 不可能同时为真，但可以同时为假，因此满足排他性约束。这三个结果之间没有掩码标记的约束。完整的因果图如图 3-45 所示。

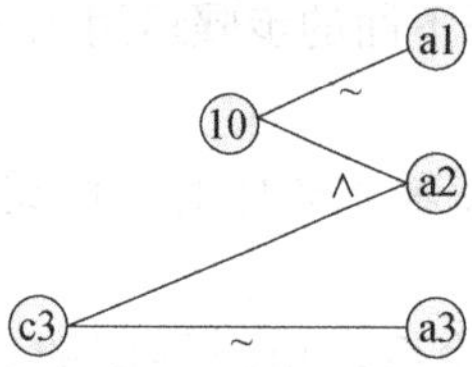

图 3-43 因果图图示

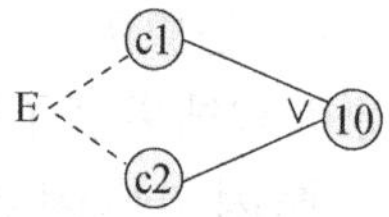

图 3-44 因果图图示

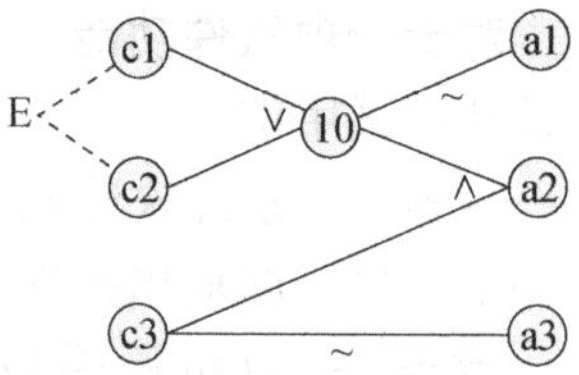

图 3-45 完整的因果图

（3）根据因果图画决策表。列出 3 个原因所有的状态组合的决策表，如表 3-19 所示。

表 3-19 决策表

		1	2	3	4	5	6	7	8
条件	c1	1	1	1	1	0	0	0	0
	c2	1	1	0	0	1	1	0	0
	c3	1	0	1	0	1	0	1	0
	10			1	1	1	1	0	0
动作	a1							√	√
	a2			√		√			
	a3				√		√		√
	不可能	√	√						
测试用例				#3	#A	*6	*B	A1	GT

根据原因分析结果：分析每一种状态对应的结果，并根据约束关系，去掉不可能出现的状态。本例的 c1 和 c2 满足排他性约束，所以同时都为 1 的状态不会出现。

设计测试用例：根据决策表，列出有效的状态组合和结果，给出对应的测试用例，可以单独画一个表，也可以直接加到决策表中。

到目前为止，使用因果图设计测试用例的一个简单的案例就完成了。

（4）设计测试用例。

最左边两列，原因 c1 和 c2 同时为 1 不可能，排除掉，根据表可设计出 6 个测试用例。

Test1：输入数据－#3　　预期输出——修改文件；

Test2：输入数据－#B　　预期输出——给出信息 M；

Test3：输入数据－*7　　预期输出——修改文件；

Test4：输入数据－*M　　预期输出——给出信息 M；

Test5：输入数据－C2　　预期输出——给出信息 N；

Test6：输入数据－CM　　预期输出——给出信息 M 和 N。

使用因果图法的优点有：

- 考虑到了输入情况的各种组合以及各个输入情况之间的相互制约关系。
- 能够帮助测试人员按照一定的步骤，高效率地开发测试用例。
- 因果图法是将自然语言规格说明转化成形式语言规格说明的一种严格的方法，可以指出规格说明存在的不完整性和二义性。

任务实施

根据因果图法的基本原理，对 CVIT 系统的新闻审核模块构思因果图，构建决策表，设计测试用例，执行测试用例并书写 Bug 报告。

拓展训练

列举实际工作生活中运用到的案例，如某公司产假规定如下：

女员工产假为 90 天，符合晚婚、晚育（男 25 周岁，女 23 周岁）的，可增加产假 30 天，共计 120 天。难产凭医院证明，产假增加 15 天。怀孕不满 7 个月小产，产假不超过 30 天，由医生检查酌情确定。男员工符合晚婚、晚育的，可享受陪产假 7 天。

分析因果关系，绘制因果图，构建决策表，设计测试用例。

任务 3.10　运用正交表法设计测试用例

任务陈述

利用因果图来设计测试用例时，作为输入条件的原因与输出结果之间的因果关系，有时很难从软件需求规格说明中获得。往往因果关系非常庞大，以至于此因果图得到的测试用例数目庞大，给软件测试带来沉重的负担，为了有效地、合理地减少测试的工时与费用，可利用正交表法进行测试用例的设计。

本节任务利用正交表法实施新闻发布模块测试，分析模块的输入，构建正交表，设计测试用例。

学习目标

- 掌握正交表的构造过程
- 掌握正交表设计测试用例步骤

知识准备

微课：正交表法

正交表法源于一种科学实验方法，即正交实验方法。正交实验方法依据 Galois 理论，从大量的（实验）数据（测试例）中挑选适量的、有代表性的点（例），从而合理地安排实验（测试）的一种科学实验设计方法。类似的方法有聚类分析方法、因子方法等。

正交表法是研究界面上有多个输入、每个输入有多个内容的测试用例设计方法。根据正交性从界面全部输入中挑选出部分具有代表性的输入数据进行测试。这些具有代表性的输入具备了“均匀分散，齐整可比”的特点。运用正交表法设计测试用例是一种高效率、快速、经济的测试用例设计方法。

正交表法使用已经做好的表格——正交表——来安排测试用例并进行软件缺陷分析的一种方法。其简单易行，计算表格化，使用者能够迅速掌握。以下通过一个化学实验案例来说明正交试验设计法的基本原理。

3.10.1 正交表法设计测试用例的基本原理

为提高某化工产品的转化率，选择了 3 个有关因素进行条件试验，反应温度（A），反应时间（B），用碱量（C），并确定了其试验范围。

A：80～90℃

B：90～150min

C：5%～7%

试验目的是分析因子 A、B、C 对转化率的影响，哪些是主要的影响因素，哪些是次要的影响因素，从而确定最合适的生产条件，即温度、时间及用碱量各为多少才能使转化率最高。试制订试验方案。

这里，对因子 A，在试验范围内选择 3 个水平；因子 B 和 C 也都选取 3 个水平：

A：$A1$＝80℃，$A2$＝85℃，$A3$=90℃

B：$B1$＝90 分，$B2$＝120 分，$B3$=150 分

C：$C1$＝5%，$C2$＝6%，$C3$＝7%

当然，在正交表试验设计中，因子可以是定量的，也可以是定性的。而定量因子各水平

间的距离可以相等，也可以不相等。这个“三因子三水平”的条件试验，通常有以下两种试验方法：

（1）取三因子所有水平之间的组合，即 $A1B1C1$，$A1B1C2$，$A1B2C1$，…，$A3B3C3$，共有 $3^3=27$ 次试验。全面试验法取点如图 3-46 所示立方体的 27 个节点。这种试验法就是全面试验法。

全面试验对各因子与指标间的关系剖析比较清楚，但试验次数太多。特别是当因子数目多，每个因子的水平数目也多时，试验量大得惊人。如选 6 个因子，每个因子取 5 个水平时，如欲做全面试验，则需 $5^6=15625$ 次试验，这实际上是不可能实现的。

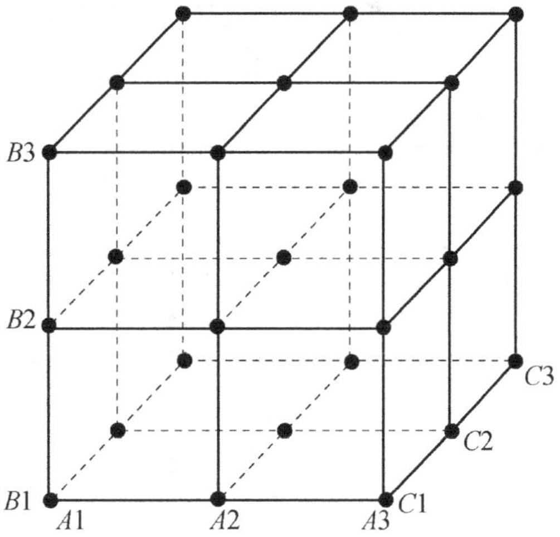

图 3-46 全面试验法取点

（2）简单对比法，即变化一个因素而固定其他因素，如首先固定 *B*、*C* 于 *B*1、*C*1，使 A 变化为：

↗*A*1

*B*1*C*1→*A*2

↘*A*3（好结果）

如得出结果 *A*3 最好，则固定 *A* 于 *A*3，*C* 还是 *C*1，使 *B* 变化之：

↗*B*1

*A*3*C*1→*B*2（好结果）

↘*B*3

得出结果以 *B*2 为最好，则固定 *B* 于 *B*2，*A* 于 *A*3，使 *C* 变化之：

↗*C*1

*A*3*B*2→*C*2（好结果）

↘*C*3

试验结果以 C2 最好。于是就认为最好的工艺条件是 *A*3*B*2*C*2。

这种方法具有一定的效果，但缺点很多。首先这种方法的选点代表性很差，如按上述方法进行试验，试验点完全分布在一个角上，而在一个很大的范围内没有选点。因此这种试验方法不全面，所选的工艺条件 *A*3*B*2*C*2 不一定是 27 个组合中最好的。其次，用这种方法比较条件好坏时，是用单个的试验数据，进行数值上的简单比较，而试验数据中必然会包含误差成分，所以单个数据的简单比较不能剔除误差的干扰，必然造成结论的不稳定。

简单对比法的最大优点就是试验次数少，例如六因子五水平试验，在不重复时，只用 5+（6−1）×（5−1）＝5+5×4＝25 次试验即可。

兼顾考虑这两种试验方法的优点，从全面试验的数据中选择具有典型性、代表性的点，使试验数据在试验范围内分布得很均匀，能反映全面情况。但又希望试验点尽量得少，为此还要具体考虑一些问题。

如以上案例，对应于 *A* 有 *A*1、*A*2、*A*3 三个平面，对应于 *B*、*C* 也各有三个平面，共 9 个平面，则这 9 个平面上的试验点都应当一样多，即对每个因子的每个水平都要同等看待。具体来说，每个平面上都有三行、三列，要求在每行、每列上的点一样多。这样，做出如图 3-47 所示正交表的设计图，试验点用⊙表示。可见，在 9 个平面中每个平面上都恰好有 3 个点而每个平面的每行每列都有一个点，而且只有一个点，总共 9 个点。这样的试验方案，试验点的分布很均匀，试验次数也不多。

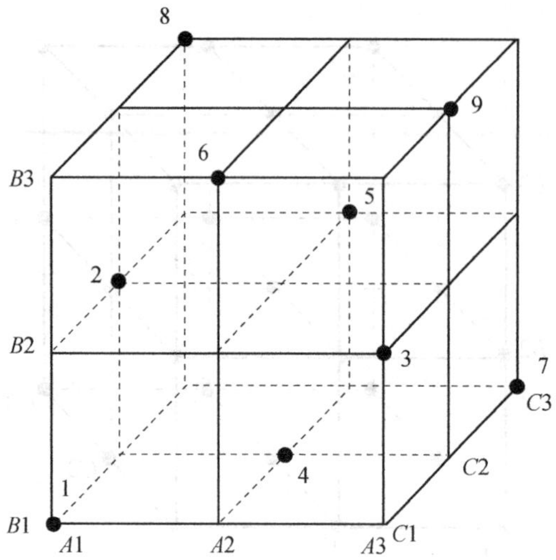

图 3-47　正交表设计图例

试验工作者在长期的工作中总结出一套方法，创造出所谓的正交表。按照正交表来安排试验，既能使试验点分布得很均匀，又能减少试验次数，而且计算分析简单，能够清晰地阐明试验条件与指标之间的关系。

用正交表来安排试验及分析试验结果，这种方法叫正交试验设计法。

3.10.2　正交表的构成

行数：正交表中行的个数，即试验的次数，也是通过正交试验设计法设计的测试用例的个数。

因素数：正交表中列的个数，即要测试的功能点。

水平数：任何单个因素能够取得的值的最大个数。正交表中包含的值为从 0 到“水平数-1”或从 1 到“水平数”。即要测试功能点的输入条件。

正交表的形式：

$L_{行数}$（$水平数^{因素数}$）

如：L_8（2^7）

常用的有 L_8（2^7），L_9（3^4），L_{16}（4^5），L_8（4×2^4），L_{12}（2^{11}），等等。读者可以在百度文库搜索常用的正交表形式。L_8（2^7）符号各数字的意义如下：

- 7 为此表列的数目（最多可安排的因子数）；
- 2 为因子的水平数；
- 8 为此表行的数目（试验次数）。

因此，L_{18}（2×3^7）的数字告诉读者，用它来安排试验，做 18 个试验最多可以考察一个二水平因子和 7 个三水平因子。

在行数为 *mn* 型的正交表中（*m*，*n* 是正整数），试验次数（行数）=Σ（每列水平数−1）×因子数+1；如 L_8（2^7），8＝7×（2−1）+1；利用上述关系式可以从所要考察的因子水平数来决定最低的试验次数，进而选择合适的正交表。比如要考察 5 个三水平因子及一个二水平因子，则起码的试验次数为 5×（3−1）+1×（2−1）+1＝12（次），这就是说，要在行数不小于 12，既有二水平列又有三水平列的正交表中选择，L_{18}（2×3^7）适合。

正交表具有以下两条性质：

（1）每一列中各数字出现的次数都一样多。

（2）任何两列所构成的各有序数对出现的次数都一样多，所以称之为正交表。

例如在 L_9（3^4）正交表形式（见表 3-20）中，各列中的1、2、3 都各自出现 3 次；任何两列，例如第 3、4 列，所构成的有序数对从上向下共有 9 种，既没有重复也没有遗漏。其他任何两列所构成的有序数对也是这 9 种各出现一次。这反映了试验点分布的均匀性。

表 3-20　L_9（3^4）正交表形式

行号	列号			
	1	2	3	4
	水平			
1	1	1	1	1
2	1	2	2	2
3	1	3	3	3
4	2	1	2	3
5	2	2	3	1
6	2	3	1	2
7	3	1	3	2
8	3	2	1	3
9	3	3	2	1

3.10.3　正交表法设计测试用例的步骤

用正交试验法设计测试用例按照以下 4 个步骤进行。

1. 构造要因表

要因表是与一个特定功能相关，由对该功能的结果有影响的所有因素及其状态值构造而成的一个表格。但要特别明确以下几点：

①一个要因表只与一个功能相关，多个功能拆分成不同的要因表。

“要因”与“功能”密切相关。不同功能具有不同的要因，某个因素对功能 F1 而言是要因，对于功能 F2 而言可能就不是要因。例如，在网上银行系统中，对于“登录”功能而言，“密码”是一个要因，但是对于“查询”功能而言，“密码”不是要因，因为在使用查询功能时，已经处于登录状态。此外，要因状态也是和功能密切相关的，即同一因素是不同功能的要因，其相应的状态可能也是不同的。例如，对于“登录”功能而言，“密码”要因的状态可以为正确密码或者错误密码。对于“重置”功能而言，“密码”要因的状态可以为非空或者空。因此在设计要因表时，应当一个功能设计一个要因表。

②要因是指对功能输出有影响的所有因素。

一个因素 C 是否为某一功能 F 的充分必要条件是：如果 C 发生变化，则 F 的结果也发生变化。这个规则可以指导分析和判断某个功能的因子。因子通常从功能所对应的输入、前提条件等中提取。

③要因的状态值是指要因的可能取值。

其划分采用等价类和边界值等方法，其中包含有效等价类和无效等价类。

在对因子的状态值进行划分后，应当将因子的状态值分为两类：第一类状态值为该类状态值之间属于等价类关系，即每个状态代表因子的一类取值，它们之间无重复。这类因子和其他因子之间一般存在较紧密的关联；第二类状态值，是所有第一类状态值以外的状态值，一般是因子的无效等价类或者边界值状态，通常，其要么是第一类中已经有了可代表的，如边界值状态，或者是与其他因子之间没有组合情况的状态，如无效等价类状态。在对状态值进行分类时，如果不清楚某一状态值究竟该如何分类，可以将其归入第一类，这样虽会导致测试用例数量的增加，但不会遗漏测试用例。

对于第二类状态值，因为其为无效等价类或者边界值类型，因而不考虑其组合的情形，只需要测试用例对其形成覆盖即可，主要用以验证功能模块的健壮性。具体方法为：设计一个新的测试用例，使其仅覆盖一个尚未覆盖的第二类状态值，其余的因子选择第一类状态值。重复这一步骤，直到所有的第二类状态值均被测试用例所覆盖。

2. 选择一个合适的正交表

对于第一类状态值，利用正交试验法设计测试用例。对于第一类状态值，因其全部是有效等价类，这类状态和其他因子之间一般存在紧密关联，不同组合间可能对应于不同的业务逻辑，因而测试用例最好能够覆盖各种组合形式，为了减少测试用例数量，又同时保证覆盖度，采取正交试验法进行组合。这里要注意的是，要因表中第一类的状态只有一个因子在选择正交表时不考虑在内。根据其余因子的状态，选择合适的正交表，映射正交表得到有效测试用例；在选择正交表时，应当保证要因表因子数和状态数分别小于或者等于所选正交表的因子数和水平数，同时正交表的行数最少。

3. 把变量的值映射到表中

要因表和待选正交表之间有以下几种可能。

（1）要因表因子数和状态数与待选正交表的因子数和水平数正好相等，这种情形直接映射。

例如，要因表中有 3 个因素，每个因素有 2 个状态，选择正交表并映射过程如图 3-48 所示。

要因表

		要因		
		A	B	C
状态	1	a1	b1	c1
	2	a2	b2	c2

选择正交表

正交表 L_4（2^3）

0	0	0
0	1	1
1	0	1
1	1	0

映射得到

用例

1:	a1	b1	c1
2:	a1	b2	c2
3:	a2	b1	c2
4:	a2	b2	c1

图 3-48 选择正交表并映射过程（1）

（2）要因表因子数小于待选正交表的因子数，这种情形将待选正交表进行裁减，即去掉部分因子后再映射。

例如，要因表中有 5 个因素，每个因素有 2 个状态，选择正交表并映射过程如图 3-49 所示。

要因表

		要因				
		A	B	C	D	E
状态	1	a1	b1	c1	d1	e1
	2	a2	b2	c2	d2	e2

选择正交表

正交表L_8（2^7）

1	1	1	1	1	1	1
1	1	1	0	0	0	0
1	0	0	1	1	0	0
1	0	0	0	0	1	1
0	1	0	1	0	1	0
0	1	0	0	1	0	1
0	0	1	1	0	0	1
0	0	1	0	1	1	0

映射得到

用例

1:	a1	b1	c1	d1	e1
2:	a1	b1	c1	d2	e2
3:	a1	b2	c2	d1	e1
4:	a1	b2	c2	d2	e2
5:	a2	b1	c2	d1	e2
6:	a2	b1	c2	d2	e1
7:	a2	b2	c1	d1	e2
8:	a2	b2	c1	d2	e1

图 3-49　选择正交表并映射过程（2）

因为没有完全匹配的正交表，故将所选正交表中的最后两列裁减掉。

（3）要因表状态数少于待选正交表的水平数，这种情形将待选正交表的多余的水平位置用对应的水平值均匀分布。

例如：要因表中有 5 个因素，其中 2 个因素有 2 个状态，2 个因素有 3 个状态，1 个因素有 6 个状态，选择正交表并映射过程如图 3-50 所示。

要因表

		要因				
		A	B	C	D	E
状态	1	a1	b1	c1	d1	e1
	2	a2	b2	c2	d2	e2
	3			c3	d3	e3
	4					e4
	5					e5
	6					e6

选择正交表

正交表$L1_8$（$3^6 6^1$）

0	0	0	0	0	0	0
0	0	1	1	2	2	1
0	1	0	2	2	1	2
0	1	2	0	1	2	3
0	2	1	2	1	0	4
0	2	2	1	0	1	5
1	0	0	2	1	2	5
1	0	2	0	2	1	4
1	1	1	1	1	1	0
1	1	2	2	0	0	1
1	2	0	1	2	0	3
1	2	1	0	0	2	2
2	0	1	2	0	1	3
2	0	2	1	1	0	2
2	1	0	1	0	2	4
2	1	1	0	2	0	5
2	2	0	0	1	1	1
2	2	2	2	2	2	0

映射

a1	b1	c1	d1	0	0	e1
a1	b1	c2	d2	2	2	e2
a1	b2	c1	d3	2	1	e3
a1	b2	c3	d1	1	2	e4
a1	2	c2	d3	1	0	e5
a1	2	c3	d2	0	1	e6
a2	b1	c1	d3	1	2	e6
a2	b1	c3	d1	2	1	e5
a2	b2	c2	d2	1	1	e1
a2	b2	c3	d3	0	0	e2
a2	2	c1	d2	2	0	e4
a2	2	c2	d1	0	2	e3
2	b1	c2	d3	0	1	e4
2	b1	c3	d2	1	0	e3
2	b2	c1	d2	0	2	e5
2	b2	c2	d1	2	0	e6
2	2	c1	d1	1	1	e2
2	2	c3	d3	2	2	e1

调整

用例

1:	a1	b1	c1	d1	0	0	e1
2:	a1	b1	c2	d2	2	2	e2
3:	a1	b2	c1	d3	2	1	e3
4:	a1	b2	c3	d1	1	2	e4
5:	a1	b1	c2	d3	1	0	e5
6:	a1	b2	c3	d2	0	1	e6
7:	a2	b1	c1	d3	1	2	e6
8:	a2	b1	c3	d1	2	1	e5
9:	a2	b2	c2	d2	1	1	e1
10:	a2	b2	c3	d3	0	0	e2
11:	a2	b1	c1	d2	2	0	e4
12:	a2	b2	c2	d1	0	2	e3
13:	a1	b1	c2	d3	0	1	e4
14:	a2	b1	c3	d2	1	0	e3
15:	a1	b2	c1	d2	0	2	e5
16:	a2	b2	c2	d1	2	0	e6
17:	a1	b1	c1	d1	1	1	e2
18:	a2	b2	c3	d3	2	2	e1

图 3-50　选择正交表并映射过程（3）

此外，因为所选正交表因子的状态数与要因表不完全匹配，故状态映射时做出了调整。

为了选择到合适的正交表，有时还采用的策略是，即要因表中的某个因素不参与正交组合，而是做全组合，剩余的因素正交组合。通常选做全组合的因子状态值较少，或者对应的逻辑重要性较高。

（4）编写测试用例并补充测试用例。把每一行的各因素水平的组合作为一个测试用例，并补充认为可疑且没有在正交表中出现的组合所形成的测试用例。

3.10.4 正交表法设计测试用例举例

从测试用例可以看出，如果按每个因素两个水平数来考虑，需要 8 个测试用例，而通过正交表法进行的测试用例只有 5 个，大大减少了测试用例数。用最小的测试用例集合去获取最大的测试覆盖率。

如果因素数不同的话，可以采用包含的方法，在正交表公式中找到包含该情况的公式，如果有 N 个符合条件的公式，那么可选取行数最少的公式。

如果水平数不相同的话，采用包含和组合的方法选取合适的正交表公式。

上面就正交表法进行了讲解，现在用 PowerPoint 软件打印功能作为案例，希望读者能更好地理解该方法的具体应用。

假设功能描述如下。

（1）打印范围分全部、当前幻灯片、给定范围共 3 种情况。

（2）打印内容分幻灯片、讲义、备注页、大纲视图共 4 种方式。

（3）打印颜色/灰度分颜色、灰度、黑白共 3 种设置。

（4）打印效果分幻灯片加框和幻灯片不加框两种方式。

通过分析，可以得到该打印功能的因素状态表，如表 3-21 所示。

表 3-21 打印功能的因素状态表

状态/因素	A 打印范围	B 打印内容	C 打印颜色/灰度	D 打印效果
0	全部	幻灯片	颜色	幻灯片加框
1	当前幻灯片	讲义	灰度	幻灯片不加框
2	给定范围	备注页	黑白	
3		大纲视图		

首先将中文字转换成字母，便于设计，得到如表 3-22 所示的字符替换的因素状态表。

表 3-22 字符替换的因素状态表

状态/因素	A	B	C	D
0	A1	B1	C1	D1
1	A2	B2	C2	D2
2	A3	B3	C3	
3		B4		

分析得出：被测项目中一共有 4 个被测对象，每个被测对象的状态都不一样。选择的正交表中，要求：

（1）表中的因素数≥4。

（2）表中至少有 4 个因素的水平数≥2。

（3）行数取最少的一个。

最后选中正交表公式：L_{16}（4^5），对应的正交矩阵，如表 3-23 所示。

表 3-23 正交矩阵

	1	2	3	4	5
1	0	0	0	0	0
2	0	1	1	1	1
3	0	2	2	2	2
4	0	3	3	3	3
5	1	0	1	2	3
6	1	1	0	3	2
7	1	2	3	0	1
8	1	3	2	1	0
9	2	0	2	3	1
10	2	1	3	2	0
11	2	2	0	1	3
12	2	3	1	0	2
13	3	0	3	1	2
14	3	1	2	0	3
15	3	2	1	3	0
16	3	3	0	2	1

用字符替换正交矩阵如表 3-24 所示。

表 3-24 用字符替换正交矩阵

	1	2	3	4	5
1	A1	B1	C1	D1	0
2	A1	B2	C2	D2	1
3	A1	B3	C3	2	2
4	A1	B4	3	3	3
5	A2	B1	C2	2	3
6	A2	B2	C1	3	2
7	A2	B3	3	D1	1
8	A2	B4	C3	D2	0
9	A3	B1	C3	3	1
10	A3	B2	3	2	0
11	A3	B3	C1	D2	3
12	A3	B4	C2	D1	2
13	3	B1	3	D2	2
14	3	B2	C3	D1	3
15	3	B3	C2	3	0
16	3	B4	C1	2	1

由表 3-24 看到第一列水平值为 3，第三列水平值为 3，第四列水平值为 3、2，都需要由各自的字符替换。因素状态表如表 3-25 所示。

表 3-25 因素状态表

	1	2	3	4	5
1	A1	B1	C1	D1	0
2	A1	B2	C2	D2	1
3	A1	B3	C3	D1	2
4	A1	B4	C1	D2	3
5	A2	B1	C2	D1	3
6	A2	B2	C1	D2	2
7	A2	B3	C2	D1	1
8	A2	B4	C3	D2	0
9	A3	B1	C3	D2	1
10	A3	B2	C3	D1	0
11	A3	B3	C1	D2	3
12	A3	B4	C2	D1	2
13	A1	B1	C1	D2	2
14	A2	B2	C3	D1	3
15	A3	B3	C2	D2	0
16	A1	B4	C1	D1	1

第五列去掉没有意义。通过分析，由于 4 个因素中有 3 个因素的水平值小于 3，所以从第 13 行到 16 行的测试用例要裁减。

由此推出，12 个测试用例如下。

测试用例编号	PPT—ST—FUNCTION—PRINT—001
测试项目	测试 PowerPoint 打印功能
测试标题	打印 PowerPoint 文件 A 全部的幻灯片，有颜色，加框
重要级别	高
预置条件	PowerPoint 文件 A 已被打开，计算机主机已连接有效打印机
输入	文件 A：D：\系统测试.ppt
操作步骤	1）打开打印界面； 2）打印范围选择“全部”； 3）打印内容选择“幻灯片”； 4）颜色/灰度选择“颜色”； 5）在“幻灯片加框”前打钩； 6）单击“确定”按钮
预期输出	打印出全部幻灯片，有颜色且已加框

测试用例编号	PPT—ST—FUNCTION—PRINT—002
测试项目	测试 PowerPoint 打印功能
测试标题	打印 PowerPoint 文件 A 全部的幻灯片为讲义，灰度，不加框
重要级别	中
预置条件	PowerPoint 文件 A 已被打开，计算机主机已连接有效打印机
输入	文件 A：D：\系统测试.ppt
操作步骤	1）打开打印界面； 2）打印范围选择“全部”； 3）打印内容选择“讲义”； 4）颜色/灰度选择“灰度”； 5）单击“确定”按钮
预期输出	打印出全部幻灯片为讲义，灰度且不加框

测试用例编号	PPT—ST—FUNCTION—PRINT—003
测试项目	测试 PowerPoint 打印功能
测试标题	打印 PowerPoint 文件 A 全部的备注页，黑白，加框
重要级别	中
预置条件	PowerPoint 文件 A 已被打开，计算机主机已连接有效打印机
输入	文件 A：D：\系统测试.ppt
操作步骤	1）打开打印界面； 2）打印范围选择“全部”； 3）打印内容选择“备注页”； 4）颜色/灰度选择“黑白”； 5）在“幻灯片加框”前打钩； 6）单击“确定”按钮
预期输出	打印出全部备注页，黑白且已加框

测试用例编号	PPT—ST—FUNCTION—PRINT—004
测试项目	测试 PowerPoint 打印功能
测试标题	打印 PowerPoint 文件 A 全部的大纲视图，黑白
重要级别	中
预置条件	PowerPoint 文件 A 已被打开，计算机主机已连接有效打印机
输入	文件 A：D：\系统测试.ppt
操作步骤	1）打开打印界面； 2）打印范围选择“全部”； 3）打印内容选择“大纲视图”； 4）颜色/灰度选择“黑白”； 5）单击“确定”按钮
预期输出	打印出全部大纲视图，黑白

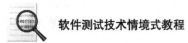

测试用例编号	PPT—ST—FUNCTION—PRINT—005
测试项目	测试 PowerPoint 打印功能
测试标题	打印 PowerPoint 文件 A 当前幻灯片，灰度，加框
重要级别	中
预置条件	PowerPoint 文件 A 已被打开，计算机主机已连接有效打印机
输入	文件 A：D：\系统测试.ppt
操作步骤	1）打开打印界面； 2）打印范围选择“当前幻灯片”； 3）打印内容选择“幻灯片”； 4）颜色/灰度选择“灰度”； 5）在“幻灯片加框”前打钩； 6）单击“确定”按钮
预期输出	打印出当前幻灯片，灰度且已加框

测试用例编号	PPT—ST—FUNCTION—PRINT—006
测试项目	测试 PowerPoint 打印功能
测试标题	打印 PowerPoint 文件 A 当前幻灯片为讲义，黑白，加框
重要级别	中
预置条件	PowerPoint 文件 A 已被打开，计算机主机已连接有效打印机
输入	文件 A：D：\系统测试.ppt
操作步骤	1）打开打印界面； 2）打印范围选择“当前幻灯片”； 3）打印内容选择“讲义”； 4）颜色/灰度选择“黑白”； 5）在“幻灯片加框”前打钩； 6）单击“确定”按钮
预期输出	打印出当前幻灯片为讲义，黑白且已加框

测试用例编号	PPT—ST—FUNCTION—PRINT—007
测试项目	测试 PowerPoint 打印功能
测试标题	打印 PowerPoint 文件 A 当前幻灯片的备注页，有颜色，不加框
重要级别	中
预置条件	PowerPoint 文件 A 已被打开，计算机主机已连接有效打印机
输入	文件 A：D：\系统测试.ppt
操作步骤	1）打开打印界面； 2）打印范围选择“当前幻灯片”； 3）打印内容选择“备注页”； 4）颜色/灰度选择“颜色”； 5）单击“确定”按钮
预期输出	打印出当前幻灯片的备注页，有颜色且不加框

测试用例编号	PPT—ST—FUNCTION—PRINT—008
测试项目	测试 PowerPoint 打印功能
测试标题	打印 PowerPoint 文件 A 当前幻灯片的大纲视图，有颜色
重要级别	中
预置条件	PowerPoint 文件 A 已被打开，计算机主机已连接有效打印机
输入	文件 A：D：\系统测试.ppt
操作步骤	1）打开打印界面； 2）打印范围选择“当前幻灯片”； 3）打印内容选择“大纲视图”； 4）颜色/灰度选择“颜色”； 5）单击“确定”按钮
预期输出	打印出当前幻灯片为讲义，黑白且已加框

测试用例编号	PPT—ST—FUNCTION—PRINT—009
测试项目	测试 PowerPoint 打印功能
测试标题	打印 PowerPoint 文件 A 给定范围的幻灯片，黑白，不加框
重要级别	中
预置条件	PowerPoint 文件 A 已被打开，计算机主机已连接有效打印机
输入	文件 A：D：\系统测试.ppt
操作步骤	1）打开打印界面； 2）打印范围选择“幻灯片”； 3）打印内容选择“幻灯片”； 4）颜色/灰度选择“黑白”； 5）单击“确定”按钮
预期输出	打印出给定范围的幻灯片，黑白且不加框

测试用例编号	PPT—ST—FUNCTION—PRINT—010
测试项目	测试 PowerPoint 打印功能
测试标题	打印 PowerPoint 文件 A 给定范围的幻灯片为讲义，有颜色，加框
重要级别	中
预置条件	PowerPoint 文件 A 已被打开，计算机主机已连接有效打印机
输入	文件 A：D：\系统测试.ppt
操作步骤	1）打开打印界面； 2）打印范围选择“幻灯片”； 3）打印内容选择“讲义”； 4）颜色/灰度选择“颜色”； 5）单击“确定”按钮
预期输出	打印出给定范围的幻灯片为讲义，有颜色且加框

测试用例编号	PPT—ST—FUNCTION—PRINT—011
测试项目	测试 PowerPoint 打印功能
测试标题	打印 PowerPoint 文件 A 给定范围的幻灯片的备注页，灰度，加框
重要级别	中
预置条件	PowerPoint 文件 A 已被打开，计算机主机已连接有效打印机
输入	文件 A：D：\系统测试.ppt
操作步骤	1）打开打印界面； 2）打印范围选择“幻灯片”； 3）打印内容选择“备注页”； 4）颜色/灰度选择“灰度”； 5）在“幻灯片加框”前打钩； 6）单击“确定”按钮
预期输出	打印出给定范围的幻灯片的备注页，灰度且加框

测试用例编号	PPT—ST—FUNCTION—PRINT—012
测试项目	测试 PowerPoint 打印功能
测试标题	打印 PowerPoint 文件 A 给定范围的幻灯片的大纲视图，灰度
重要级别	中
预置条件	PowerPoint 文件 A 已被打开，计算机主机已连接有效打印机
输入	文件 A：D：\系统测试.ppt
操作步骤	1）打开打印界面； 2）打印范围选择“幻灯片”； 3）打印内容选择“大纲视图”； 4）颜色/灰度选择“灰度”； 5）单击“确定”按钮
预期输出	打印出给定范围的幻灯片的大纲视图，灰度

任务实施

依据正交表的基本原理和设计测试用例的步骤，分析 CVIT 系统的新闻发布模块，该模块对应的输入包含多个，选用恰当的正交表，设计测试用例。

拓展训练

对于单因素或双因素试验，因其因素少，试验的设计、实施与分析都比较简单。但在实际工作中，常常需要同时考察 3 个或 3 个以上的水平因素，若进行全面测试，测试的规模很大，由于时间和成本的限制不可能进行全面测试，但是具体挑其中的哪些代表性测试用例进行测试无法判断，总担心不全的测试用例会遗漏一些严重缺陷。为了有效地、合理地减少测试的工时与费用，有效利用正交表法设计测试用例。正交表法就是安排多因素试验，寻求最优水平组合的一种高效率的试验设计方法。

读者试着利用正交表法分析如下问题。

某所大学通信系共 2 个班级，刚考完某一门课程，想通过“性别”“班级”“成绩”这三个条件查询通信系学生这门课程的成绩分布情况，通过男女比例或班级比例进行人员查询。

根据“性别”=“男，女”进行查询；

根据“班级”=“1 班，2 班”查询；

根据“成绩”=“及格，不及格”查询。

任务 3.11　运用场景法设计测试用例

任务陈述

现在的软件系统几乎都用事件触发来控制流程，像 GUI 软件、游戏等。事件触发时的情景形成了场景，而同一事件不同的触发顺序和处理结果就形成了事件流。这种软件设计思想可以引入到软件测试中，能生动地描绘出事件触发时的情景，有利于设计测试用例，同时使测试用例更容易理解和执行。

本节任务主要对 CVIT 系统中的发布新闻模块和审核新闻模块进行统一的测试，运用场景法设计测试用例。

学习目标

- 掌握场景中的事件流和备选流
- 掌握场景法设计测试用例的步骤

知识准备

为什么场景法能如此清晰地描述整个事件？因为，现在的软件系统基本上都由事件触发控制流程。例如，我们申请一个项目，需先提交审批单据，再由部门经理审批，审核通过后由总经理最终审批，如果部门经理审核不通过，就直接退回。每个事件触发时的情景便形成了场景。而同一事件不同的触发顺序和处理结果形成事件流。这一系列的过程我们利用场景法可以很清晰地描述清楚。

3.11.1　场景法设计测试用例的基本原理

微课：场景法

通过运用场景对系统的功能点或业务流程进行描述，是提高测试效果的一种方法。用例场景来测试需求是指模拟特定场景边界发生的事情，通过事件触发某个动作的发生，观察事件的最终结果，从而发现需求中存在的问题。我们通常以正常的用例场景分析开始，然后再提取其他的场景分析。场景法一般包含基本流和备用流，从一个流程开始，通过描述经过的路径来确定过程，经过遍历所有的基本流和备用流来完成整个场景。场景主要包括4种类型，即正常的用例场景，备选的用例场景，异常的用例场景，假定推测的场景。

通过运用场景对系统的功能点或业务流程进行描述，从而提高测试效果。在场景法中测试一个软件时，测试流程是软件功能按照正确的事件流实现的一条正确流程，那么把它称为该软件的基本流；而凡是出现故障或缺陷的过程，就用备选流加以标注，这样，备选流就可以是从基本流或是从备选流中引出的。所以在进行图示的时候，会发现每个事件流的颜色是不同的。

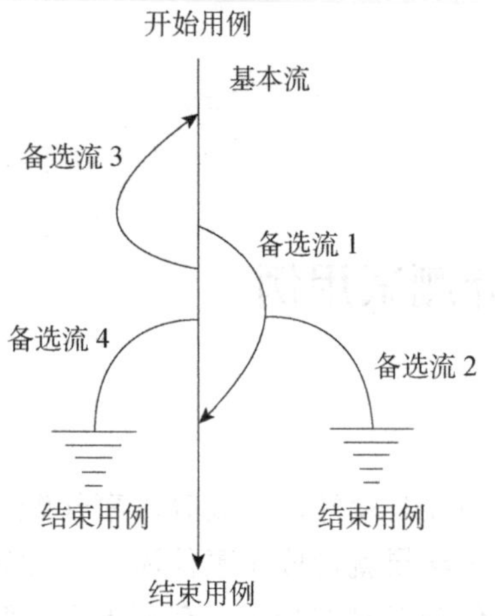

图 3-51　基本流和备选流场景法示意图

基本流和备选流场景法示意图如图 3-51 所示，图中经过测试用例的每条路径都用基本流和备选流来表示。

3.11.2　场景法设计测试用例的基本概念

图 3-51 展示了网上最常见的场景法基本情况的一个实例图。

基本流：采用直黑线表示，是经过用例最简单的路径（无任何差错，程序从开始直接执行到结束）。

备选流：用不同的色彩表示，一个备选流可能从基本流开始，在某个特定条件下执行，然后重新加入基本流中（如备选流 1 和备选流 3）；也可能起源于另一个备选流（如备选流 2），或者终止用例而不再重新加入到某个流（如备选流 2 和备选流 4）。

每个经过用例的可能路径，可以确定不同的用例场景。从基本流开始，再将基本流和备选流结合起来，可以确定用例场景如下：

场景 1　基本流
场景 2　基本流备选流 1
场景 3　基本流备选流 1 备选流 2
场景 4　基本流备选流 3
场景 5　基本流备选流 3 备选流 1
场景 6　基本流备选流 3 备选流 1 备选流 2
场景 7　基本流备选流 4
场景 8　基本流备选流 3 备选流 4

3.11.3　场景法设计测试用例的步骤

运用场景法设计测试用例的基本步骤如下：

①根据说明，描述程序的基本流及各项备选流。

②根据基本流和各项备选流生成不同的场景。

③对每一个场景生成相应的测试用例。

④对生成的所有测试用例重新复审，去掉多余的测试用例。测试用例确定后，对每一个测试用例确定测试数据。

3.11.4 场景法设计测试用例举例

我们都在当当网或 china-pub 华章网上书店订购过书籍，整个订购过程为，用户登录到网站后，进行书籍的选择，当选好自己心仪的书籍后进行订购，并把所需图书放进购物车，订购完成进行结账时，用户需要登录自己注册的账号，结账后并生成订单，整个购物过程结束。

那么我们通过以上的描述，从中确定基本流和备选流。

1. 确定基本流和备选流

基本流：登录在线网站，选择物品，登录账号，付款，生成订单。

备选流 1：账户不存在。

备选流 2：账户密码错误。

备选流 3：用户账户余额不足。

备选流 4：用户账户没钱。

2. 根据基本流和各项备选流生成不同的场景

场景 1：成功购物：基本流。

场景 2：账户不存在：基本流，备选流 1。

场景 3：账号密码错误：基本流，备选流 2。

场景 4：账户余额不足：基本流，备选流 3。

场景 5：账户没钱：基本流，备选流 4。

3. 对每一个场景生成相应的测试用例

对于每一个场景都需要确定测试用例。可以采用矩阵或决策表来确定和管理测试用例。表示测试用例信息形式，如表 3-26 所示，这是一种通用格式。其中各行代表各个测试用例，而各列则代表测试用例的信息。

本例中，对于每个测试用例，存在一个测试用例 ID、条件（或说明）、测试用例中涉及的所有数据元素（作为输入或已经存在于数据库中）以及预期结果。

通过确定执行用例场景所需的数据元素入手构建矩阵。然后，对于每个场景，至少要确定包含执行场景所需的适当条件的测试用例。例如，在表示测试用例信息形成的表 3-26 中，V（有效）用于表明这个条件必须是 VALID（有效的）才可执行基本流，而 I（无效）用于表明这种条件下将激活所需备选流。表中使用的“n/a”（不适用）表明这个条件不适用于测试用例。

表 3-26 表示测试用例信息形式

测试用例 ID	场景/条件	账号	密码	用户账户金额/元	预期结果
1	场景 1：成功购物	V	V	V	成功购物
2	场景 2：账户不存在	I	n/a	n/a	提示账户不存在

续表

测试用例 ID	场景/条件	账号	密码	用户账户金额/元	预期结果
3	场景 3：账号密码错误	V	I	n/a	提示账户密码错误，返回基本流步骤 3
4	场景 4：账户余额不足	V	V	I	提示用户账户余额不足，请充值
5	场景 5：账户没钱	V	V	I	提示用户账户没有钱，请充值

从表 3-26 中可以看到，我们要把每个场景成立的条件进行分析，明确了测试用例的数量，现在只需把真实数据填充进去完成购物过程的测试用例，如表 3-27 所示。

表 3-27 购物过程的测试用例

测试用例 ID	场景/条件	账号	密码	用户账户金额/元	预期结果
1	场景 1：成功购物	Admin	123456	200	成功购物，账户余额减少 100 元
2	场景 2：账户不存在	Aa	n/a	n/a	提示账户不存在
3	场景 3：账号密码错误	Admin	11111	n/a	提示账户密码错误，返回基本流步骤 3
4	场景 4：账户余额不足	Admin	123456	50	提示用户账户余额不足，请充值
5	场景 5：账户没钱	Admin	123456	0	提示用户账户没有钱，请充值

4. 对生成的所有测试用例重新审核，去掉多余的测试用例，测试用例确定后，对每一个测试用例确定测试数据

任务实施

CVIT 系统中的新闻发布模块和新闻审核模块是两个独立模块，在运用场景法实施两个模块测试的时候可以集合起来构建一个场景，分析场景中存在的事件流，根据事件流的走向设计相关的测试用例。

拓展训练

以下是对电子不停车收费系统（ETC）的基本流和备选流的描述：用例开始，ETC 准备就绪，自动栏杆放下；ETC 与车辆通信，读取车辆信息；对车辆拍照；根据公式计算通行费用；查找关联账户信息，确认账户余额大于通行费用；从账户中扣除该费用；显示费用信息；自动栏杆打开；车辆通过；自动栏杆放下，ETC 回到就绪状态；若 ETC 读取车辆信息错误（重复读取 5 次），不够 5 次则返回读取车辆信息，否则显示警告信息后退出；若查找关联账户信息，在银行系统中不存在该账户信息，退出；若查

找关联账户信息过程中发现账户余额小于通行费用，显示账户余额不足警告，退出；若查找关联账户信息过程中发现账户已销户、冻结或由于其他原因而无法使用，显示账户状态异常信息，退出。

请根据上面的描述绘制场景图，分析场景，并设计测试用例。

学习情境 4　进行 CVIT 系统的集成测试

知识目标

- 理解集成测试的概念
- 熟悉集成测试的原则
- 掌握集成测试的测试策略
- 熟悉集成测试的评价标准
- 掌握集成测试的测试用例书写方法

能力目标

- 能根据集成测试的测试策略安排测试计划
- 能运用集成测试方法书写测试用例

所有的软件项目都不能摆脱系统集成阶段。不管采用什么开发模式，具体的开发工作总得从一个一个的软件单元做起，软件单元只有经过集成才能形成一个有机的整体。

任务 4.1　了解集成测试过程

任务陈述

具体的集成过程可能是显性的也可能是隐性的。只要有集成，总会出现一些常见问题，工程实践中，几乎不存在软件单元组装过程中不出现任何问题的情况。集成测试需要花费的时间远远超过单元测试，直接从单元测试过渡到系统测试是极不妥当的做法。

本节任务是实施 CVIT 系统模块的集成测试，设计集成测试相关的测试用例。

学习目标

- 掌握常用集成测试方案
- 掌握功能性集成测试的要点

知识准备

集成测试（也叫组装测试，联合测试）是单元测试的逻辑扩展。集成测试是在单元测试的基础上，测试在将所有的软件单元按照概要设计规格说明的要求组装成模块、子系统或系统的过程中各部分工作是否达到或实现相应技术指标及要求的活动。也就是说，在集成测试之前，单元测试已经完成，集成测试中所使用的对象应该是已经经过单元测试的软件单元。这一点很重要，因为如果不经过单元测试，那么集成测试的效果将会受到很大影响，并且会大幅增加软件单元代码纠错的代价。

4.1.1 软件集成测试的概念

集成测试最简单的形式是：把两个已经测试过的单元组合成一个组件，测试它们之间的接口。从这一层意义上讲，组件是指多个单元的集成聚合。在现实方案中，由许多单元组合成组件，而这些组件又聚合为程序的更大部分。测试方法是先将测试片段的组合，并最终扩展成进程，将模块与其他组的模块一起测试，最后，将构成进程的所有模块一起测试。此外，如果程序由多个进程组成，应该成对测试它们，而不是同时测试所有进程。

集成测试的目标是按照设计要求使用那些通过单元测试的构件来构造程序结构。单个模块具有高质量但不足以保证整个系统的质量。有许多隐蔽的失效是高质量模块间发生非预期交互而产生的。用于集成测试有以下两种测试技术：

- 功能性测试。使用黑盒测试技术针对被测模块的接口规格说明进行测试。
- 非功能性测试。对模块的性能或可靠性进行测试。

另外，集成测试的必要性还在于一些模块虽然能够单独地工作，但并不能保证各模块连接起来也能正常工作。程序在某些局部反映不出来的问题，有可能在全局中就会暴露出来，影响程序功能的实现。此外，在某些开发模式中，如迭代式开发，设计和实现是迭代进行的。在这种情况下，集成测试的意义还在于其能间接地验证概要设计是否具有可行性。

集成测试是确保各单元组合在一起后能够按预定意图协作运行，并确保增量的行为正确。所测试的内容包括单元间的接口以及集成后的功能。使用黑盒测试方法测试集成的功能，并且对以前的集成进行回归测试。

很多人对桩模块和驱动模块的概念不清楚，下面先介绍这两个概念。

桩模块的使命除了使程序能够编译通过，还需要模拟返回被代替的模块的各种可能返回值（什么时候返回什么值需要根据测试用例的情况决定）。

驱动模块的使命就是根据测试用例的设计去调用被测试模块，并且判断被测试模块的返回值是否与测试用例的预期结果相符。

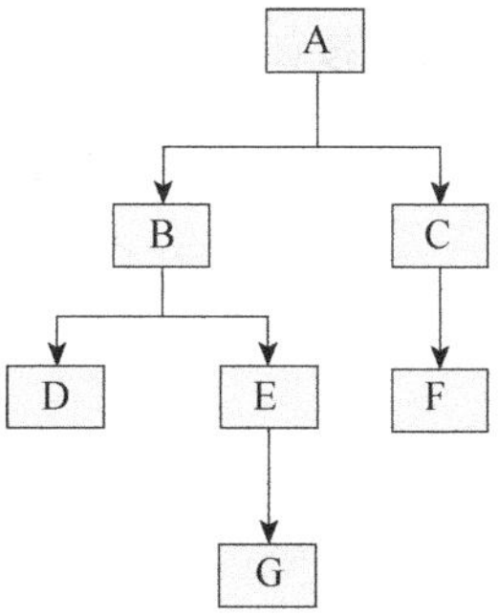

图 4-1 模块结构实例

模块结构实例如图 4-1 所示。假设现在项目组把任务分给了 7 个人，每个人负责实现一个模块。你负责的是 B 模块，你很优秀，第一个完成了编码工作，现在需要开展单元测试工作，先分析模块结构图。

（1）由于 B 模块不是顶层模块，所以一定不包含 main 函数（A 模块包含 main 函数），也就不能独立运行。

（2）B 模块调用了 D 模块和 E 模块，而目前 D 模块和 E 模块都还没有开发好，那么想让 B 模块通过编译器的编译也是不可能的。

那么怎样才能测试 B 模块呢？我们需要：

（1）写两个模块 Sd 和 Se 分别代替 D 模块和 E 模块（函数名、返回值、传递的参数相同），这样 B 模块就可以通过编译。Sd 模块和 Se 模块就是桩模块。

（2）写一个模块 Da 用来代替 A 模块，里面包含 main 函数，可以在 main 函数中调用 B 模块，让 B 模块运行起来。Da 模块就是驱动模块。

4.1.2 常用的集成测试实施方案

集成测试的实施方案有很多种，如自底向上集成测试、自顶向下集成测试、Big-Bang 集成测试、三明治集成测试、核心系统先行集成测试、高频集成测试、分层集成测试、基于使用的集成测试等。以下介绍几种常见的方式。

1. 自顶向下集成测试

自顶向下集成测试方法是一个递增的组装软件结构的方法，从主控模块（主程序）开始沿控制层向下移动，把模块一一组合起来。它有以下两种方法。

第一种先深度后宽度：按照结构，用一条主控制路径将所有模块组合起来；

第二种先宽度后深度：逐层组合所有下属模块，在每一层水平地集成测试沿着移动。

组装过程分以下 5 个步骤。

步骤 1：用主控模块作为测试驱动程序，其直接下属模块用承接模块来替代。

步骤 2：根据所选择的集成测试法（先深度或先宽度），每次用实际模块替代下属的承接模块。

步骤 3：在组合每个实际模块时都要进行测试。

步骤 4：完成一组测试后再用一个实际模块替代另一个承接模块。

步骤 5：可以进行回归测试（即重新再做所有的或者部分已做过的测试），以保证不引入新的错误。

根据以上的步骤对图 4-1 所示的模块结构进行集成测试。这里采用自顶向下集成测试策略按如图 4-2 所示进行。

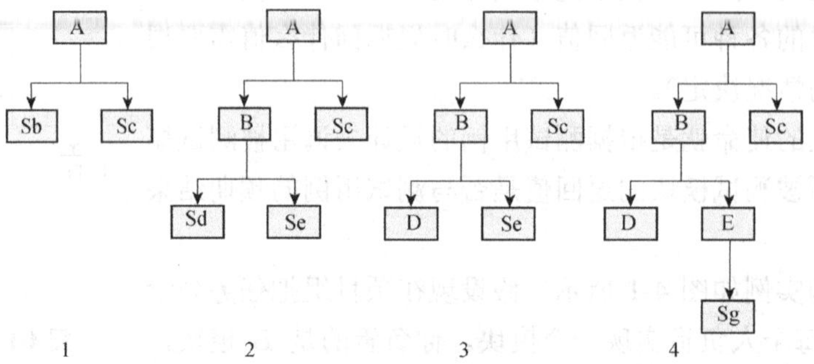

图 4-2　自顶向下集成测试策略

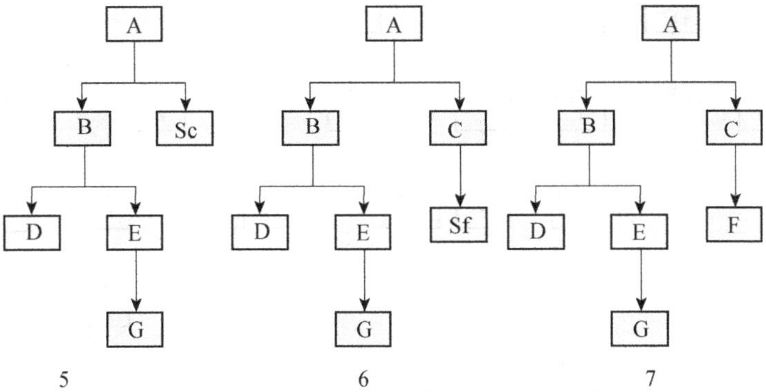

图 4-2　自顶向下集成测试策略（续）

2. 自底向上集成测试

自底向上集成（Bottom-Up Integration）测试方法是最常使用的方法。其他集成测试方法都或多或少地继承、吸收了这种集成测试方式的思想。自底向上集成测试从程序模块结构中底层的模块开始组装和测试。因为模块是自底向上进行组装的，对于一个给定层次的模块，其子模块（包括子模块的所有下属模块）事前已经完成组装并经过测试，所以不再需要编制桩模块（一种能模拟真实模块，给待测模块提供调用接口或数据的测试用软件模块）。自底向上集成测试的步骤如下。

步骤 1：按照概要设计规格说明，明确有哪些被测模块。在熟悉被测模块性质的基础上对被测模块进行分层，在同一层次上的测试可以并行进行，然后排出测试活动的先后关系，制订测试进度计划。图 4-2 给出了自底向上的集成测试过程中各测试活动的拓扑关系。利用图论的相关知识，可以排出各活动之间的时间序列关系，处于同一层次的测试活动可以同时进行，而不会相互影响。

步骤 2：在步骤 1 的基础上，按时间线序关系，将软件单元集成为模块，并测试在集成过程中出现的问题。这里，可能需要测试人员开发一些驱动模块来驱动集成活动中形成的被测模块。对于比较大的模块，可以先将其中的某几个软件单元集成为子模块，然后再集成为一个较大的模块。

步骤 3：将各软件模块集成为子系统（或分系统）。检测各自子系统是否能正常工作。同样，可能需要测试人员开发少量的驱动模块来驱动被测子系统。

步骤 4：将各子系统集成为最终用户系统，测试各分系统能否在最终用户系统中正常工作。

可以根据以上的步骤对图 4-1 所示的模块结构进行集成测试，这里采用自底向下集成测试策略按如图 4-3 所示进行。

方案点评：自底向上的集成测试方案是工程实践中最常用的测试方法，相关技术也较为成熟。其优点很明显，如管理方便、测试人员能较好地锁定软件故障所在位置。但它对于某些开发模式不适用，如使用 XP 开发方法，要求测试人员在全部软件单元实现之前完成核心软件部件的集成测试。尽管如此，自底向上集成测试方法仍不失为一个可供参考的集成测试方案。

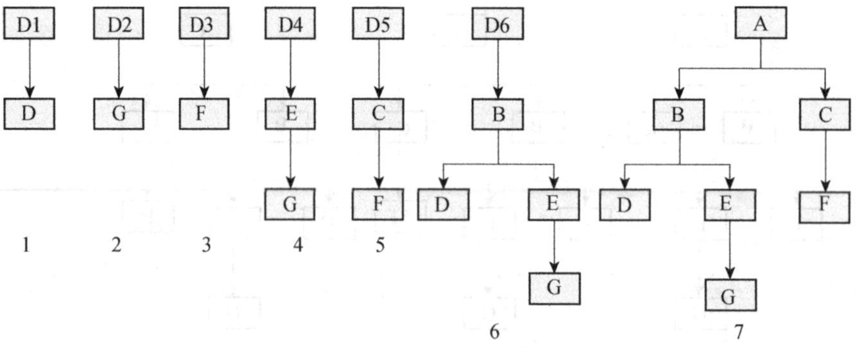

图 4-3　自底向下集成测试策略

3. 核心系统先行集成测试

核心系统先行集成测试的思想是先对核心软件部件进行集成测试，在测试通过的基础上再按各外围软件部件的重要程度逐个集成到核心系统中。每次加入一个外围软件部件都产生一个产品基线，直至最后形成稳定的软件产品。核心系统先行集成测试对应的集成过程是一个逐渐趋于闭合的螺旋形曲线，代表产品逐步定型的过程。其步骤如下。

步骤 1：对核心系统中的每个模块进行单独的、充分的测试，必要时使用驱动模块和桩模块。

步骤 2：对于核心系统中的所有模块一次性地集合到被测系统中，解决集成中出现的各类问题。在核心系统规模相对较大的情况下，也可以按照自底向上集成方式的步骤，集成核心系统的各组成模块。

步骤 3：按照各外围软件部件的重要程度以及模块间的相互制约关系，拟定外围软件部件集成到核心系统中的顺序方案。方案经评审以后，即可进行外围软件部件的集成。

步骤 4：在外围软件部件添加到核心系统以前，外围软件部件应先完成内部的模块级集成测试。

步骤 5：按顺序不断加入外围软件部件，排除外围软件部件集成中出现的问题，形成最终的用户系统。

方案点评：该集成测试方法对于快速软件开发很有效果，适合较复杂系统的集成测试，能保证一些重要的功能和服务的实现。其缺点是采用此法的系统一般应能明确区分核心软件部件和外围软件部件，核心软件部件应具有较高的耦合度，外围软件部件内部也应具有较高的耦合度，但各外围软件部件之间应具有较低的耦合度。

4. 高频集成测试

高频集成测试是指同步于软件开发过程，每隔一段时间对开发团队的现有代码进行一次集成测试。如某些自动化集成测试工具能实现每日深夜对开发团队的现有代码进行一次集成测试，然后将测试结果发到各开发人员的电子邮箱中。该集成测试方法频繁地将新代码加入到一个已经稳定的基线中，以免集成故障难以发现，同时控制可能出现的基线偏差。使用高频集成测试需要具备的条件是可以持续获得一个稳定的增量，并且该增量内部已被验证没有问题；大部分有意义的功能增加可以在一个相对稳定的时间间隔（如每个工作日）内获得；测试包和代码的开发工作必须是并行进行的，并且需要版本控制工具来保证始终维护的是测试脚本和代码的最新版本；必须借助于使用自动化工具完成。高频集成一个显著的特点就是集成次数频繁，显然，人工的方法是不胜任的。

高频集成测试一般采用如下步骤来完成。

步骤 1：选择集成测试自动化工具。如很多 Java 项目采用 Junit+Ant 方案来实现集成测试的自动化，也有一些商业集成测试工具可供选择。

步骤 2：设置版本控制工具，以确保集成测试自动化工具所获得的版本是最新版本。如使用 CVS 进行版本控制。

步骤 3：测试人员和开发人员负责编写对应程序代码的测试脚本。

步骤 4：设置自动化集成测试工具，每隔一段时间对配置管理库的新添加的代码进行自动化的集成测试，并将测试报告汇报给开发人员和测试人员。

步骤 5：测试人员监督代码开发人员及时关闭不合格项。

按照步骤 3 至步骤 5 不断循环，直至形成最终软件产品。

方案点评：该测试方案能在开发过程中及时发现代码错误，能直观地看到开发团队的有效工程进度。在此方案中，开发维护源代码与开发维护软件测试包被赋予了同等的重要性，这对有效防止错误、及时纠止错误都很有帮助。该方案的缺点在于测试包有时候可能不能暴露深层次的编码错误和图形界面错误。

以上介绍了几种常见的集成测试方案，一般来讲，在现代复杂软件项目集成测试过程中，通常采用核心系统先行集成测试和高频集成测试相结合的方式进行，自底向上集成测试方案在采用传统瀑布式开发模式的软件项目集成过程中较为常见。读者应该结合项目的实际工程环境及各测试方案适用的范围进行合理的选型。

4.1.3 集成测试的评价

与单元测试一样，集成测试也有多种测试策略可选，为了评价这些方法，需要一套标准对不同的策略进行评价。以下从 4 个方面评价集成测试策略。

1. 测试用例规模

测试用例的数量越多，则构造、执行和分析这些测试用例的工作量越大，因此，在某集成测试策略下设计的测试用例规模越小越好。

2. 驱动模块的设计

在集成测试过程中，同样可能需要设计驱动模块。驱动模块的设计属于开发之外的额外工作量，且这部分工作通常不被用户所认可，驱动模块不能提交给用户（主要为测试用），因此，希望驱动模块的数量越少越好。

3. 桩模块的设计

在集成测试过程中，有时需要设计桩模块。这些模块的设计同样属于为了测试的需要而做的工作，当然希望桩模块越少越好。

4. 缺陷定位的难易程度

设计测试用例是为了通过用例来高效地揭示被测系统中的潜在缺陷，并最终修复这些缺陷。一个好的测试用例应能很容易定位缺陷，以加快缺陷修复的速度。对集成测试而言，其主要任务是检查模块间的接口，因此，集成测试用例涉及的接口数量越少，当然就越容易定位出错误。因此，每个集成测试用例涉及的接口数量越少越好。

任务实施

分析 CVIT 系统的模块结构，再分析各模块的接口及模块之间的关系，然后构建模块层次图，最后采用合适测试策略。注意测试时要构建必要的桩模块和驱动模块。

拓展训练

被测试段代码实现的功能是：如果 a>b，则返回 a，否则返回 a/b。

被测试段代码由两个函数实现，分别是

```
---int  max(int a,int b,char *msg)
---void divide(int *a,int *b)
divide 函数实现 a/b 功能，max 函数实现其他对应功能，并进行结果输出
int  max(int a,int b,char *msg)
{
char dsp[20];            /*声明一个大小为 20 的 char 型数组*/
if(a<0 || b<0)           /*如果 a 和 b 中有一个数不是正数*/
return -1;              /*则直接返回*/
if(a>b)                  /*如果 a 大于 b,*/
;                        /*什么也不做*/
else
divide(&a,&b);
sprintf(dsp,"%s %d",msg,a);
printf(dsp);
return  a;
}
void divide(int *a,int *b)
{
(*a)=(*a)/(*b);
return;
}
```

集成结构如图 4-4 所示。

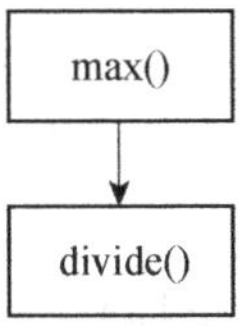

图 4-4 集成结构

请尝试编写该段集成测试的测试用例。

任务 4.2 设计集成测试用例

任务陈述

单元测试是在软件开发过程中进行的最低级别的测试活动。在单元测试活动中，软件的独立单元将与程序的其他部分相隔离的情况下进行测试，测试重点是系统的模块，包括子程序的正确性验证等。集成测试，也叫组装测试或联合测试。在单元测试的基础上，将所有模块按照设计要求，组装成为子系统或系统，进行集成测试。实践表明，一些模块虽然能够单独地工作，但并不能保证连接起来也能正常工作。程序在某些局部反映不出来的问题，在全局上很可能暴露出来，影响功能的实现。

本任务以 CVIT 系统整体框架为测试对象，分析系统的模块结构，展开集成测试。因此，首先要考虑集成测试的测试基本思路和测试策略。

学习目标

- 理解单元测试与集成测试的区别
- 熟悉集成测试的步骤
- 学会利用大爆炸集成测试策略开发测试用例
- 掌握集成测试的基本思路
- 熟悉集成测试设计测试用例的步骤
- 熟悉集成测试的测试标准

知识准备

测试之前首先考虑测试需求和测试策略以及如何进行测试。

4.2.1 集成测试基本思路

集成测试用例的设计可以从以下几方面考虑。

（1）口模块的消息接口（对于每类消息的每个具体消息，都应设计测试用例；对于消息结构中每个数据成员的各种合法取值情况都应设计测试用例；对于消息结构中每个数据成员的非法取值情况也应设计测试用例；模拟各种消息丢失、超时到达、不期望的消息情况）。

（2）程模块的功能流程（根据概要设计文档描述中所确定的模块应该完成的功能，每个功能描述都应设计测试用例；需要多个模块以及它们之间接口共同完成的功能，需要设计测试用例）。

（3）表模块所使用的数据表（对于全局数据表、重要数据表中数据的修改操作；数据项的增加、删除操作；数据表增加满；数据表删除空；数据表项频繁地增加、删除）。

（4）数模块需要调用到的桩函数（对于无返回值或者返回值对被测试模块没有作用的桩，主要检查传给桩的参数是否正确、合理，一个用例就够了；对于返回值对被测试模块产生影响的桩，则对每一个或者每一类返回值都应设计相应的测试用例）。

（5）模块对外提供的函数接口（一般来说，模块对外提供的函数接口都需要完成一个完整的子功能，因此，测试用例首先验证该接口能否正确完成该功能以及函数接口各个输入非法值的情况，接口函数应该对所有的输入参数的合法性进行检查；函数接口各个参数的边界值测试；函数接口各个参数的合法和非法输入组合测试）。

（6）模块的处理性能（对于处理速度有要求的模块，应测试其处理速度是否能达到规格要求；对于模块在大负荷，如大呼叫量、大流量等情况下的处理能力，应设计测试用例进行验证）。

4.2.2 设计集成测试用例

1. 设计测试用例步骤

（1）确定测试层次和范围。

（2）确定测试策略。

（3）根据测试策略确定测试子项。

（4）针对测试子项设计测试用例。

2. 集成测试标准

（1）功能正确性。

（2）消息流程是否正确。

（3）来往消息中的数据项、参数是否正确。

（4）消息异常、错误、超时等是否能正常处理。

（5）各个模块的状态迁移以及相关数据结构的正确性。

（6）资源占用和释放情况，在运行过程中，资源的占用和释放是否正常。

（7）全局数据的正确性，如全局变量、全局数组、全局数据表。

（8）桩函数参数。

（9）函数调用的顺序。

4.2.3 集成测试用例举例

以 counter 软件为例，考虑 6 个模块间集成测试（不考虑界面模块和结果输出模块），采用大爆炸集成测试策略，测试子项为 6 个模块间集成，其接口分析模块间集成如图 4-5 所示。

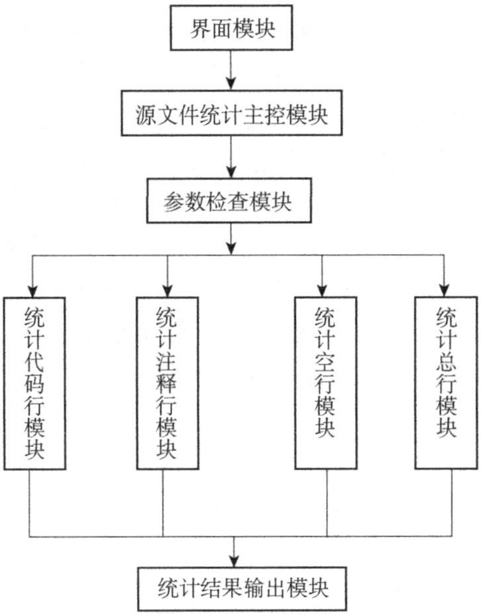

图 4-5 模块间集成示例

输入：数据从源文件统计主控输入，对应主控模块的输入。

输出：数据从源文件统计主控模块出来，对应主控模块的输出。

查看主控模块发现，主控模块只有一个函数 MainStatFun，其输入为：g_iBlankLineFlag 统计空行标志位；g_iCommLineFlag 统计注释行标志位；g_iCodeLineFlag 统计代码行标志位；g_iTotalLineFlag 统计总行标志位；g_szStatFileName 被统计文件的全路径名。其输出为：g_iBlankLineNum 统计得到的空行数；g_iCodeLineNum 统计得到的代码行数；g_iCommLineNum 统计得到的注释行数；g_iTotalLineNum 统计得到的总行数。

因此，接口分析结果如表 4-1 所示。

表 4-1 接口分析结果

类型	接口	分析结果
外部接口	外部输入	1. g_iBlankLineFlag 2. g_iCommLineFlag 3. g_iCodeLineFlag 4. g_iTotalLineFlag 5. g_szStatFileName
	内部输出	1. g_iBlankLineNum 2. g_iCodeLineNum 3. g_iCommLineNum 4. g_iTotalLineNum
内部接口（内部输入）		1. 参数检查模块接口 2. 统计空行模块接口 3. 统计代码行模块接口 4. 统计注释行模块接口 5. 统计总行模块接口

也就是说要做这 6 个模块间的集成测试，就是外部输入 5 个全局变量，从对外输出的 4 个全局变量以及 5 个内部接口来进行观察。当然观察点也可以减少一些，比如不检查所有的内部接口。如果单元测试做得很充分，内部接口甚至可以不用观察。

以 counter 软件为例，集成后包含功能如表 4-2 所示。

（1）参数检查功能：首先需要覆盖外部输入划分出来的统计标志位 STAT、NOT_STAT 以及文件的合法和不合法；接着看前面选取的数据有没有覆盖到输出域的 −1 和非−1、RET_OK 和 RET_FALSE，如果已经覆盖那么不需要再补充测试数据。

（2）统计代码行功能：首先从外部输入角度考虑对 g_iCodeLineFlag 的 STAT 和 NOT_STAT 进行覆盖；接着看前面选取的数据有没有覆盖到输出域的−1、0 和极大值，如没有完全覆盖，补充测试数据。

（3）统计注释行功能：类似于统计代码行功能。

（4）统计空行功能：类似于统计代码行功能。

（5）统计总行功能：类似于统计代码行功能。

（6）组合统计：可以同时进行所有统计，也可以使用正交分析法来考虑组合。

表 4-2　集成后包含功能

<table>
<tr><th>集成后功能</th><th colspan="2">角度</th><th colspan="2">具体参数</th><th>分析</th></tr>
<tr><td rowspan="14">参数检查功能</td><td colspan="2" rowspan="5">外部输入</td><td colspan="2">g_iBlankLineFlag</td><td>STAT NOT_STAT</td></tr>
<tr><td colspan="2">g_iCommLineFlag</td><td>STAT NOT_STAT</td></tr>
<tr><td colspan="2">g_iCodeLineFlag</td><td>STAT NOT_STAT</td></tr>
<tr><td colspan="2">g_iTotalLineFlag</td><td>STAT NOT_STAT</td></tr>
<tr><td colspan="2">g_szStatFileName</td><td>合法不合法</td></tr>
<tr><td rowspan="9">输出域覆盖</td><td rowspan="4">对外输出</td><td colspan="2">g_iBlankLineNum</td><td>−1 非−1</td></tr>
<tr><td colspan="2">g_iCodeLineNum</td><td>−1 非−1</td></tr>
<tr><td colspan="2">g_iCommLineNum</td><td>−1 非−1</td></tr>
<tr><td colspan="2">g_iTotalLineNum</td><td>−1 非−1</td></tr>
<tr><td rowspan="5">外部接口</td><td>参数检查模块接口</td><td>输入
返回值</td><td>前面已经覆盖
RET_OK
RET_FALSE</td></tr>
<tr><td colspan="2">统计空行模块接口</td><td>可以不观察</td></tr>
<tr><td colspan="2">统计代码行模块接口</td><td>可以不观察</td></tr>
<tr><td colspan="2">统计注释行模块接口</td><td>可以不观察</td></tr>
<tr><td colspan="2">统计总行模块接口</td><td>可以不观察</td></tr>
<tr><td rowspan="5">统计代码行功能</td><td colspan="2" rowspan="5">外部输入</td><td colspan="2">g_iBlankLineFlag</td><td>NOT_STAT</td></tr>
<tr><td colspan="2">g_iCommLineFlag</td><td>NOT_STAT</td></tr>
<tr><td colspan="2">g_iCodeLineFlag</td><td>STAT NOT_STAT</td></tr>
<tr><td colspan="2">g_iTotalLineFlag</td><td>NOT_STAT</td></tr>
<tr><td colspan="2">g_szStatFileName</td><td>合法</td></tr>
</table>

续表

集成后功能	角度		具体参数		分析
统计代码行功能	输出域覆盖	对外输出	g_iBlankLineNum		−1
			g_iCodeLineNum		−1，0，极大值
			g_iCommLineNum		−1
			g_iTotalLineNum		−1
		外部接口	参数检查模块接口		可以不观察
			统计空行模块接口		可以不观察
			统计代码行模块接口	输入	前面已经覆盖
				输出 g_iCodeLineNum	考虑对外输出中已经覆盖
			统计注释行模块接口		可以不观察
			统计总行模块接口		可以不观察
组合统计	外部输入		g_iBlankLineFlag		STAT NOT_STAT
			g_iCommLineFlag		STAT NOT_STAT
			g_iCodeLineFlag		STAT NOT_STAT
			g_iTotalLineFlag		STAT NOT_STAT
			g_szStatFileName		合法
	输出域覆盖	对外输出	g_iBlankLineNum		具体行数
			g_iCodeLineNum		具体行数
			g_iCommLineNum		具体行数
			g_iTotalLineNum		具体行数
		外部接口	参数检查模块接口		可以不观察
			统计代码行模块接口	输入	前面已经覆盖
				输出 g_iBlankLineNum	考虑对外输出中已经覆盖
			统计代码行模块接口	输入	前面已经覆盖
				输出 g_iCodeLineNum	考虑对外输出中已经覆盖
			统计注释行模块接口	输入	前面已经覆盖
				输出 g_iCommLineNum	考虑对外输出中已经覆盖
			统计总行模块接口	输入	前面已经覆盖
				输出 g_iTotalLineNum	考虑对外输出中已经覆盖

大爆炸集成用例如表 4-3～表 4-5 所示。

表 4-3　大爆炸集成测试用例 1

测试用例编号	COUNTER-IT-Level1-001
测试项目	测试主控等 6 个模块的集成
测试标题	参数合法，只统计代码行，测试参数检查功能
测试策略	大爆炸集成（正向）
重要级别	高
预置条件	创建文件 D：\Counter_IT_Testcase\Case2.c，文件内容如下： int a = 0；/*sldkfj*/ /*sldkfj*/int a = 0； /*sldkfj*/int a = 0；/*sldkfj*/
输入	参数 1：g_bStatBlankLineFlag ＝ NOT_STAT； 参数 2：g_bStatCodeLineFlag = STAT； 参数 3：g_bStatCommLineFlag = NOT_STAT； 参数 4：g_bStatTotalLineFlag = NOT_STAT； 参数 5：g_szStatFileName = “D：\Counter_IT_Testcase\Case2.c”；
执行步骤	
预期输出	g_iBlankLineNum=0 g_iCodeLineNum=3 g_iCommLineNum=0 g_iTotalLineNum=0

表 4-4　大爆炸集成测试用例 2

测试用例编号	COUNTER-IT-Level1-001
测试项目	测试主控等 6 个模块的集成
测试标题	参数合法，只统计代码行，测试参数检查功能
测试策略	大爆炸集成（正向）
重要级别	高
预置条件	创建文件 D：\Counter_IT_Testcase\Case2.c，文件内容如下： int a = 0；/*sldkfj*/ /*sldkfj*/int a = 0； /*sldkfj*/int a = 0；/*sldkfj*/
输入	参数 1：g_bStatBlankLineFlag ＝ NOT_STAT； 参数 2：g_bStatCodeLineFlag = STAT； 参数 3：g_bStatCommLineFlag = NOT_STAT； 参数 4：g_bStatTotalLineFlag = NOT_STAT； 参数 5：g_szStatFileName = “D：\Counter_IT_Testcase\Case2.c”；
执行步骤	
预期输出	g_iBlankLineNum=0 g_iCodeLineNum=3 g_iCommLineNum=0 g_iTotalLineNum=0

表 4-5　大爆炸集成测试用例 3

测试用例编号	COUNTER-IT-Level1-001
测试项目	测试主控等 6 个模块的集成
测试标题	文件不存在，只统计代码行，测试参数检查功能
测试策略	大爆炸集成（反向）
重要级别	高
预置条件	D：\Counter_IT_Testcase 目录下不存在 Case2.c 文件
输入	参数 1：g_bStatBlankLineFlag ＝ NOT_STAT； 参数 2：g_bStatCodeLineFlag = STAT； 参数 3：g_bStatCommLineFlag = NOT_STAT； 参数 4：g_bStatTotalLineFlag = NOT_STAT； 参数 5：g_szStatFileName = “D：\Counter_IT_Testcase\Case2.c”；
执行步骤	
预期输出	g_iBlankLineNum=0 g_iCodeLineNum=0 g_iCommLineNum=0 g_iTotalLineNum=0

自顶向下集成测试用例如表 4-6 和表 4-7 所示。

表 4-6　自顶向下集成测试用例 1

测试用例编号	COUNTER-IT-Level1-001
测试项目	测试主控等 6 个模块的集成
测试标题	参数合法，只统计代码行，测试参数检查模块接口（主控模块+参数检查模块）
测试策略	自顶向下（正向）
重要级别	高
预置条件	创建文件 D：\Counter_IT_Testcase\Case1.c，文件内容如下： int a = 0；/*sldkfj*/ /*sldkfj*/int a = 0； /*sldkfj*/int a = 0；/*sldkfj*/
输入	参数 1：g_bStatBlankLineFlag=NOT_STAT； 参数 2：g_bStatCodeLineFlag=STAT； 参数 3：g_bStatCommLineFlag=NOT_STAT； 参数 4：g_bStatTotalLineFlag=NOT_STAT； 参数 5：g_szStatFileName = “D：\Counter_IT_Testcase\Case1.c”；
执行步骤	
预期输出	返回 RET_OK

表 4-7 自顶向下集成测试用例 2

测试用例编号	COUNTER-IT-Level1-001
测试项目	测试主控等 6 个模块的集成
测试标题	参数不合法（不统计代码行、注释行、空行、总行），测试参数检查模块接口
测试策略	自顶向下（反向）
重要级别	高
预置条件	创建文件 D：\Counter_IT_Testcase\Case21.c，文件内容如下： int a = 0；/*sldkfj*/ /*sldkfj*/int a = 0； /*sldkfj*/int a = 0；/*sldkfj*/
输入	参数 1：g_bStatBlankLineFlag = NOT_STAT； 参数 2：g_bStatCodeLineFlag = NOT_STAT； 参数 3：g_bStatCommLineFlag = NOT_STAT； 参数 4：g_bStatTotalLineFlag = NOT_STAT； 参数 5：g_szStatFileName = “D：\Counter_IT_Testcase\Case21.c”；
执行步骤	
预期输出	返回 RET_FAIL

基于功能集成测试用例如表 4-8 所示。

表 4-8 基于功能集成测试用例

测试用例编号	COUNTER-IT-Level1-001
测试项目	测试空行模块功能的集成
测试标题	参数合法，空文件，只统计空行，统计空行模块接口
测试策略	基于功能（反向）
重要级别	高
预置条件	创建文件 D：\Counter_IT_Testcase\Case23.c，文件内容为空
输入	参数 1：g_bStatBlankLineFlag = STAT； 参数 2：g_bStatCodeLineFlag = NOT_STAT； 参数 3：g_bStatCommLineFlag = NOT_STAT； 参数 4：g_bStatTotalLineFlag = NOT_STAT； 参数 5：g_szStatFileName = “D：\Counter_IT_Testcase\Case23.c”；
执行步骤	
预期输出	g_iBlankLineNum=0

输出域覆盖测试用例如表 4-9 和表 4-10 所示。

表 4-9 输出域覆盖测试用例 1

测试用例编号	COUNTER-IT-Level1-001
测试项目	测试主控等 6 个模块的集成
测试标题	文件被独占，文件大小为 2MB，只统计代码行，测试参数检查模块接口
测试策略	自顶向下（输出域覆盖）
重要级别	高
预置条件	创建文件 D：\Counter_IT_Testcase\Case11.c，文件大小为 2MB
输入	参数 1：g_bStatBlankLineFlag = NOT_STAT； 参数 2：g_bStatCodeLineFlag = STAT； 参数 3：g_bStatCommLineFlag = NOT_STAT； 参数 4：g_bStatTotalLineFlag = NOT_STAT； 参数 5：g_szStatFileName = “D：\Counter_IT_Testcase\Case11.c”；
执行步骤	
预期输出	返回 RET_FAIL

表 4-10 输出域覆盖测试用例 2

测试用例编号	COUNTER-IT-Level1-001
测试项目	测试主控等 6 个模块的集成
测试标题	统计代码行、空行、注释行、总行，但文件中只有代码行，测试参数检查功能
测试策略	大爆炸（输出域覆盖）
重要级别	高
预置条件	创建文件 D：\Counter_IT_Testcase\Case2.c，文件内容如下： int a = 0； int b = 0； int c = 0；
输入	参数 1：g_bStatBlankLineFlag = STAT； 参数 2：g_bStatCodeLineFlag = STAT； 参数 3：g_bStatCommLineFlag = STAT； 参数 4：g_bStatTotalLineFlag = STAT； 参数 5：g_szStatFileName = “D：\Counter_IT_Testcase\Case2.c”；
执行步骤	
预期输出	g_iBlankLineNum=0 g_iCodeLineNum=3 g_iCommLineNum=0 g_iTotalLineNum=3

任务实施

考虑系统的框架结构以及系统中模块之间的关系，关键要考虑系统本身的业务流程，依据业务流程，考察系统模块之间的数据接口的联系，展开测试工作并设计测试用例。

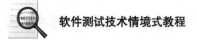

拓展训练

以 CVIT 系统中的新闻审核模块为中心展开业务相关联的模块集成，采用自顶向下策略，集成关联的所有模块，设计测试用例。

学习情境 5　实施 CVIT 系统的自动化测试

知识目标

- 理解自动化测试的概念
- 熟悉 QTP 的安装和配置
- 掌握脚本的制作
- 熟悉检查点的概念
- 熟悉数据驱动测试的原理
- 熟悉关键字驱动测试的原理

能力目标

- 能运用 QTP 进行功能点的脚本录制
- 能进行关键字驱动测试的脚本编辑

引例描述

自动化测试是把以人为驱动的测试行为转化为机器执行的一种过程，是把需要重复执行的测试步骤描写成测试脚本，让机器去重复执行，从而提高测试效率的测试方式。通常，在设计了测试用例并通过评审之后，由测试人员根据测试用例中描述的规程一步一步地执行测试，最后将得到的实际结果与期望结果做比较。在此过程中，为了节省人力、时间或硬件资源，提高测试效率，人们便引入了自动化测试的概念。

任务 5.1　自动化测试入门

任务陈述

软件自动化测试是软件测试的发展方向。软件测试的一个显著特点是重复性，重复测试容易让人产生厌烦心理，也使得工作量倍增，因此用工具解决重复的问题可极大地提高工作效率。

传统的手工测试既耗时又单调，需要投入大量的人力资源。由于时间限制，经常导致无法在应用程序发布前彻底地手动测试所有功能，这就有可能未检测到应用程序中存在的严重错误。而自动化测试，可以极大地加快测试流程，从而解决未检测到的问题。通过创建用于检查软件所有方面的测试，然后在每次软件代码更改时运行这些测试工具，可以大大缩短软件的测试周期。

同时，手工测试还存在精确性的问题，尤其是面对大量的数据需要检查时，人工测试数值比较和搜索不仅存在效率问题，还容易出错，覆盖面偏低。手工测试存在效率问题，在软件产品的研发后期阶段尤其明显，因为随着产品的日趋完善，功能日渐增多，需要测试和检查的内容越来越多，很容易遗漏，加之产品发布日期临近，人工重复进行回归测试难度加大，很难在短时间内完成软件的测试覆盖。由于自动化测试把测试人员从简单重复的机械劳动中解放出来，去承担测试工具无法替代的测试任务，也可以大大节省人力资源，从而降低测试成本。

本节任务在 CVIT 成功运行基础之上，展开系统的自动化测试，学会在系统上录制脚本，并运行脚本，分析结果等。

学习目标

- 掌握自动化测试概念
- 熟悉自动化测试的方案
- 熟悉自动化测试的一般要求
- 学会 QTP 的设置
- 熟悉 QTP 的文件属性

知识准备

自动化测试可以提高测试质量，如在性能测试领域，可以进行负载压力测试、大数据量测试等；由于测试工具可以精确重现测试步骤和顺序，从而提高了缺陷的可重现率；另外，利用测试工具的自动执行，也可提高测试的覆盖率。

当然，自动化测试也存在一定的局限性。自动化测试借助于计算机的计算能力，可以重复地、精确地进行测试，但因为测试工具缺乏思维能力，因此在以下方面，其永远无法取代手工测试：

微课：自动化测试入门

- 测试用例的设计；
- 界面和用户体验的测试；
- 正确性检查。

但是，自动化测试又具有很强的优势，能借助计算机的计算能力，可以重复地、不知疲倦地运行；对于数据，能进行精确的、大批量的比较，而且不会出错。

因此，自动化测试适宜用在需要执行机械化的界面操作、计算、数值比较、搜索等方面。我们应该充分利用自动化测试工具的高效率帮助测试人员完成一些基本的测试用例的执行，从而实现更加快速的回归测试，并且提高测试的覆盖面。目前，在实际工作中，仍然以手工测试为主，自动化测试为辅。

5.1.1　如何开展自动化测试

1. 自动化测试的适用条件

（1）软件需求变动不频繁

测试脚本的稳定性决定了自动化测试的维护成本。如果软件需求变动过于频繁，测试人员需要根据变动的需求更新测试用例以及相关的测试脚本，而脚本的维护本身就是一个代码开发的过程，需要修改、调试，必要时还要修改自动化测试的框架，如果所花费的成本不低于利用其节省的测试成本，那么自动化测试便是失败的。如果项目中的某些模块相对稳定，而某些模块需求变化性很大，便可对相对稳定的模块进行自动化测试，而模块变化较大的仍要进行手工测试。

（2）项目开发周期长

自动化测试需求的稳定、自动化测试框架的设计、测试脚本的编写与调试均需要相当长的时间才能完成。如果项目的周期比较短，没有足够的时间去支持这样的一个过程，那么自动化测试也是失败的。

（3）自动化测试脚本可重复使用

如果费尽心思开发一套近乎完美的自动化测试的脚本，但脚本的重复使用率很低，致使其所耗费的成本大于其创造的经济价值，自动化测试便成为测试人员的练手之作，而并非是真正可产生效益的测试手段。

另外，在手工测试无法完成、需要投入大量时间与人力时也需要考虑引入自动化测试，比如性能测试、配置测试、大数据量输入测试等。

2. 自动化测试方案的选择

在企业的内部通常存在许多不同种类的应用平台，应用开发技术也不尽相同，甚至在一个应用中可能就跨越了多种平台，或同一应用的不同版本之间存在技术差异。所以选择软件测试自动化方案必须深刻理解这一选择可能带来的变动、来自诸多方面的风险和成本开销。企业用户在进行软件测试自动化方案选型时，应参考的原则有以下几种：

①选择尽可能少的自动化产品覆盖尽可能多的平台，以降低产品投资和团队的学习成本。

②测试流程管理自动化通常应该优先考虑，以满足为企业测试团队提供流程管理支持的需求。

③在投资有限的情况下，性能测试自动化产品将优先于功能测试自动化产品被考虑。

④在考虑产品性价比的同时，应充分关注产品的支持服务和售后服务的完善性。

⑤尽量选择趋于主流的产品，以便通过行业间交流甚至网络等方式获得更为广泛的经验和支持。

⑥应对测试自动化方案的可扩展性提出要求，以满足企业不断发展的技术和业务需求。

3. 自动化测试的具体要求

（1）介入的时机

过早进行自动化测试会带来维护成本的增加，因为早期的系统界面一般不够稳定，此时可以根据界面原型提供的控件尝试工具的适用性。界面确定后，再根据所选择的工具进行自动化测试。

（2）对自动化测试工程师的要求

自动化测试工程师必须具备一定的工具使用基础、自动化测试脚本的开发基础知识，还要了解各种测试脚本的编写和设计。

在实际应用中，首先进行工具的选型，根据分析系统的实际情况确定选用范围，再对选定范围内的测试工具进行试用，然后对测试人员进行培训，指定相应的测试工具使用策略，最终把工具融入到测试工作中。本节介绍当前比较流行的自动化测试工具 QTP。

微课：QTP 介绍

QTP 支持在广泛的操作系统平台和测试环境下安装，并且仅需很少的设置即可开始使用。本节简要介绍 QTP 10 的安装设置过程，并介绍如何开始编写一个最简单的 QTP 测试脚本。

5.1.2 QTP 10 的安装

在获取 QTP 的安装程序后，即可进行 QTP 的安装过程。对于初学者和希望了解 QTP 产品特性的测试人员，可以从 HP 网站下载试用版：

https：//h10078.www1.hp.com/cda/hpms/display/main/hpms_content.jsp?zn=bto&cp=1-11-127-24^1352_4000_100_

HP 提供 14 天的 QTP 试用版本，包括 QTP 的所有功能。但需注意下载之前请注册 HP 的 Passport。

1. 安装要求

安装 QTP 10 需要满足一定的硬件要求，要求如下。

CPU：奔腾 3 以上处理器，推荐使用奔腾 4 以上处理器。

内存：最少 512 MB，推荐使用 1 GB 以上内存。

显卡：4 MB 以上内存的显卡，推荐使用 8 MB 以上内存的显卡。

2. QTP 10 支持的环境和程序

QTP 10 支持以下测试环境：

①操作系统。支持 Windows 2000、Windows XP、Windows Server 2003、Windows Vista、Windows Server 2008。

②支持在虚拟机 VMWare 5.5、Citrix MetaFrame Presentation Server 4.0 中运行。

③浏览器。支持 IE 6.0 SP1；IE 7.0；IE8.0 Beta2；Mozilla FireFox 1.5、2.0、3.0；Netscape 8.x。

QTP 10 默认支持对以下类型的应用程序进行自动化测试：

- 标准 Windows 应用程序，包括基于 Win32 API 和 MFC 的应用程序。
- Web 页面。
- ActiveX 控件。
- Visual Basic 应用程序。

QTP 10 在加载额外插件的情况下，支持对以下类型的应用程序进行自动化测试：

- Delphi 应用程序。
- Java 应用程序。
- .NET 应用程序，包括.NET Windows Form、.NET Web Form、WPF。

- Oracle 应用程序。
- PeopleSoft 应用程序。
- PowerBuilder 应用程序。
- SAP 应用程序。
- Siebel 应用程序。
- Stingray 应用程序。
- 终端仿真程序（Terminal Emulators）。
- VisualAge 应用程序。
- Web 服务（Web Services）。

5.1.3　安装步骤

下面以 Windows XP 为例介绍如何安装 QTP 10。在获取到 QTP 10 的安装包后，即可运行安装包进行安装，启动安装如图 5-1 所示。

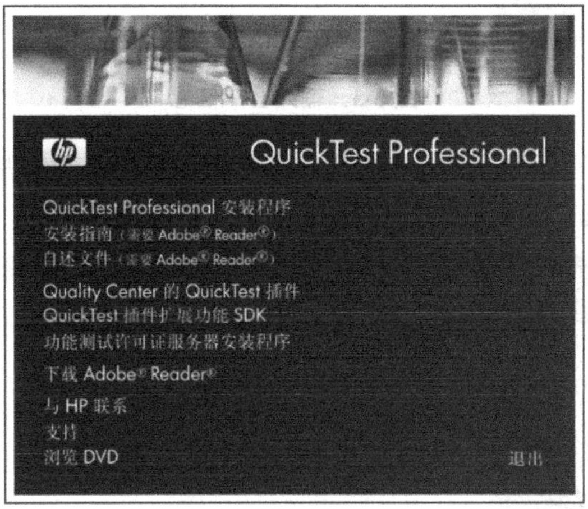

图 5-1　启动安装

单击“QuickTest Professional 安装程序”，再单击“下一步”按钮，出现许可协议如图 5-2 所示的界面。

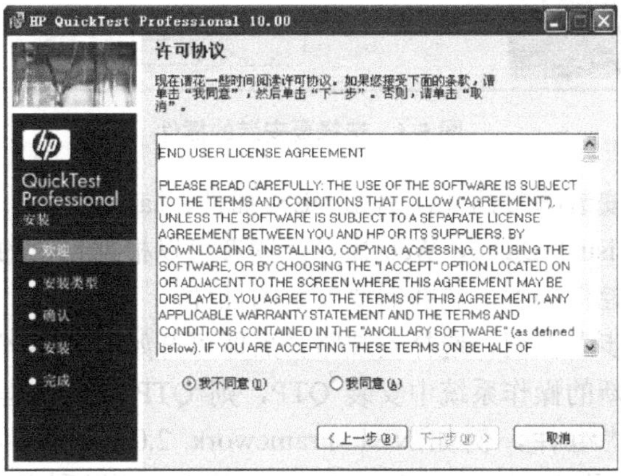

图 5-2　许可协议

在这个界面中选择“我同意”，即接受许可证协议中的条款，然后单击“下一步”按钮，出现输入客户信息如图 5-3 所示的界面。

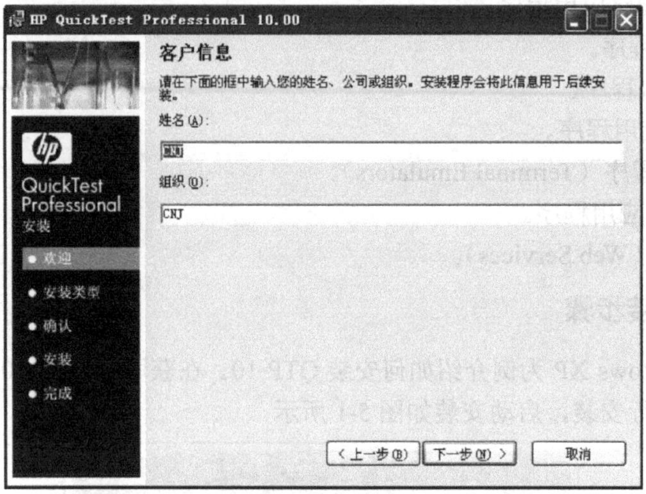

图 5-3 输入客户信息

在界面中输入客户信息，例如“姓名”“组织”等信息后，单击“下一步”按钮，出现如图 5-4 所示的选择要安装的插件界面。

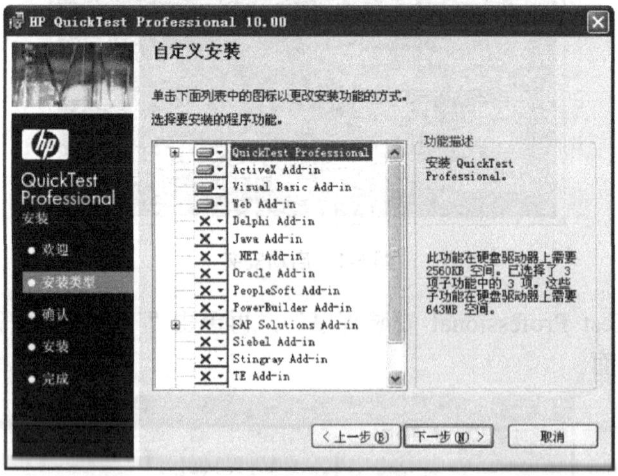

图 5-4 选择要安装的插件

在这里可以选择安装哪些插件，例如.NET 插件、Java 插件、Delphi 插件等，系统默认安装 ActiveX、Visual Basic、Web 插件，读者可以根据自己的测试项目中应用程序所采用的开发语言和控件类型，选择需要安装的插件。

然后单击“下一步”按钮，选择安装路径后即可开始 QTP 文件的安装。

如果是在一个全新的操作系统中安装 QTP，则 QTP 的安装程序会检测系统是否已经安装了必备的一些组件，例如.NET Framework 2.0、Microsoft Visual C++ 2005 Redistributable 等。按照提示把必备组件都逐个安装后即可顺利安装 QTP。

5.1.4　QTP 的设置

安装结束后会弹出如图 5-5 所示其他安装要求的配置界面。

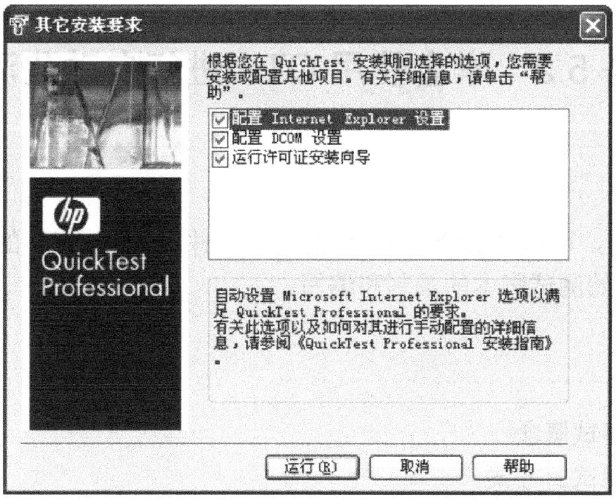

图 5-5　其他安装要求的配置

“配置 Internet Explorer 设置”，主要是在 IE 浏览器中添加插件以支持 QTP 在浏览器中录制和回放脚本。另外，“配置 DCOM 设置”会自动进行。这两步都配置完后将弹出如图 5-6 所示的许可证配置界面。

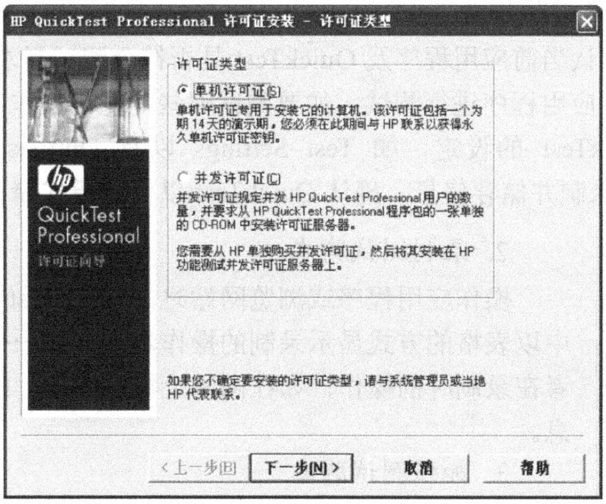

图 5-6　许可证配置

根据许可证类型选择并输入许可证号即可完成配置。

任务实施

搭建 CVIT 性能测试环境，安装和调试 QTP，录制新闻浏览模块的点击新闻操作，查看新闻点击率排行榜变化。

拓展训练

尝试对新闻发布模块进行脚本录制，展开自动化测试。

任务 5.2 学会使用 QTP 进行自动化测试

任务陈述

安装完 QTP 后，可以简要浏览 QTP 的自述文件，了解 QTP 的各项产品特性，或者直接启动 QTP 开始测试脚本的录制和编写。

学习目标

- 掌握自动化测试概念
- 熟悉自动化测试的方案
- 熟悉自动化测试的一般要求

知识准备

5.2.1 QTP 自动化测试工作流程

1. 录制测试脚本前的准备

在测试前需要确认当前应用程序及 QuickTest 是否符合测试需求。

是否知道如何对应用程序进行测试，如要测试哪些功能、操作步骤、预期结果等。同时也要检查 QuickTest 的设定，如 Test Settings 以及 Options 对话窗口，以确保 QuickTest 能正确地录制并储存信息。确认 QuickTest 以何种模式储存信息。

微课：录制脚本

2. 录制测试脚本

操作应用程序或浏览网站时，QuickTest 能在 Keyword View 中以表格的方式显示录制的操作步骤。每一个操作步骤都是使用者在录制时的操作，如在网站上单击链接，或在文本框中输入信息。

3. 加强测试脚本

在测试脚本中加入检查点，检查网页的链接、对象属性或者字符串，以验证应用程序的功能是否正确。

将录制的固定值以参数取代，使用多组数据测试程序。使用逻辑或者条件判断式，可以进行更复杂的测试。

4. 对测试脚本进行调试

修改测试脚本后，需要对测试脚本做调试，以确保测试脚本能正常并且流畅地执行。

5. 在新版应用程序或者网站上执行测试脚本

通过执行测试脚本，QuickTest 能在新版的网站或者应用程序上执行测试，检查应用程序的功能是否正确。

6. 分析测试结果

分析测试结果，找出问题所在。

7. 测试报告

如果安装了 TestDirector（Quality Center），则可以将发现的问题回报到 TestDirector（Quality Center）数据库中。TestDirector（Quality Center）是 Mercury 测试管理工具。

5.2.2　QTP 界面介绍

在学习创建测试之前，先了解 QTP 的主界面。如图 5-7 所示的是录制了一个操作后 QuickTest 的界面。

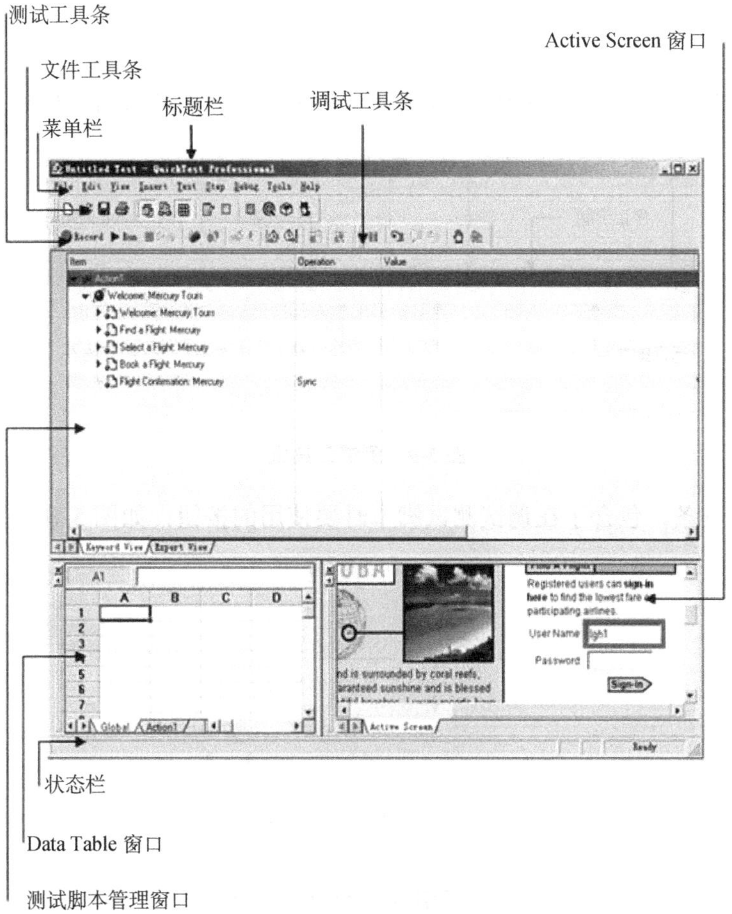

图 5-7　操作后 QuickTest 的界面

QTP 界面包含标题栏、菜单栏、文件工具条等几个界面元素，以下简单解释各界面元素的功能：

①标题栏，显示当前打开的测试脚本的名称。

②菜单栏，包含 QuickTest 的所有菜单命令项。

③文件工具条，如图 5-8 所示，该工具条中包含了新建、保存、打开、打印等按钮。

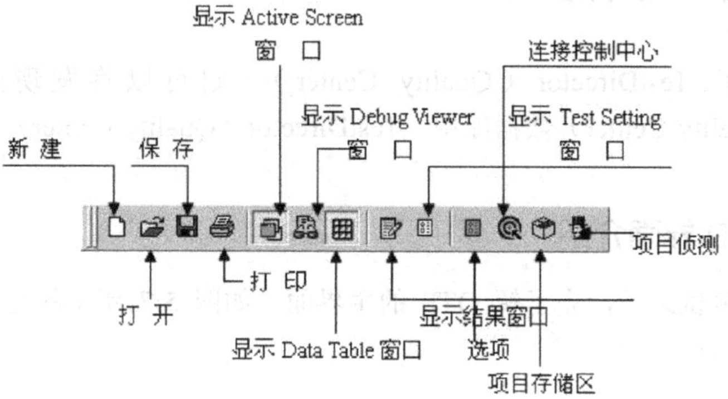

图 5-8　文件工具条示意图

④测试工具条，包含了在创建、管理测试脚本时要使用的按钮，如图 5-9 所示。

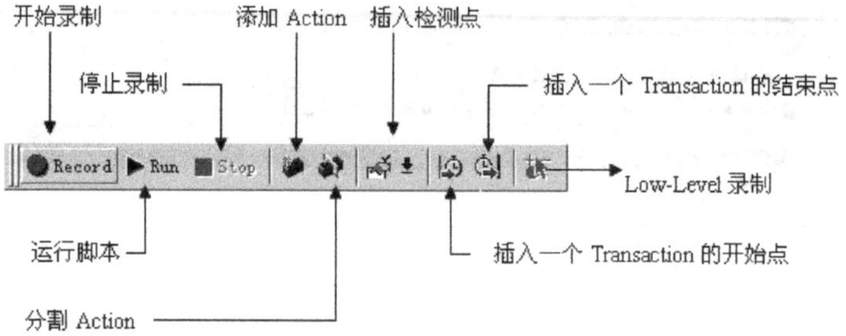

图 5-9　测试工具条

⑤调试工具条，包含了在调试测试脚本时要使用的按钮，如图 5-10 所示。

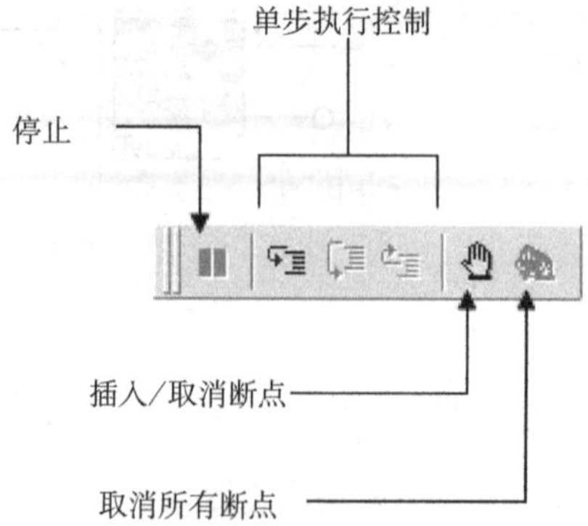

图 5-10　调试工具条

⑥测试脚本管理窗口，提供两个可切换的窗口，分别通过图形化方式和 VBScript 脚本方式来管理测试脚本。

⑦Data Table 窗口，用于将测试参数化。

⑧状态栏，显示测试过程中的状态。

5.2.3　QTP 自带的样例程序

QTP 在安装时会把一个样例安装到计算机上，可以通过选择“开始”→“所有程序”→“QuickTest Professional”→“Sample Applications”来查看和打开样例程序。

样例包括一个 Windows 程序和一个 Web 程序。Windows 程序名为“Flight”，是一个机票预订系统，“Flight”程序的主界面如图 5-11 所示。

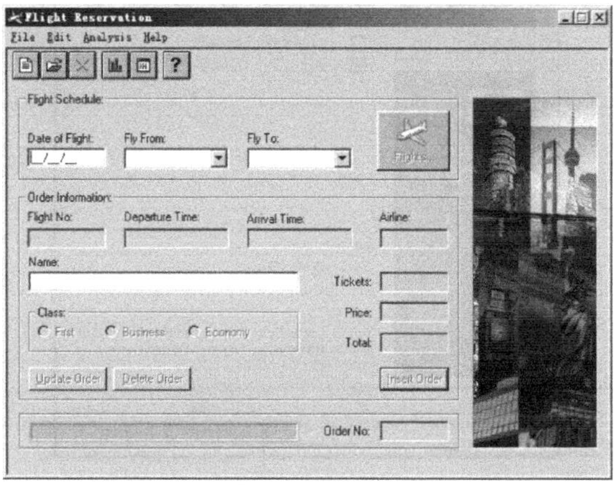

图 5-11　“Flight”程序的主界面

Web 应用程序名为“Mercury Tours Web Site”，是一个连接到 URL 为“http://newtours.demoaut.com/”的网站，且基于 Web 的机票预订系统，“Mercury Tours Web Site”的界面如图 5-12 所示。

图 5-12　“Mercury Tours Web Site”的界面

5.2.4 使用 QTP

安装好 QTP 后，通过选择菜单“开始”→“所有程序”→“QuickTest Professional”→“QuickTest Professional”来启动 QTP。

1. 插件加载设置与管理

启动 QTP，将显示如图 5-13 所示的插件管理界面。

图 5-13 插件管理界面

QTP 默认支持 ActiveX、Visual Basic 和 Web 插件，且 License 类型为“Built-In”。如果安装了其他类型的插件，也将在列表中列出。

2. 创建一个空的测试项目

加载插件后，进入如图 5-14 所示的 QTP 主界面。

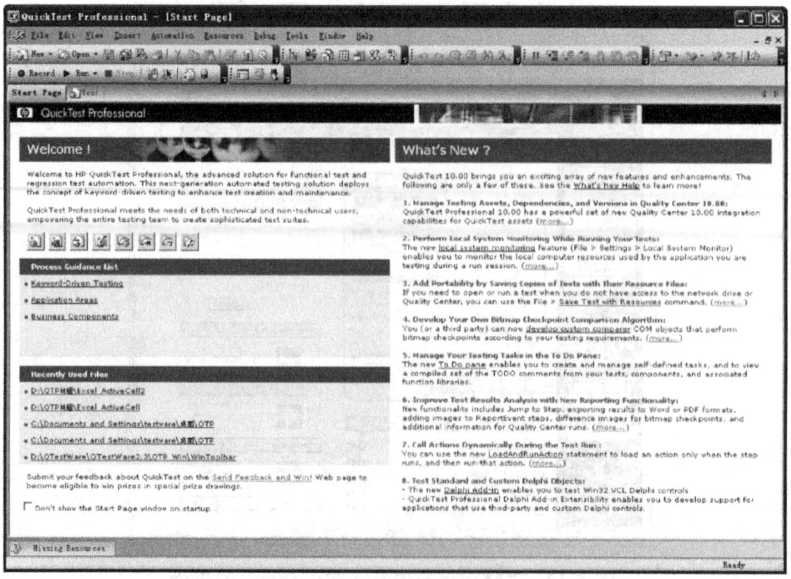

图 5-14 QTP 主界面

3. 录制和测试运行设置

在主界面中，选择菜单“Automation→Record and Run Settings”，出现如图 5-15 所示的录制和运行设置界面。

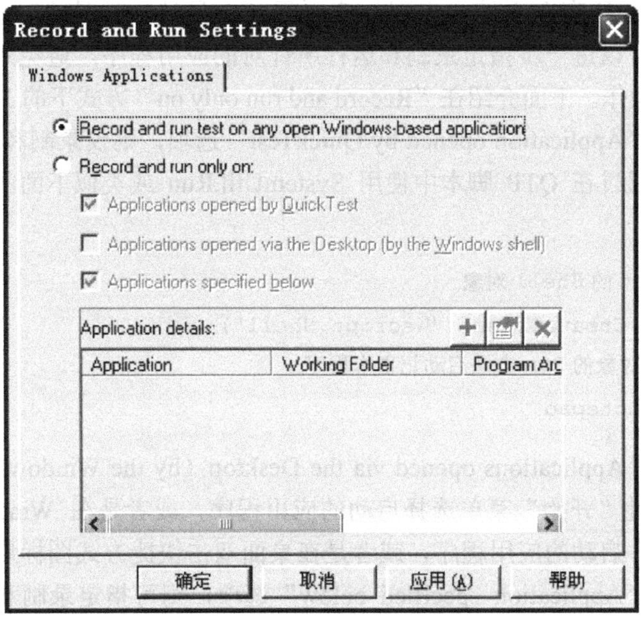

图 5-15　录制和运行设置界面

在这里，由于加载的插件不包括 Web 插件，因此，录制和运行的设置也仅针对“Windows Applications”，如果加载了 Web 插件，则会多出一页“Web”的设置界面，如图 5-16 所示。

图 5-16　“Web”的设置界面

4. 指定需要录制的应用程序

在设置“Windows Applications”的录制和运行设置界面中，可以选择两种录制程序的方式：一种是“Record and run test on any open Windows-based application”，也就是说可以录制和运行所有在系统中出现的应用程序；另外一种是“Record and run only on”，这种方式可以进一步指定录制和运行所针对的应用程序，避免录制一些无关紧要的、多余的界面操作。下面介绍在“Record and run only on”方式下的 3 种设置的用法。

（1）若选择“Application opened by QuickTest”选项，则仅录制和运行由 QTP 调用的程序，例如，通过在 QTP 脚本中使用 SystemUtil.Run 或类似下面的脚本启动的应用程序。

```
' 创建 Wscript 的 Shell 对象
Set Shell = CreateObject("Wscript.Shell")
' 通过 Shell 对象的 Run 方法启动记事本程序
Shell.Run "notepad"
```

（2）若选择“Applications opened via the Desktop（by the Windows shell）”选项，则仅录制那些通过“开始”菜单选择启动的应用程序，或者是在 Windows 文件浏览器中双击可执行文件启动的应用程序，或者是在桌面双击快捷方式图标启动的应用程序。

（3）若选择“Application specified below”选项，则可指定录制和运行添加到列表中的应用程序。例如，如果仅想录制和运行“Flight”程序，则可做如图 5-17 所示的设置。

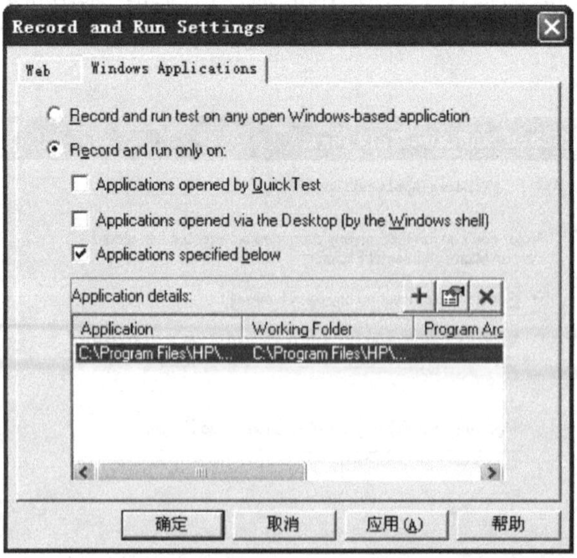

图 5-17 设置仅录制和运行“Flight”程序

单击“+”按钮，在打开的如图 5-18 所示的界面中添加“Flight”程序可执行文件所在的路径。

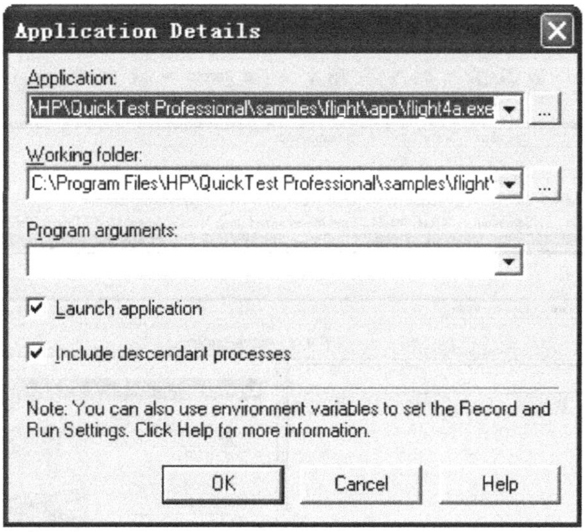

图 5-18　添加“Flight”程序可执行文件所在的路径

“Flight”程序的可执行文件可在 QTP 的安装目录找到，例如：C：\Program Files\HP\QuickTest Professional\samples\flight\app。

5. 使用 QTP 编写第一个自动化测试脚本

设置成仅录制“Flight”程序后，选择菜单“Automation”→“Record”，或按快捷键 F3，QTP 将自动启动指定目录下的“Flight”程序，出现如图 5-19 所示“Flight”程序的登录界面，并且开始录制所有基于“Flight”程序的界面操作。

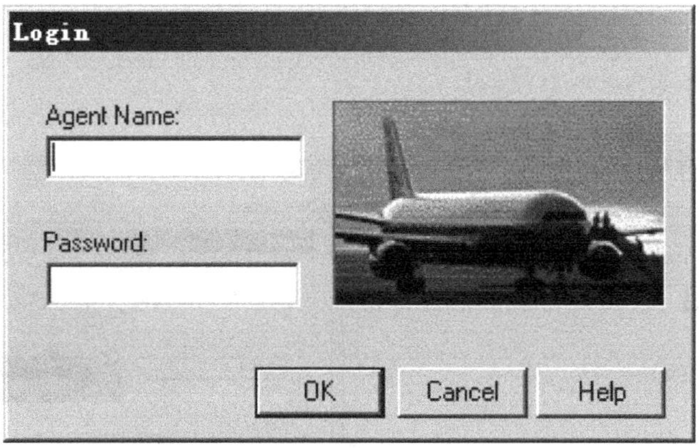

图 5-19　“Flight”程序的登录界面

按 F4 键停止录制后，将得到如图 5-20 所示的关键字视图录制结果。在关键字视图中，可看到录制的测试操作步骤，每个测试步骤涉及的界面操作都会在“Active Screen”界面中显示出来。

切换到专家视图界面，则可看到如图 5-21 所示的专家视图测试脚本，这样就完成了一个最基本的测试脚本的编写。

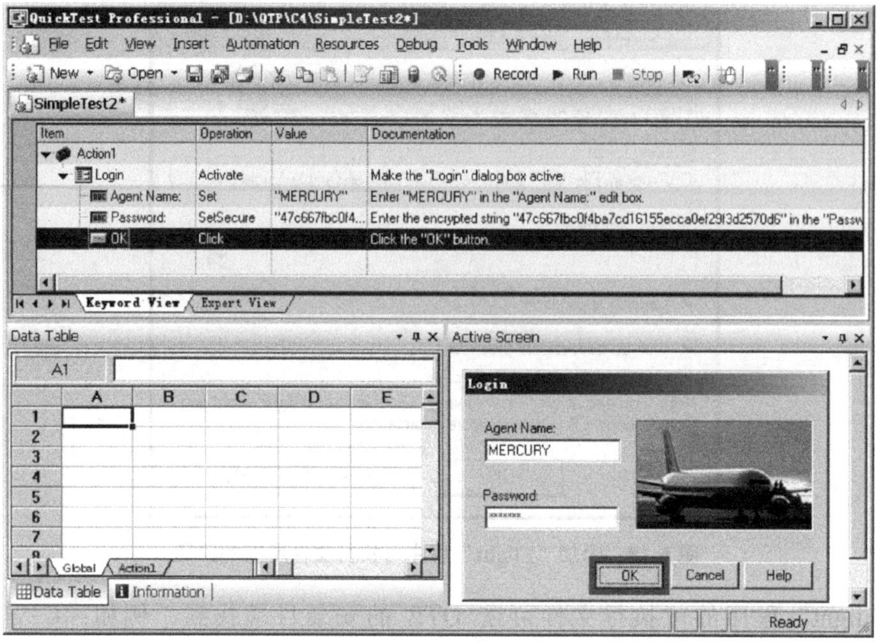

图 5-20　关键字视图录制结果

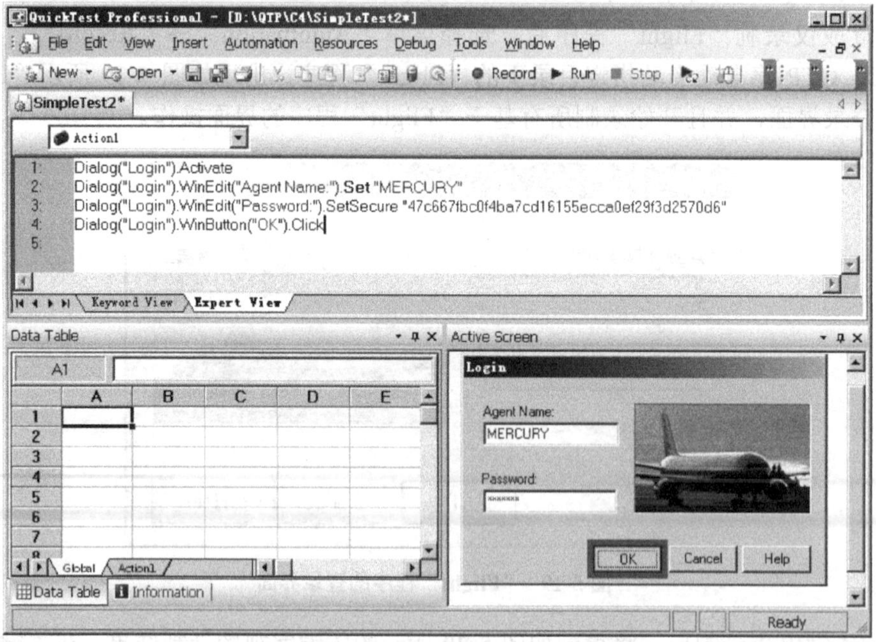

图 5-21　专家视图界面中的专家测试脚本

而事实上，到现在为止，还没有真正动手编写一行测试脚本，这都得益于 QTP 先进的自动化测试功能，为测试人员编写自动化测试脚本减少了很多的工作量。

5.2.5　录制和执行脚本

当浏览网站或使用应用程序时，QTP 记录操作步骤，并产生测试脚本。当停止录制后，能看到 QTP 在 KeywordView 中以表格的方式显示测试脚本的操作步骤。

1. 录制前的准备

在录制脚本前，首先要确认以下几项内容：

（1）已经在 Mercury Tours 示范网站上注册了一个新的使用者账号。

（2）在正式开始录制一个测试之前，关闭所有已经打开的 IE 窗口。这是为了能够正常地进行录制需要确认的事项，这一点要特别注意。

（3）关闭所有与测试不相关的程序窗口。

在这一节中我们使用 QTP 录制一个测试脚本，在 Mercury Tours 示范网站上预订一张从纽约（New York）到旧金山（San Francisco）的机票。

2. 执行 QuickTest 并开启一个全新的测试脚本

开启 QuickTest，在“Add-in Manager”窗口中选择“Web”选项，单击“OK”按钮关闭“Add-in Manager”窗口，进入“QuickTest Professional”主窗口。

如果 QTP 已经启动，检查“Help>About QuickTest Professional”查看目前加载了哪些 Add-ins。如果没有加载“Web”，那么必须关闭并重新启动 QuickTest Professional，然后在“Add-in Manager”窗口中选择“Web”。

如果在执行 QuickTest Professional 时没有开启“Add-in Manager”，则单击“Tool”→“Options”，在打开的对话框的“General”标签页中勾选“Display Add-in Manager on Startup”，在下次执行 QTP 时就能看到“Add-in Manager”窗口。

3. 开始录制测试脚本

选中“Test”→“Record”或者单击工具栏中的“Record”按钮，打开“Record and Run Settings”对话框，如图 5-22 所示。

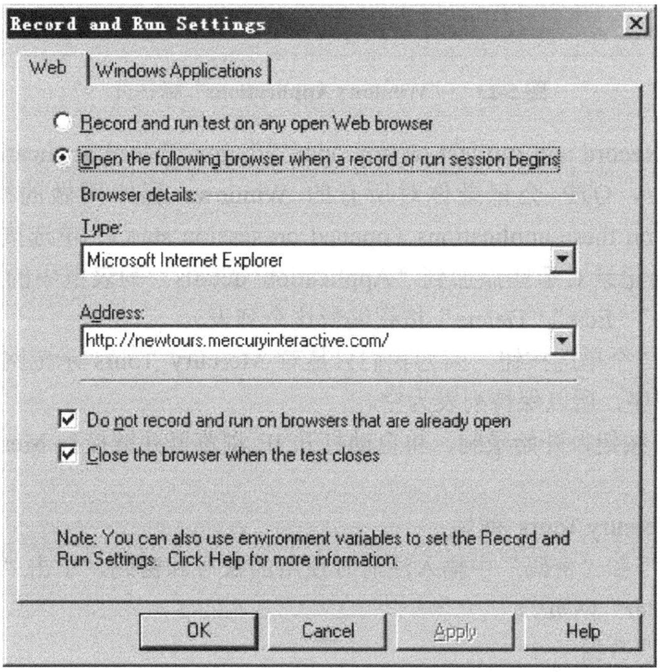

图 5-22　“Record and Run Settings”对话框

在“Web”标签页中选择“Open the following browser when a record or run session begins”。

在“Type”下拉列表中选择“Microsoft Internet Explorer”为浏览器的类型；在“Address”中添加“http：//newtours.mercuryinteractive.com/”（网站地址）。这样，在录制的时候，QTP 会自动打开 IE 浏览器并链接到 Mercury Tours 示范网站上。

现在我们再切换到“Windows Applications”标签页，如图 5-23 所示。

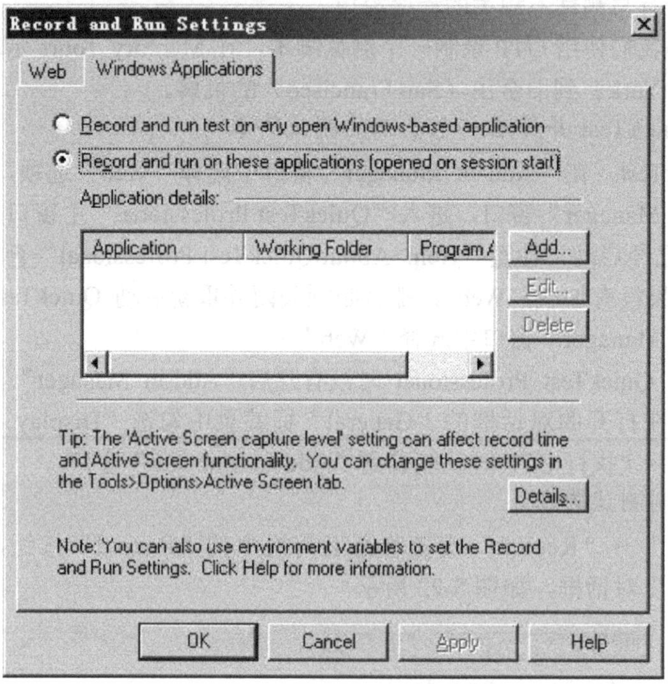

图 5-23 “Windows Applications”标签页

如果选择“Record and run test on any open Windows-based application”单选按钮，则在录制过程中，QTP 会记录你对所有的 Windows 程序所做的操作。如果选择“Record and run on these applications（opened on session start）”单选按钮，则在录制过程中，QTP 只会记录对那些添加到“Application details”列表框中的应用程序的操作（可以通过“Add”“Edit”“Delete”按钮编辑这个列表）。

我们选择第二个单选按钮。因为我们只是对 Mercury Tours 示范网站进行操作，不涉及 Windows 程序，所以保持列表为空。

单击“OK”按钮，开始录制，将自动打开 IE 浏览器并链接到 Mercury Tours 示范网站上。

（1）登录 Mercury Tours 网站

在“用户名”和“密码”中输入注册时使用的账号和密码，单击“Sign-in”按钮，进入“Flight Finder”网页。

（2）输入订票数据

输入以下订票数据：

Departing From：New York

On：May 14

Arriving In：San Francisco

Returning：May 28

Service Class：Business class

其他字段保留默认值，单击“CONTINUE”按钮打开“Select Flight”页面。

（3）选择飞机航班

可以保存默认值，单击“CONTINUE”按钮打开“Book a Flight”页面。

（4）输入必填字段（红色字段）

输入用户名和信用卡号码（信用卡可以输入虚构的号码，如 8888-8888）。

单击网页下方的“SECURE PURCHASE”按钮，打开“Flight Confirmation”页面。

（5）完成定制流程

查看订票数据，并选择“BACK TO HOME”回到 Mercury Tours 网站首页。

（6）停止录制

在 QTP 工具列上单击“Stop”按钮，停止录制。

到这里就完成了预订从“纽约-旧金山”机票的动作，并且 QTP 已经录制了从单击“Record”按钮后到单击“Stop”按钮之间的所有操作。

（7）保存脚本

选择“File→Save”或者单击工具栏中的“Save”按钮，打开“Save”对话框。选择保存的路径，填写文件名，并命名为 Flight，再单击“保存”按钮进行保存。

通过以上几个步骤，我们录制了一个完整的测试脚本——预订从纽约到旧金山的机票。

4. 分析录制的测试脚本

在录制过程中，QTP 会在测试脚本管理窗口（也叫 Tree View 窗口）中产生对每一个操作的相应记录，并在 Keyword View 中以类似 Excel 工作表的方式显示所录制的测试脚本。当录制结束后，QTP 也就记录下了测试过程中的所有操作。测试脚本管理窗口显示的内容如图 5-24 所示。

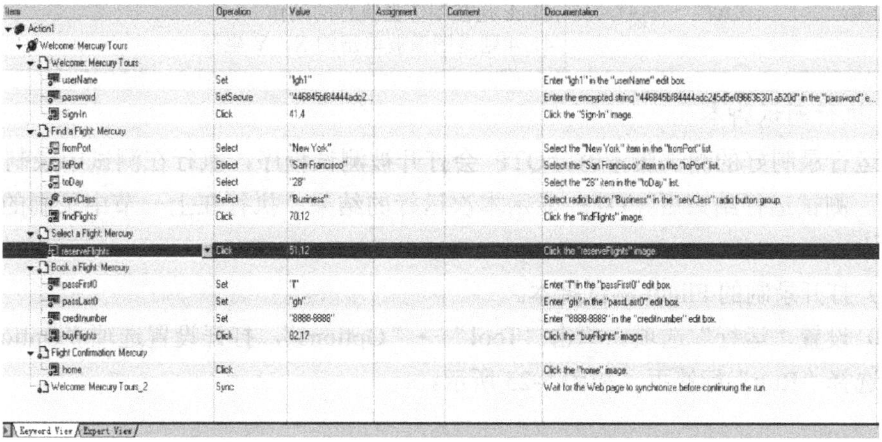

图 5-24 测试脚本管理窗口显示的内容

在 Keyword View 中的每一个字段都具有其意义。

（1）Item：以阶层式的图标表示这个操作步骤所作用的组件（测试对象、工具对象、函数呼叫或脚本）。

（2）Operation：要在这个作用到的组件上执行的动作，如单击、选择等。

（3）Value：执行动作的参数，例如当鼠标单击一张图片时用的是左键还是右键。

（4）Assignment：使用到的变量。

（5）Comment：你在测试脚本中加入的批注。

（6）Documentation：自动产生用来描述此操作步骤的英文说明。

脚本中的每一个步骤在 Keyword View 中都会以一列来显示，其中包含用来表示此组件类别的图标以及步骤的详细数据。

如表 5-1 所示是一些常见的组件类别的图标以及步骤的详细数据。

表 5-1 常见的组件类别的图标以及步骤的详细数据

步　骤	说　明
Action1	Action1 是一个动作的名称
Welcome: Mercury Tours	Welcome：Mercury Tours 是被浏览器开启的网站的名称
Welcome: Mercury Tours	Welcome：Mercury Tours 是网页的名称
userName　Set　"jojo"	userName 是 edit box 的名称 Set 是在 edit box 上执行的动作 jojo 是被输入的值
password　SetSecure　"446845bf84444adc2...	password 是 edit box 的名称 SetSecure 是在 edit box 上执行的动作，此动作有加密的功能 446845bf84444adc2…是被加密过的密码
Sign-In　Click　41,4	Sign-In 是图像对象的名称 Click 是在图像上执行的动作 41, 4 则是图像被单击的 X，Y 坐标

5. 执行测试脚本

当运行录制好的测试脚本时，QTP 会打开被测试程序，执行在测试中录制的每一个操作。测试运行结束后，QTP 显示本次运行的结果。执行在上一节中录制的 Flight 测试脚本。

（1）打开录制的 Flight 测试脚本。

（2）设置“运行”选项。单击“Tool”→“Options”，打开设置选项“Options”对话框，选择“Run”标签页，如图 5-25 所示。

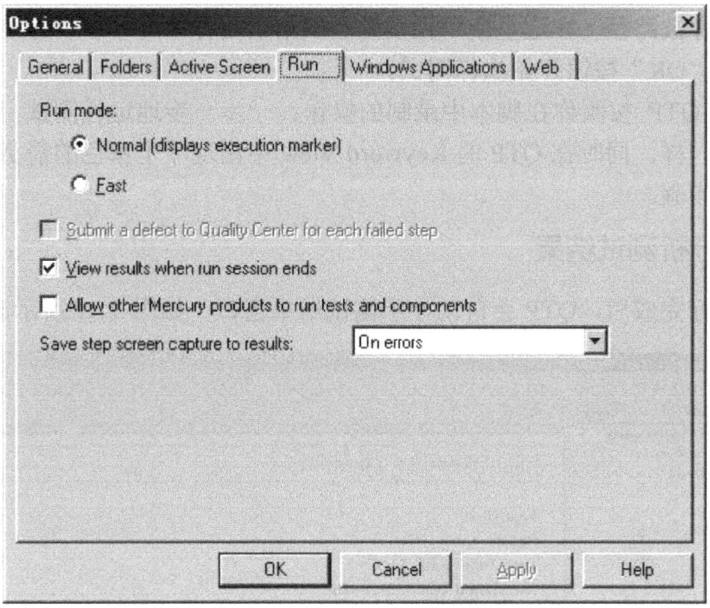

图 5-25　“Options”对话框

如果要将所有画面储存在测试结果中，则在“Save step screen capture to results”选项中选择“Always”选项。一般情况下我们选择“On errors”或“On error and warning”，表示在回放测试过程中出现问题时，才保存图像信息。在这里我们为了更多地展示 QTP 的功能，所以选择使用“Always”选项。

（3）在工具栏中单击“Run”按钮，打开“Run”对话框，如图 5-26 所示。

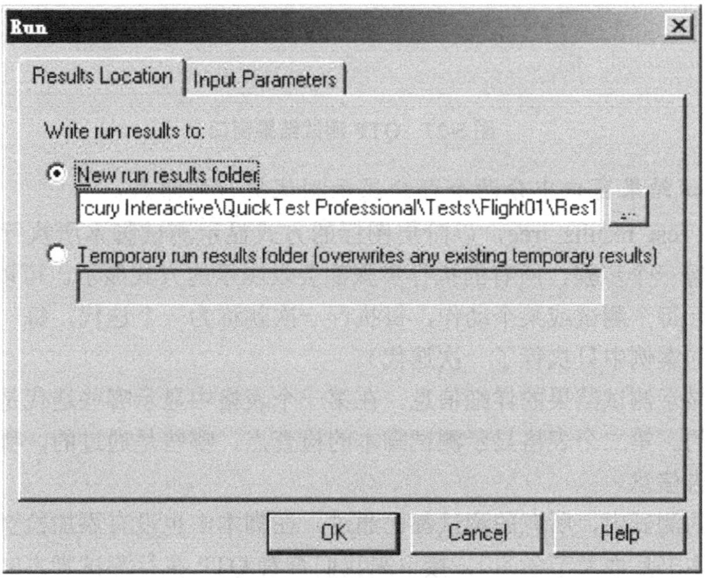

图 5-26　“Run”对话框

这里询问要将本次的测试运行结果保存到何处。选择“New run results folder”单选按钮，设定好存放路径（在这里使用预设的测试结果名称）。

（4）单击“OK”按钮开始执行测试。

可以看到 QTP 按照你在脚本中录制的操作，一步一步地运行测试，操作过程与手工操作时完全一样。同时在 QTP 的 Keyword View 中出现一个黄色的箭头，指示目前正在执行的测试步骤。

5.2.6 分析测试结果

在测试执行完成后，QTP 会自动显示测试结果窗口，如图 5-27 所示。

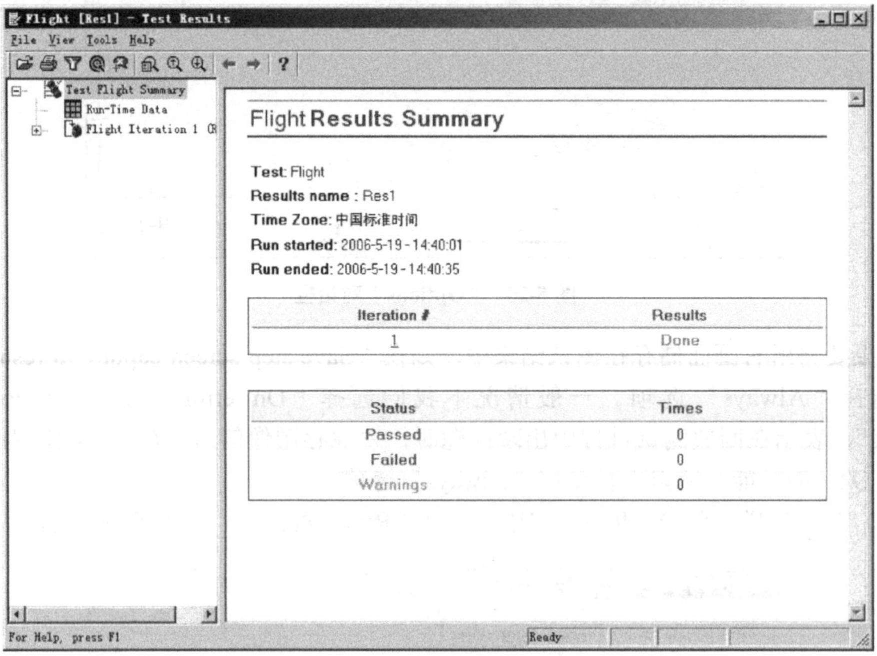

图 5-27　QTP 测试结果窗口

在这个测试结果窗口中分两个部分显示测试执行的结果。

左边显示 Test results tree，以阶层图标的方式显示测试脚本所执行的步骤。单击“+”图标检查每一个步骤，所有的执行步骤都会以图示的方式显示。可以设定 QTP 以不同的资料执行每个测试或某个动作，每执行一次就称为一个迭代，每一次迭代都会被编号（在上面的案例中只执行了一次迭代）。

右边则是显示测试结果的详细信息。在第一个表格中显示哪些迭代是已经通过的，哪些是失败了的。第二个表格显示测试脚本的检查点，哪些是通过的，哪些是失败的，以及有几个警告信息。

在本案例的测试中，所有的测试都已通过，在脚本中也没有添加检查点（有关检查点的内容将在本书后面章节学习）。接下来我们查看 QTP 执行测试脚本的详细结果，以及选择某个测试步骤时出现的详细信息。

在树视图（见图 5-28）中展开“Flight Iteration 1（Row 1）”→“Action1 Summary”→“Welcome：Mercury Tours”→“Find a Flight：Mercury”→“"fromPort"：

Select " New York " ”。

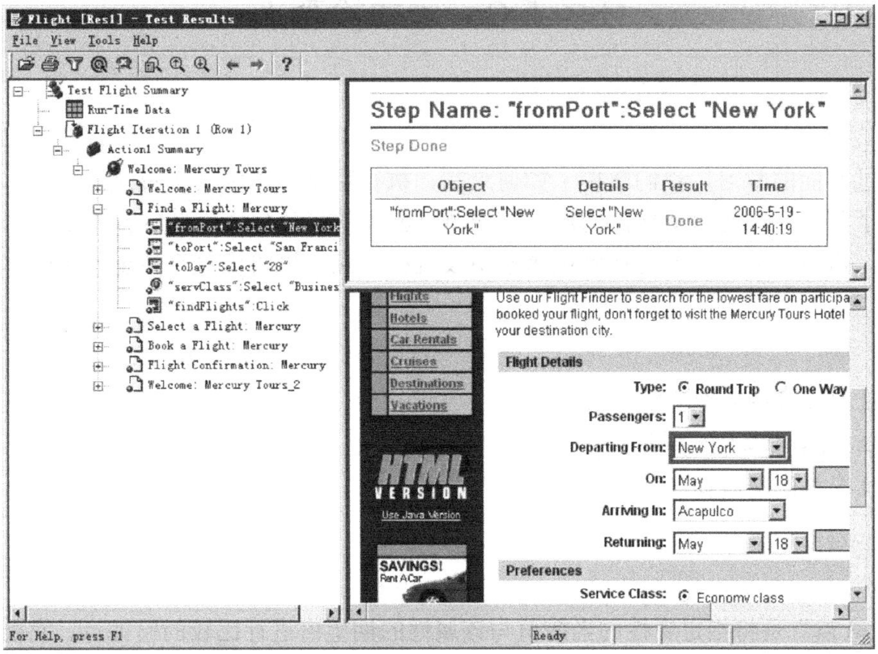

图 5-28　树视图

在打开的测试结果窗口中显示三个部分，分别介绍如下。

左边是 Test results tree：展开树视图后，显示了测试执行过程中的每一个操作步骤。选择某一个测试步骤，会在右边区域显示相应的信息。

右上方是 Test results detail：对应当前选中的测试步骤，显示被选中测试步骤执行时的详细信息。

右下方是 Active Screen：对应当前选中的测试步骤，显示该操作执行时应用程序的屏幕截图。

当选中 Test results tree 上的网页图标，会在“Active Screen”中看到执行时的画面。当选中 Test results tree 上的测试步骤（在某个对象上执行某个动作），除了显示当前的画面，对象还会被粉色的框框住。本案例中，在“Active Screen”中单击被框住的“Departing From”下拉菜单，会显示其他的选项。

任务实施

以 CVIT 系统新闻发布模块为测试对象，采用关键字驱动测试录制脚本，再实施测试执行，验证新闻发布模块多次新闻发布之后的效果。

拓展训练

继续以 CVIT 系统的新闻点击率模块为测试对象，录制脚本，执行测试，分析结果。

任务 5.3　建立检查点

任务陈述

通过前面的学习，我们掌握了如何录制、执行测试脚本以及查看测试结果，但这只是实现了测试执行的自动化，而没有实现测试验证的自动化，因此这并不是真正的自动化测试。本节我们学习如何在测试脚本中设置检查点，以验证执行结果的正确性。

学习目标

- 掌握检查点的类型
- 学会添加各类检查点
- 执行并使用检查点

知识准备

“检查点”是将指定属性的当前值与该属性的期望值进行比较的验证点，它能够确定网站或应用程序是否正常运行。当添加检查点时，QuickTest 会将检查点添加到关键字视图中的当前行并在专家视图中添加一条“检查点”语句。运行测试或组件时，QuickTest 会将检查点的期望结果与当前结果进行比较。如果结果不匹配，建立检查点操作就失败了。在“测试结果”窗口中可以查看检查点的结果。

微课：建立检查点

5.3.1　检查点种类

首先我们应了解 QuickTest 支持的检查点种类，QuickTest 检查点类型如表 5-2 所示。

表 5-2　检查点类型

检查点类型	说　明	范　例
标准检查点	检查对象的属性	检查某个按钮是否被选取
图片检查点	检查图片的属性	检查图片的来源文件是否正确
表格检查点	检查表格的内容	检查表格内的内容是否正确
网页检查点	检查网页的属性	检查网页加载的时间或是网页是否含有不正确的链接
文字/文字区域检查点	检查网页上或是窗口上出现的文字是否正确	检查登录系统的时候是否出现登录成功的文字
图像检查点	提取网页和窗口的画面检查画面是否正确	检查网页或者网页的一部分是否如期显示
数据库检查点	检查数据库的内容是否正确	检查数据库查询的值是否正确

续表

检查点类型	说明	范例
XML 检查点	检查 XML 文件的内容	XML 检查点有两种：XML 文件检查点和 XML 应用检查点。XML 文件检查点用于检查一个 XML 文件；XML 应用检查点用于检查一个 Web 页面的 XML 文档

在录制测试的过程中，或录制结束后，向测试脚本中添加检查点。下面我们学习如何在测试脚本上建立检查点。

5.3.2 创建检查点

打开 Flight 测试脚本，将脚本另存为“Checkpoint”测试脚本。我们在 Checkpoint 测试脚本中创建 4 个检查点，分别是：对象检查、网页检查、文字检查及表格检查。

1. 对象检查

通过向测试或组件中添加标准检查点，可以对不同版本的应用程序或网站中的对象属性值进行比较。可以使用标准检查点检查网站或应用程序中的对象属性值。标准检查点将对录制期间捕获的对象属性的预期值，与运行会话期间对象的当前值进行比较。

首先在 Checkpoint 测试脚本上添加一个标准检查点，这个检查点用来检查旅客的姓氏。创建标准检查点步骤如下：

（1）打开 Chcckpoint 测试脚本。

（2）选择要建立检查点的网页。

在 QuickTest 的视图树中展开“Action1”→“Welcome：Mercury Tours”→“Book a Flight：Mercury”，由于输入使用者姓氏的测试步骤是“passFirst0”这个步骤，所以要选择这个步骤的下一个测试步骤，以便建立检查点，如图 5-29 所示。

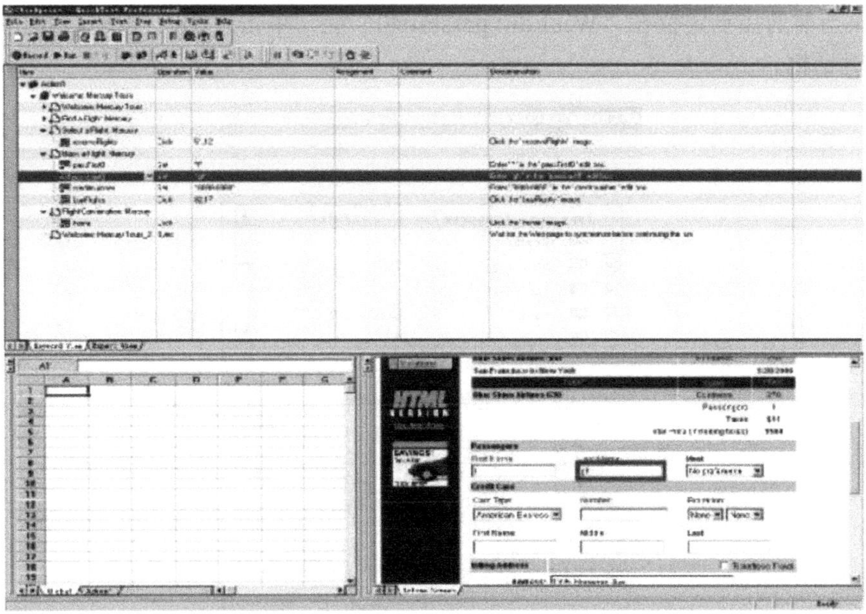

图 5-29 创建检查点

（3）建立标准检查点。

在“Active Screen”中的“First Name”编辑框中右击，弹出插入选择点的类型菜单选项，如图 5-30 所示。

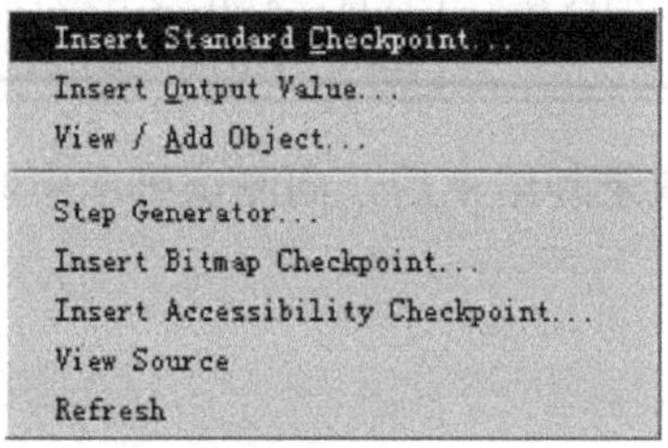

图 5-30　插入选择点的类型菜单选项

选择“Insert Standard Checkpoint”选项，打开“Object Selection-Checkpoint Properties”对话框，如图 5-31 所示。

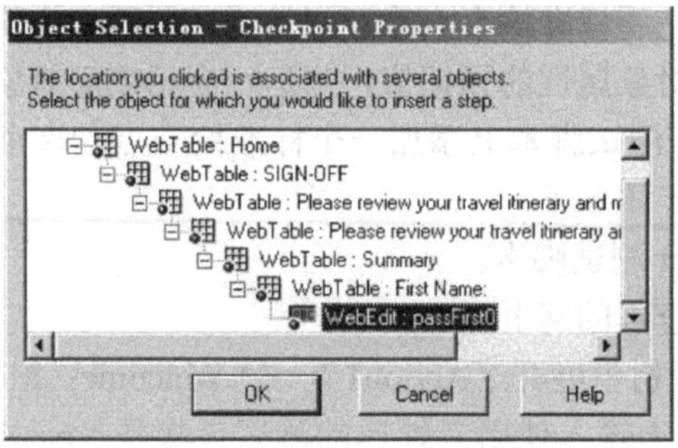

图 5-31　“Object Selection-Checkpoint Properties”对话框

确保当前的焦点定位在“WebEdit: passFirst0”上，单击“OK”按钮，弹出如图 5-32 所示对话框。

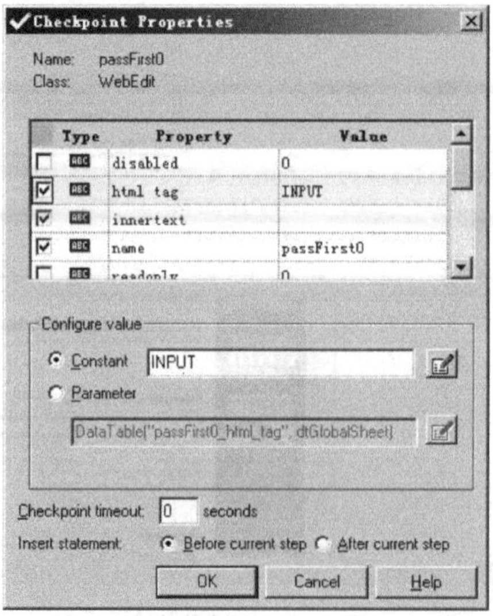

图 5-32　“Checkpoint Properties”对话框

在“Checkpoint Properties”对话框中显示检查点的属性。

①Name：检查点的名称。

②Class：检查点的类别，WebEdit 表示这个检查点是个输入框。

③“Type”字段中的“ABC”图标：表示这个属性的值是一个常数。

对于每一个检查点，QuickTest 会使用预设的属性为检查点的属性，检查点属性说明如表 5-3 所示。

表 5-3　检查点属性说明

属　性	值	说　　明
html tag	INPUT	HTML 原始码中的 INPUT 标签
innertext		在这个案例中，innertext 是空的，检查点会检查当执行这个属性时是否为空
name	passFirst0	passFirst0 是这个编辑框的名称
type	text	text 是 HTML 原始码中 INPUT 对象的类型
value	姓氏（录制脚本时输入的姓氏）	在编辑框中输入的文字

我们接受预设的设定值，单击“OK”按钮。QuickTest 会在选取的步骤之前建立一个标准检查点。

（4）在工具栏中单击“Save”按钮保存脚本。

通过以上步骤，添加一个标准检查点的操作就此结束。

2. 网页检查

在 Checkpoint 测试脚本中再添加一个网页检查点，网页检查点会检查网页的链接以及图像的数量是否与录制时的数量一致。网页检查点只能应用于 Web 页面中。创建网页检查步骤如下。

（1）选择要建立检查点的网页。展开“Action1”→“Welcome：Mercury Tours”，再选择“Book a Flight：Mercury”页面，在“Active Screen”中会显示相应的页面。

（2）建立网页检查点。在“Active Screen”上的任意地方右击，在弹出的快捷菜单中选择“Insert Standard Checkpoint”，打开“Object Selection-Checkpoint Properties”对话框（由于选择的位置不同，对话框显示被选取的对象可能不一样），如图 5-33 所示。

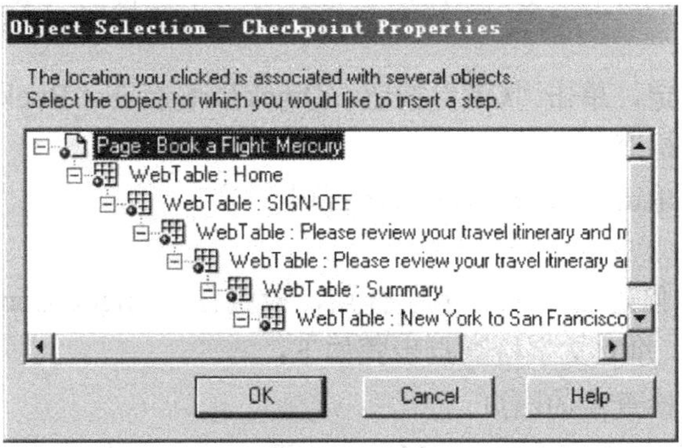

图 5-33　“Object Selection-Checkpoint Properties”对话框

选择最上面的“Page：Book a Flight：Mercury”选项，再单击“OK”按钮确认，将打开“Page Checkpoint Properties”对话框，如图 5-34 所示。

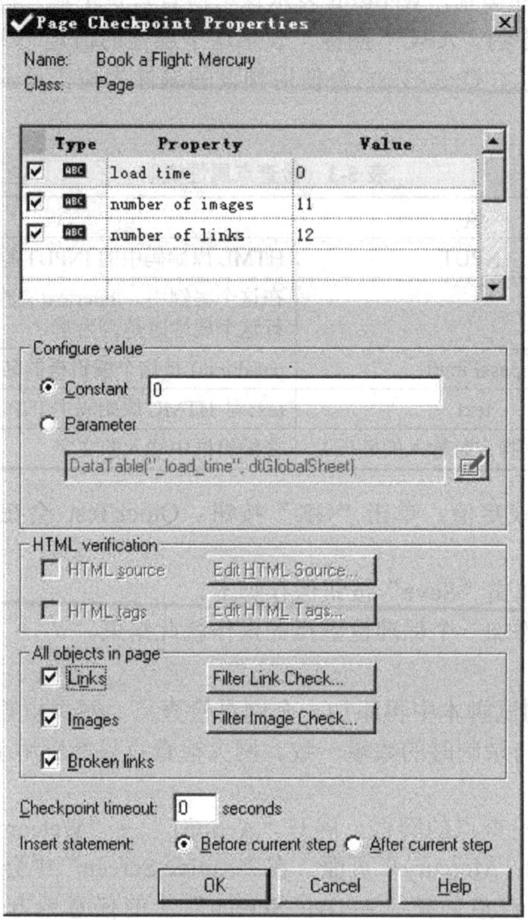

图 5-34 “Page Checkpoint Properties”对话框

当执行测试时，QuickTest 会检查网页的链接与图片的数量，以及加载的时间，如同对话框上方所显示的那样。QuickTest 会检查每一个链接的 URL 以及每一个图片的原始文件是否存在。

（3）接受默认设定，单击“OK”按钮。QuickTest 会在“Book a Flight：Mercury”网页中增加一个网页检查。

（4）在工具栏中单击“Save”按钮保存脚本。

3. 文字检查

这里我们学习如何建立一个文字检查点，检查在“Flight Confirmation”网页中是否出现“New York”。建立文字检查点步骤如下：

（1）确定要建立检查点的网页。

展开“Action1”→“Welcome：Mercury Tours”，再选择“Flight Confirmation：Mercury”页面，在“Active Screen”中显示相应的页面。

（2）建立文字检查点。

在“Active Screen”中选择“Departing”下方的“New York”，对选取的文字单击鼠标右键，在弹出的快捷菜单中选择“Insert Text Checkpoint”，打开“Text Checkpoint Properties”对话框，如图 5-35 所示。

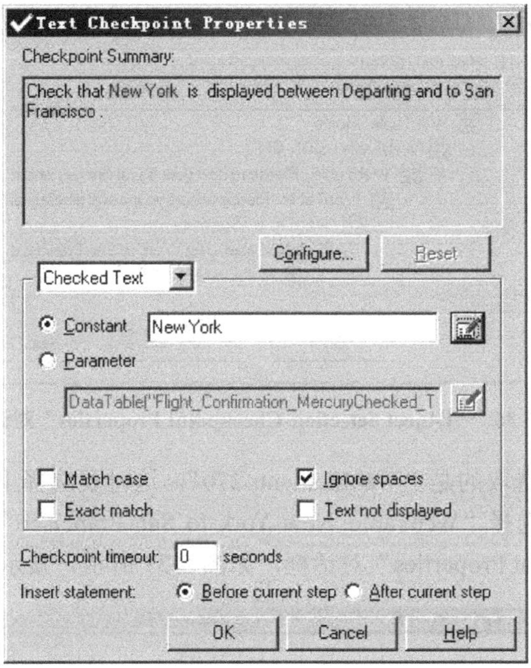

图 5-35 “Text Checkpoint Properties”对话框

当“Checked Text”出现在下拉式清单中时，在“Constant”字段显示的就是选取的文字。这也就是 QuickTest 在执行测试脚本时所要检查的文字。

（3）单击“OK”按钮关闭对话框。

QuickTest 会在测试脚本上加上一个文字检查点，这个文字检查点出现在“Flight Confirmation：Mercury”网页下方。

（4）在工具栏上单击“Save”按钮保存脚本。

4. 表格检查点

通过添加表格检查点，可以检查应用程序中显示的表的内容。通过向测试或组件中添加表格检查点，可以检查表的单元格中是否显示了指定的值。对于 ActiveX 表，还可以检查表对象的属性。要添加表格检查点，可使用“检查点属性”对话框。

在前面我们添加了对象、网页、文字检查点，接着我们在 Checkpoint 测试脚本中再添加一个表格检查点，检查“Book a Flight：Mercury”网页上航班的价格。创建表格检查点步骤如下：

（1）选取要建立检查点的网页。

展开“Action1”→“Welcome：Mercury Tours”，再选择“Book a Flight：Mercury”页面，在“Active Screen”中会显示相应的页面。

（2）建立表格检查点。

在“Active Screen”中，在第一个航班的订价“270”上右击，在弹出的快捷菜单中选择“InsertStandard Checkpoint”，打开“Object Selection-Checkpoint Properties”对话框，如图 5-36 所示。

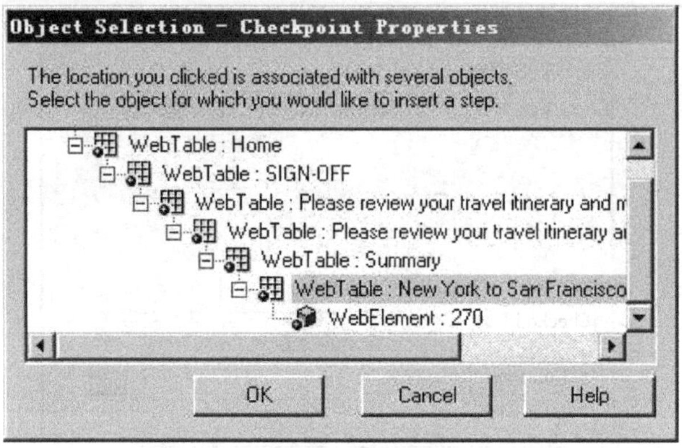

图 5-36 “Object Selection-Checkpoint Properties”对话框

刚打开对话框时选取的是“WebElement: 270”，这时要选择上一层的“WebTable”对象，在这个案例中选择“WebTable: New York to San Francisco”。单击“OK”按钮，打开“Table Checkpoint Properties”对话框，如图 5-37 所示，显示整个表格的内容。

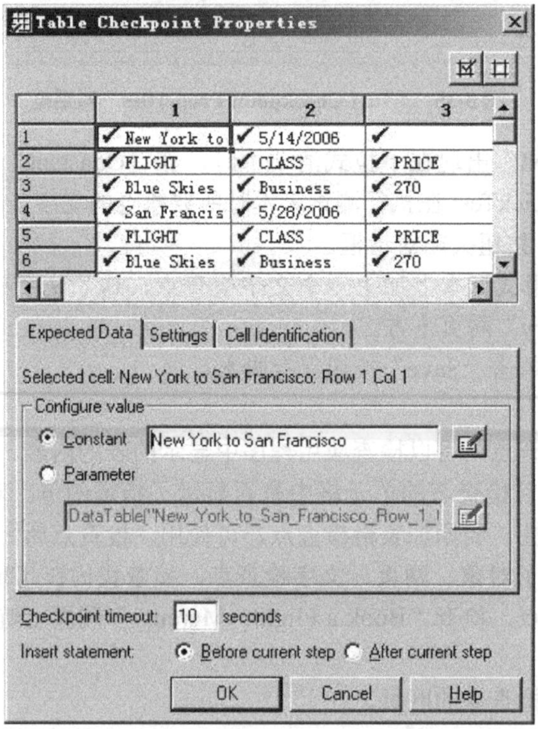

图 5-37 “Table Checkpoint Properties”对话框

预设的每一个字段都被选中，表示所有字段都会被检查，可以双击某个字段取消检查字段，或者选择整个栏和列，执行选取或取消的动作。在每个字段的列标题上双击，取消勾选的图标，然后双击“270”字段，这样执行时 QuickTest 只会对这个字段值做检查，表格检查效果如图 5-38 所示。

	1	2	3
1	New York to S	5/14/2006	
2	FLIGHT	CLASS	PRICE
3	Blue Skies Ai	Business	✓ 270
4	San Francisco	5/28/2006	
5	FLIGHT	CLASS	PRICE
6	Blue Skies Ai	Business	270

图 5-38　表格检查效果

（3）单击“OK”按钮关闭对话框。

QuickTest 会在测试脚本中的“Book a Flight：Mercury”页面下加上一个表格检查点。

（4）在工具栏中单击“Save”按钮保存脚本。

5.3.3　执行并分析使用检查点的测试脚本

在上一节中，我们在脚本中添加了 4 个检查点，现在，运行 Checkpoint 测试脚本，分析插入检查点后脚本的运行情况。

（1）在工具栏中单击“Run”按钮，弹出如图 5-39 所示“Run”对话框。

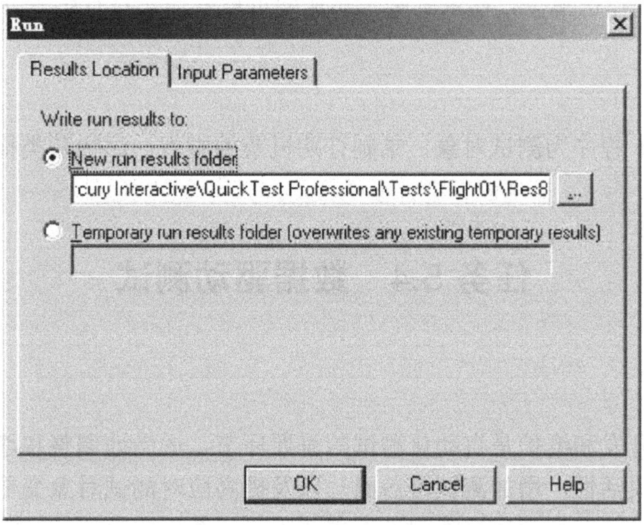

图 5-39　“Run”对话框

在该对话框中询问将本次测试结果保存在哪个目录，选择“New run results folder”单选按钮，接受默认设置，单击“OK”按钮确认。这时 QuickTest 会按照脚本中的操作，一步一步地进行测试，操作过程和手工操作是完全一样的。

（2）当 QuickTest 执行完测试脚本后，测试执行结果窗口会自动开启。如果所有的检查点都通过了验证，运行结果为 Passed。如果有一个或多个检查点没有通过验证，运行结果显示为 Failed，如图 5-40 所示。

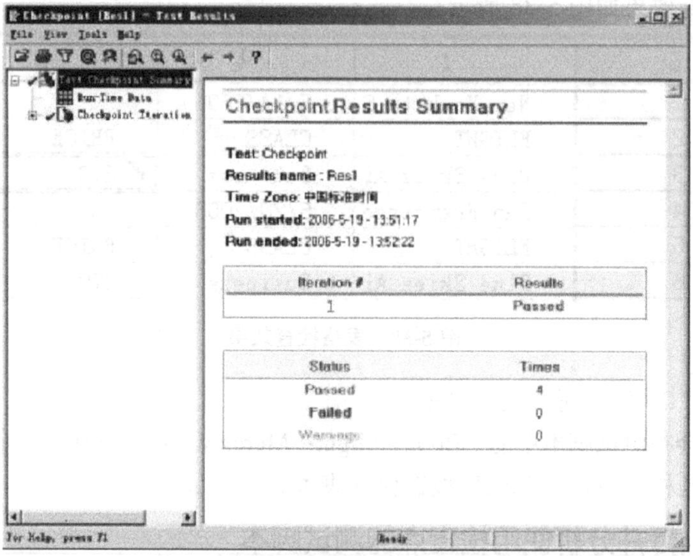

图 5-40　运行结果

任务实施

为 CVIT 系统点击率排行榜录制脚本添加网页检查点，执行脚本并分析结果。

拓展训练

以自带 Fight 程序为测试对象，录制订购机票的脚本，添加各类检查点，执行脚本并分析结果。

任务 5.4　数据驱动测试

任务陈述

测试脚本的开发和维护是自动化测试的重要环节，适当地调整和增强测试脚本，以提高测试脚本的灵活性，增加测试覆盖面，以及提高应对测试对象变更的能力。数据驱动方式的测试脚本开发是解决这类问题的重要手段。数据驱动的测试方法要解决的核心问题是把数据从测试脚本中分离出来，从而实现测试脚本的参数化。

本任务要求设计一个登录模块测试脚本，在每次自动化测试过程中，自动获取数据库中的登录名和密码，实现登录模块的测试。

学习目标

- 掌握数据驱动测试的概念
- 熟悉数据驱动测试过程

知识准备

自动化测试对录制和编辑好的测试步骤进行回放，是线性的自动化测试方式，其最明显的缺点就是其测试覆盖面比较低。测试回放只有录制时做的界面操作，以及输入的测试数据，或者是脚本编辑时指定的界面操作和测试数据。

5.4.1 什么时候使用数据驱动测试方法

如何让测试脚本执行时，不仅仅局限于测试录制或编辑时的测试数据呢？数据驱动的测试方式是解决此问题的最佳方案。数据驱动测试把测试脚本中的测试数据提取出来，存储到外部文件或数据库中，在测试过程中，从文件中动态读入测试数据。

注意：如果希望测试的覆盖面更广，或者让测试脚本能适应不同的变化情况，则需要进行测试脚本的参数化，采用数据驱动的测试脚本开发方式。

微课：数据驱动测试

5.4.2 数据驱动测试的一般步骤

通常，数据驱动测试按以下步骤进行：

（1）参数化测试步骤的数据，并绑定到数据表格中的某个字段。

（2）编辑数据表格，在表格中编辑多行测试数据（取决于测试用例以及测试覆盖率的需要）。

（3）设置迭代次数，选择数据行，运行测试脚本。每次迭代从中选择一行数据。

QTP 提供了一些功能特性，让这些步骤的实现过程得以简化。例如，使用“Data Table”视图编辑和存储参数，如图 5-41 所示。

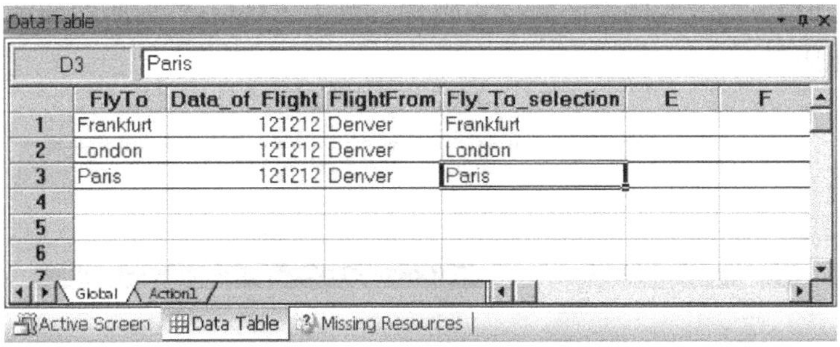

图 5-41 “Data Table”视图

另外，QTP 还提供了“Data Driver 向导”，用于协助测试员快速查找和定位需要进行参数化的对象，并使用向导进行一步一步地参数化过程。

5.4.3 参数化测试

在 QTP 中，可以通过把测试脚本中固定的值替换成参数的方式扩展测试脚本，这个过程叫参数化测试，它能有效地提高测试的灵活性。

1. 通过参数化测试提高测试的灵活性

通过参数化的方式，从外部数据源或数据产生器读取测试数据，从而扩大测试的覆盖面，提高测试的灵活性。在 QTP 中，可以使用多种方式对测试脚本进行参数化，数据表参数化是其中一种重要的方式，还有环境变量参数化、随机数参数化等。

下面以 QTP 自带的“Flight”程序为例，介绍如何对测试脚本进行参数化。假设在名为“Flight Reservation”的订票界面中，输入航班信息后，插入订票记录，然后，希望重新打开该记录，检查航班信息中的终点设置是否正确，录制的测试脚本如图 5-42 所示。

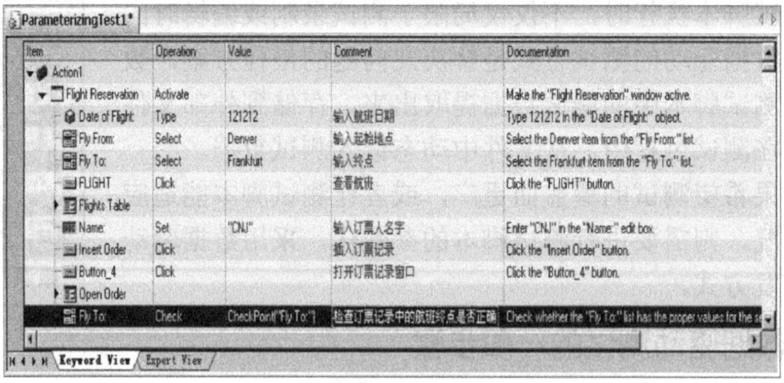

图 5-42　录制的测试脚本

提示：对于这样一个测试脚本，仅能检查特定的航班订票记录的正确性，如果希望测试脚本对多个航班订票记录的正确性做检查，则需要进行必要的参数化测试步骤。

2. 参数化测试步骤

首先，把测试步骤中的输入数据进行参数化，例如航班日期、航班始点和终点等信息。下面，以“输入终点”的测试步骤的参数化过程为例，介绍如何在关键字视图中对测试脚本进行参数化。

（1）选择“Fly To：”所在的测试步骤行，单击“Value”列所在的单元格，设置参数值如图 5-43 所示。

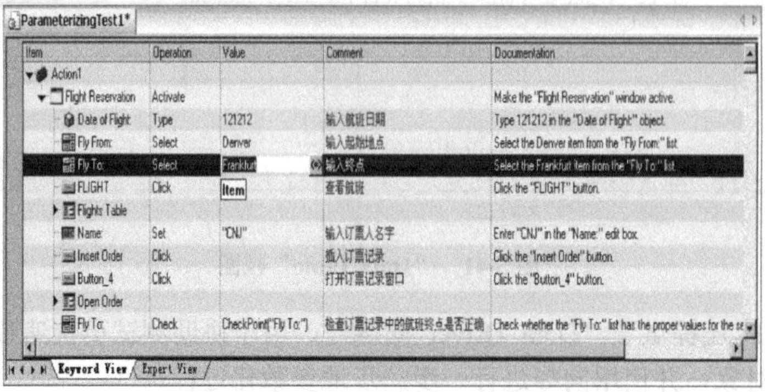

图 5-43　设置参数值

（2）单击单元格旁边的“<#>”按钮，或按快捷键 Ctrl+F11，则出现“Value Configuration Options”对话框，如图 5-44 所示，我们选择从“DataTable”中读取参数。

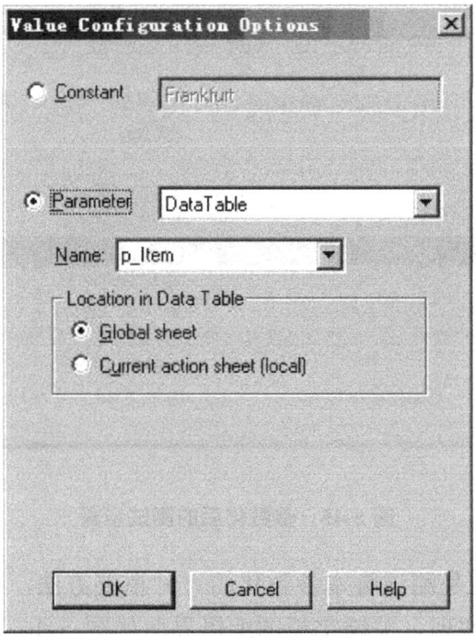

图 5-44　“Value Configuration Options”对话框

提示：在这个对话框中，选中“Parameter”选项，在旁边的下拉框中选择“Data Table”，在“Name”中输入参数名，也可接受默认名，在“Location in Data Table”中可以选择“Global sheet”，也可以选择“Current action sheet（local）”，它们的区别是参数存储的位置不同。

3. 使用随机数进行参数化

对于选择航班这个测试步骤的参数化来说会有所不同，因为航班将跟随所选择的起点和终点而变化，因此，需要做特殊的处理。其代码如下：

```
' 取得航班列表的行数
ItemCount=Window("Flight Reservation").Dialog("Flights Table").WinList
("From").
GetItemsCount
' 随机选取其中一项
SelectItem = RandomNumber(0,ItemCount)
' 选择航班
Window("Flight Reservation"). Dialog("Flights Table"). WinList("From").
Select SelectItem
```

先通过访问 GetItemsCount 属性，获取航班列表的行数，然后使用 RandomNumber 随机选取其中一项，最后，再通过 Select 方法选择航班。参数化后的测试步骤如图 5-45 所示。

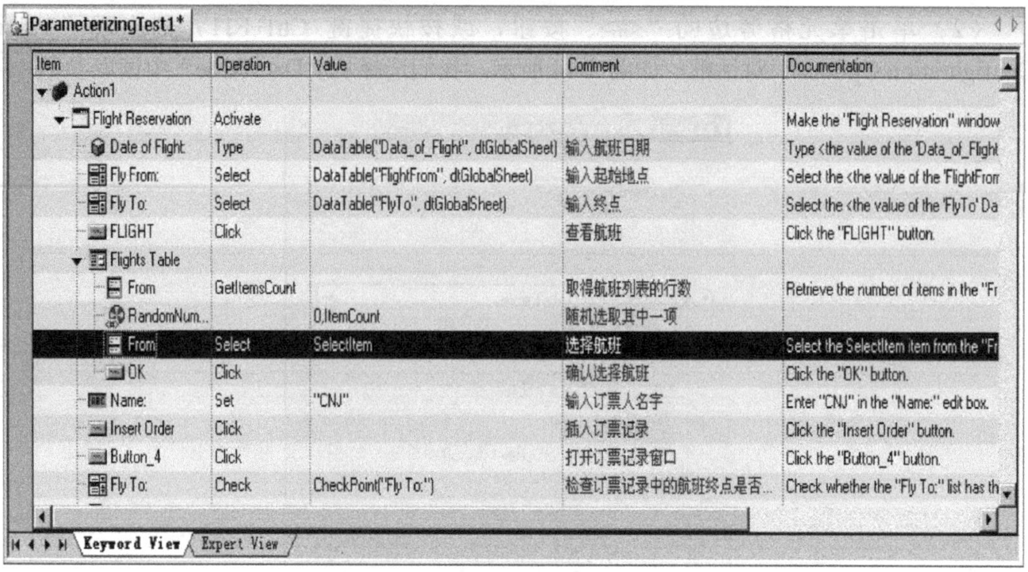

图 5-45　参数化后的测试步骤

提示：使用随机数也是测试脚本参数化的一种重要方法，在 QTP 的测试代码中，可用 RandomNumber 来实现，关键字视图编辑界面如图 5-46 所示，其效果同在脚本中直接编辑一样。

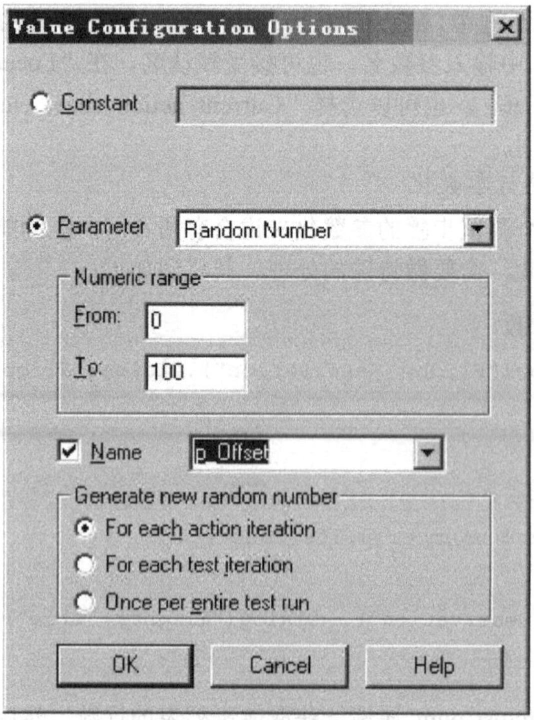

图 5-46　关键字视图编辑界面

4. 参数化检查点

测试脚本的最后一个测试步骤是检查订票记录中的航班终点是否正确，同样需要进行适当的参数化，步骤如下：

（1）单击检查点所在测试步骤的“Value”列中的单元格，设置检查点参数，如图 5-47 所示。

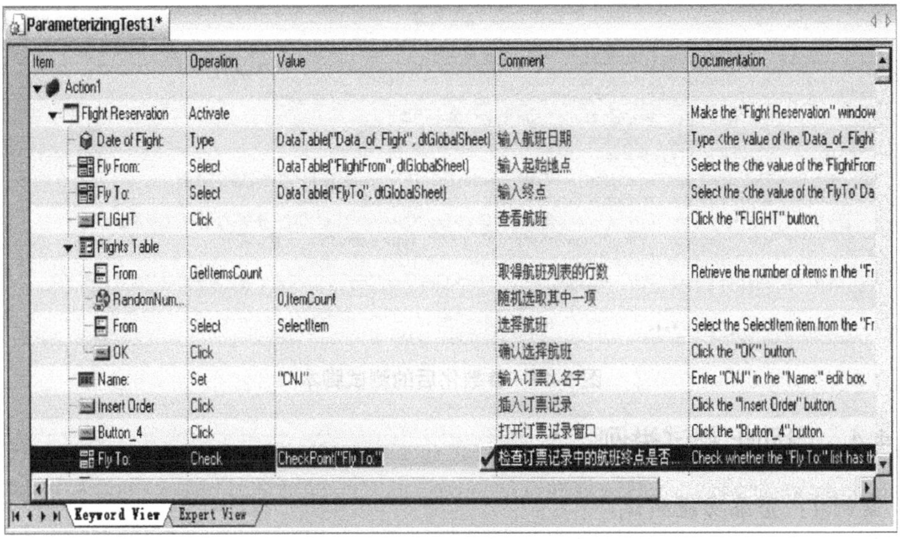

ParameterizingTest1*

Item	Operation	Value	Comment	Documentation
Action1				
Flight Reservation	Activate			Make the "Flight Reservation" window
Date of Flight:	Type	DataTable("Data_of_Flight", dtGlobalSheet)	输入航班日期	Type <the value of the 'Data_of_Flight
Fly From:	Select	DataTable("FlightFrom", dtGlobalSheet)	输入起始地点	Select the <the value of the 'FlightFrom
Fly To:	Select	DataTable("FlyTo", dtGlobalSheet)	输入终点	Select the <the value of the 'FlyTo' Da
FLIGHT	Click		查看航班	Click the "FLIGHT" button.
Flights Table				
From	GetItemsCount		取得航班列表的行数	Retrieve the number of items in the "Fr
RandomNum...		0,ItemCount	随机选取其中一项	
From	Select	SelectItem	选择航班	Select the SelectItem item from the "Fr
OK	Click		确认选择航班	Click the "OK" button.
Name:	Set	"CNJ"	输入订票人名字	Enter "CNJ" in the "Name:" edit box.
Insert Order	Click		插入订票记录	Click the "Insert Order" button.
Button_4	Click		打开订票记录窗口	Click the "Button_4" button.
Fly To:	Check	CheckPoint("Fly To:")	检查订票记录中的航班终点是否...	Check whether the "Fly To:" list has th

Keyword View / Expert View

图 5-47 设置检查点参数

（2）单击旁边的✓按钮。

把测试步骤和检查点的参数化工作都完成后，可得到如图 5-48 所示的参数化后的测试步骤。

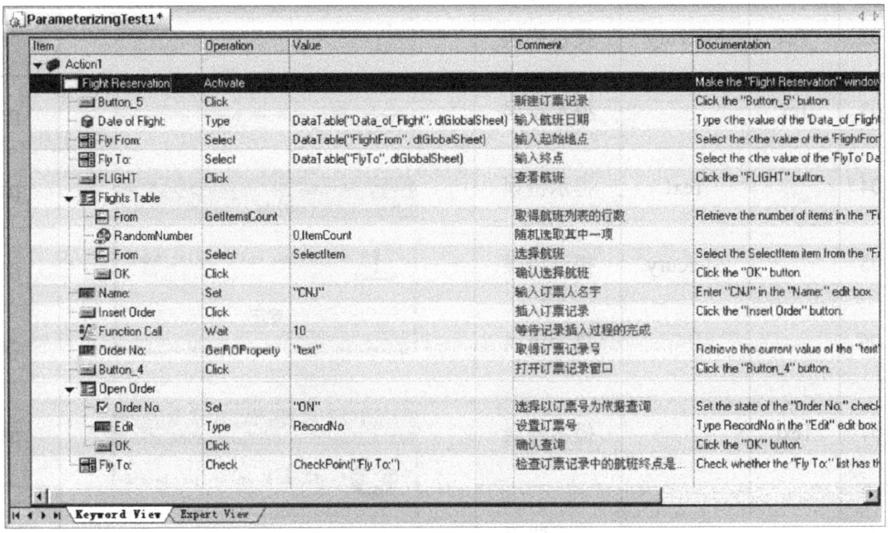

ParameterizingTest1*

Item	Operation	Value	Comment	Documentation
Action1				
Flight Reservation	Activate			Make the "Flight Reservation" window
Button_5	Click		新建订票记录	Click the "Button_5" button.
Date of Flight:	Type	DataTable("Data_of_Flight", dtGlobalSheet)	输入航班日期	Type <the value of the 'Data_of_Flight
Fly From:	Select	DataTable("FlightFrom", dtGlobalSheet)	输入起始地点	Select the <the value of the 'FlightFro
Fly To:	Select	DataTable("FlyTo", dtGlobalSheet)	输入终点	Select the <the value of the 'FlyTo' Da
FLIGHT	Click		查看航班	Click the "FLIGHT" button.
Flights Table				
From	GetItemsCount		取得航班列表的行数	Retrieve the number of items in the "F
RandomNumber		0,ItemCount	随机选取其中一项	
From	Select	SelectItem	选择航班	Select the SelectItem item from the "F
OK	Click		确认选择航班	Click the "OK" button.
Name:	Set	"CNJ"	输入订票人名字	Enter "CNJ" in the "Name:" edit box.
Insert Order	Click		插入订票记录	Click the "Insert Order" button.
Function Call	Wait	10	等待记录插入过程的完成	
Order No:	GetROProperty	"text"	取得订票记录号	Retrieve the current value of the "text"
Button_4	Click		打开订票记录窗口	Click the "Button_4" button.
Open Order				
Order No.	Set	"ON"	选择以订票号为依据查询	Set the state of the "Order No." check
Edit	Type	RecordNo	设置订票号	Type RecordNo in the "Edit" edit box.
OK	Click		确认查询	Click the "OK" button.
Fly To:	Check	CheckPoint("Fly To:")	检查订票记录中的航班终点是...	Check whether the "Fly To:" list has th

Keyword View / Expert View

图 5-48 参数化后的测试步骤

切换到专家视图，可看到如图 5-49 所示的参数化后的测试脚本。

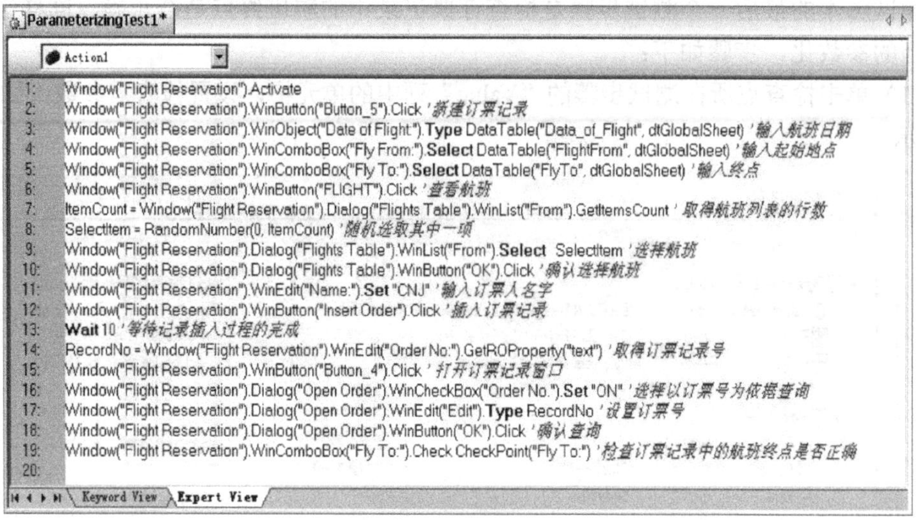

```
Window("Flight Reservation").Activate
Window("Flight Reservation").WinButton("Button_5").Click '新建订票记录
Window("Flight Reservation").WinObject("Date of Flight:").Type DataTable("Date_of_Flight", dtGlobalSheet) '输入航班日期
Window("Flight Reservation").WinComboBox("Fly From:").Select DataTable("FlightFrom", dtGlobalSheet) '输入起始地点
Window("Flight Reservation").WinComboBox("Fly To:").Select DataTable("FlyTo", dtGlobalSheet) '输入终点
Window("Flight Reservation").WinButton("FLIGHT").Click '查看航班
ItemCount = Window("Flight Reservation").Dialog("Flights Table").WinList("From").GetItemsCount '取得航班列表的行数
SelectItem = RandomNumber(0, ItemCount) '随机选取其中一项
Window("Flight Reservation").Dialog("Flights Table").WinList("From").Select SelectItem '选择航班
Window("Flight Reservation").Dialog("Flights Table").WinButton("OK").Click '确认选择航班
Window("Flight Reservation").WinEdit("Name:").Set "CNJ" '输入订票人名字
Window("Flight Reservation").WinButton("Insert Order").Click '插入订票记录
Wait 10 '等待记录插入过程的完成
RecordNo = Window("Flight Reservation").WinEdit("Order No:").GetROProperty("text") '取得订票记录号
Window("Flight Reservation").WinButton("Button_4").Click '打开订票记录窗口
Window("Flight Reservation").Dialog("Open Order").WinCheckBox("Order No.").Set "ON" '选择以订票号为依据查询
Window("Flight Reservation").Dialog("Open Order").WinEdit("Edit").Type RecordNo '设置订票号
Window("Flight Reservation").Dialog("Open Order").WinButton("OK").Click '确认查询
Window("Flight Reservation").WinComboBox("Fly To:").Check CheckPoint("Fly To:") '检查订票记录中的航班终点是否正确
```


图 5-49　参数化后的测试脚本

5.4.4　自动化测试举例

1. 案例 1：登录功能测试

登录功能测试的测试用例如表 5-4 所示。

表 5-4　登录功能测试的测试用例表

测试编号	Name	Password	预期结果	实际结果	测试结果
Flight_01	Tex	Text	提示错误	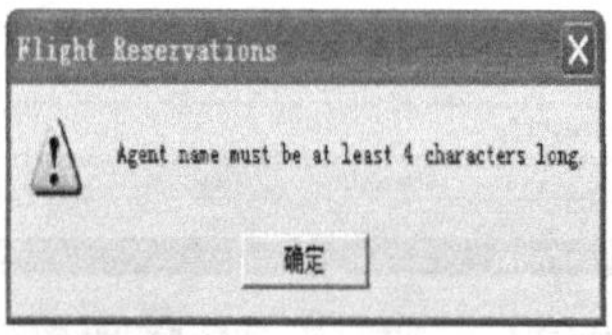	passed
Flight_02	Tex	Mercury	提示错误		passed
Flight_03	Tex		提示错误		passed
Flight_04		Text	提示错误		passed
Flight_05		Mercury	提示错误		passed
Flight_06			提示错误		failed
Flight_07	Text		提示错误		passed
Flight_08	12345		提示错误		passed

续表

测试编号	Name	Password	预期结果	实际结果	测试结果
Flight_09	Text	Mercury	正确，进入 Flight	正确，进入 Flight	passed
Flight_10	Text	Text	提示错误		passed
Flight_11	queen	queen	提示错误		passed
Flight_12	*）123		提示错误	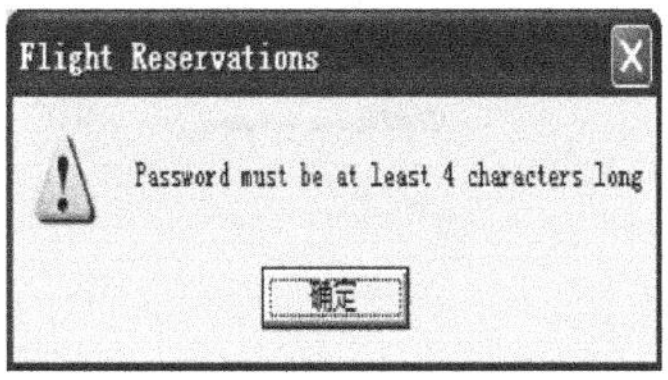	passed
Flight_13	+−/45	mry	提示错误		passed
Flight_14	mercury	mercury	提示错误	正确，进入 Flight	passed
Flight_15	axhu	mercury	正确，进入 Flight	正确，进入 Flight	passed
Flight_16	AXHU	MERCURY	正确，进入 Flight	正确，进入 Flight	passed

（1）脚本录制

①对于登录界面，首先对登录进行录制，分别输入用户名及密码，生成最简单的 VB 脚本。登录界面如图 5-50 所示。

图 5-50　登录界面

②为了能全面地测试在任何情况下的输入都会有预想的结果，根据设计出来的测试用例，在 Data Table 中设置了 AgentName 及 Password 列，把可能的情况均输入进去，之后让其自动地逐个运行测试。

③测试要具有全面性，根据登录界面的按钮分布，先对 Help 按钮进行设计，用 If 语句控制确定 Help 之中的内容后的确认。

④接着运用 For 语句，实现对 Data Table 中 Name 和 Password 逐个进行测试。

⑤对容易出错的地方设置检查点，以便在自动测试时对其进行检查，在对话框中勾选标题“Login”，单击“OK”按钮。Login 检查点设置如图 5-51 所示。

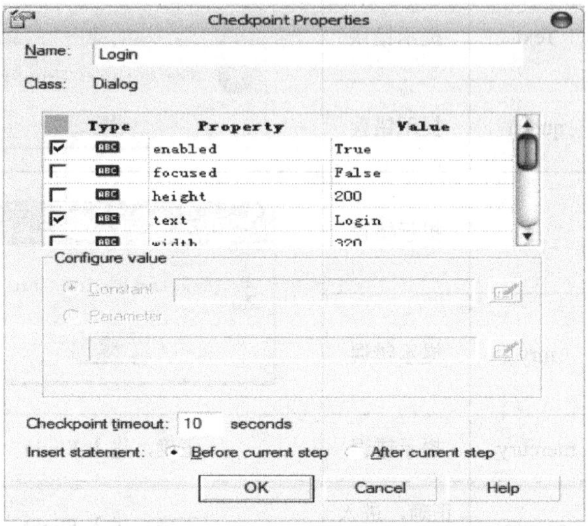

图 5-51　Login 检查点设置

（2）测试脚本

代码如下：

```
Dialog("Login").WinButton("Help").Click         '单击 Help 按钮
If Dialog("Login").Dialog("Flight Reservations").Exist Then
Dialog("Login").Dialog("Flight Reservations").WinButton("确定"). Click
End If                                          '判断在单击后是否出现对话框
Dim  i
For  i=1 to datatable.GetSheet("Action1").GetRowCount
Dialog("Login").Check CheckPoint("Login_2")
Dialog("Login").WinEdit("Agent Name:").Set DataTable("name", dtLocalSheet)
Dialog("Login").WinEdit("Password:").SetSecure DataTable("password",dtLo-
calSheet)
Dialog("Login").WinButton("OK").Check CheckPoint("OK")'单击“OK”按钮添加
检查点
Dialog("Login").WinButton("OK").Click        '从 datatable 中调取测试用例
If Dialog("Login").Dialog("Flight Reservations").Exist Then
Dialog("Login").Dialog("Flight Reservations").WinButton("确定"). Click
End If
datatable.GetSheet("Action1").SetNextRow
```

```
Next
Dialog("Login").WinEdit("Agent Name:").Set "mercury"
Dialog("Login").WinEdit("Password:").SetSecure "mercury"
Dialog("Login").WinButton("OK").Check CheckPoint("OK")
                                             '单击“OK”按钮添加检查点
Dialog("Login").WinButton("OK").Click        '输入正确的用户名和密码
wait(5)                                      '等待 5 秒
Window("Flight Reservation").WinMenu("Menu").Select "File;Exit  '退出
```

本测试脚本通过单击“Help”按钮，查看密码；通过 For 循环语句获取 DataTable 中设计的用户名和密码，验证正确的用户名和密码能够进入 Flight 订票系统，实现用户名及密码的输入自动化测试，并对其中的“OK”按钮添加检查点。

（3）执行结果

测试执行结果如图 5-52 所示。

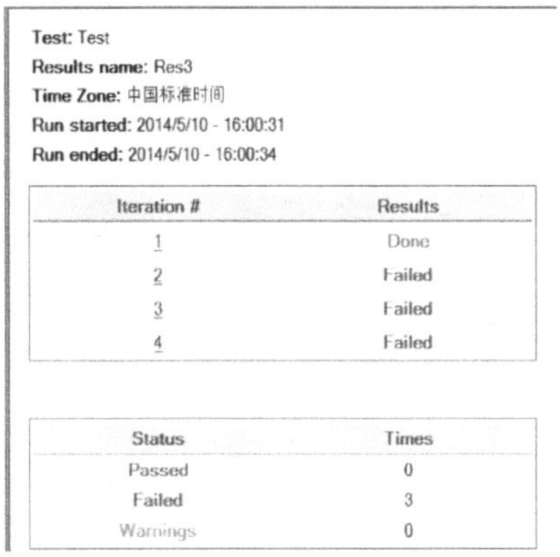

Test: Test
Results name: Res3
Time Zone: 中国标准时间
Run started: 2014/5/10 - 16:00:31
Run ended: 2014/5/10 - 16:00:34

Iteration #	Results
1	Done
2	Failed
3	Failed
4	Failed

Status	Times
Passed	0
Failed	3
Warnings	0

图 5-52　测试执行结果（1）

登录测试的结果显示：测试执行了 3 次，并且全部未通过，说明在脚本中出现了错误。Datatable 中的 Status 与 Outmsg 两列的参数值出现了误差，导致在测试中，赋值对比中找不到正确的对象。修改后选取一个用例再次进行测试。测试执行结果如图 5-53 所示。

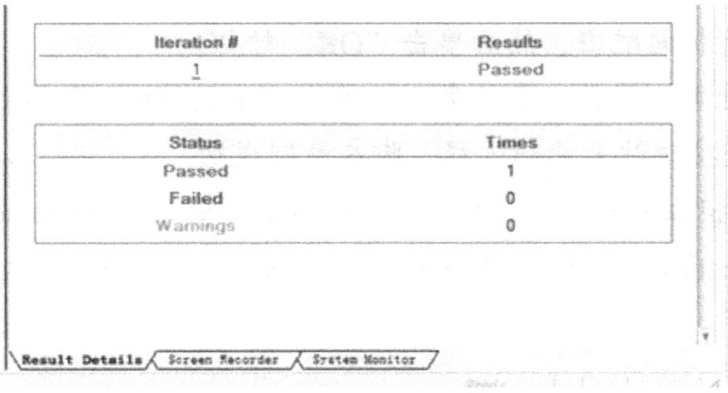

Iteration #	Results
1	Passed

Status	Times
Passed	1
Failed	0
Warnings	0

图 5-53　测试执行结果（2）

登录测试的结果显示：本次测试运行了一遍，并且获得通过，脚本错误得到修正。

2.案例 2：订票功能测试

（1）录制脚本过程

为了体现自动化测试在测试中的高效率和便捷性，测试案例中对 Flight 订票系统中的出发地、目的地、航班及订购的票数等进行了随机选取，用 Randomnumber 函数实现，使 QTP 的自动化功能更具说服力。其步骤如下。

①打开 QTP 选择“Record”，录制脚本。

②在登录界面中，Agent Name 和 Password 均以 Mercury 作为测试变量，单击“OK”按钮。

③输入飞行时间、出发地、目的地，然后单击“Flights”按钮选择航班，订票界面如图 5-54 所示。

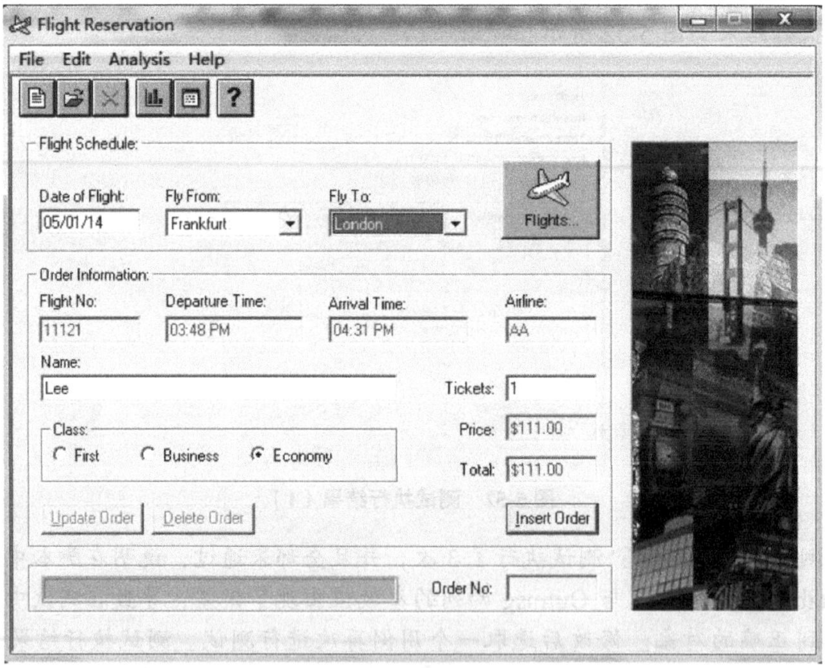

图 5-54 订票界面

④选择要乘坐飞机的航班，然后单击“OK”按钮。

⑤输入顾客的姓名、票数、票的类型，单击“Insert Order”按钮。

⑥单击“Stop”按钮结束录制过程，脚本录制成功。

⑦在容易出错的点上右击，在弹出的快捷菜单中选择“Insert Standard Checkpoint”，弹出“Checkpoint Properties”对话框。Insert Order 检查点如图 5-55 所示。

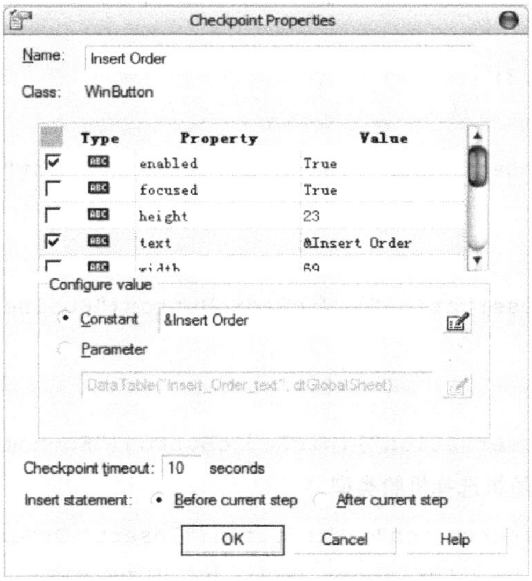

图 5-55　Insert Order 检查点

（2）调试测试脚本及注解

代码如下：

```
Dim a1, b1,c1
Window("Flight Reservation").ActiveX("MaskEdBox").Type "033112"
a1=Window("FlightReservation").WinComboBox("FlyFrom:").GetROProperty("items count")
Window("FlightReservation").WinComboBox("FlyFrom:").Select Randomnumber(0,a1-1)                '随机获取出发地
b1=Window("FlightReservation").WinComboBox("FlyTo:").GetROProperty("items count")
Window("Flight Reservation").WinComboBox("Fly To:").Select Randomnumber(0,b1-1) '随机获取目的地
Window("Flight Reservation").WinButton("FLIGHT").Check CheckPoint("FLIGHT")
 '为 FLIGHT 按钮添加检查点
Window("Flight Reservation").WinButton("FLIGHT").Click
c1=Window("FlightReservation").Dialog("FlightsTable").WinList("From").GetItemsCount
Window("Flight  Reservation").Dialog("Flights  Table").WinList("From").Select Randomnumber(0, c1-1)            '随机选择一航班
Window("Flight  Reservation").Dialog("Flights  Table").WinButton("OK").Click
Window("Flight Reservation").WinEdit("Name:").Set "zy"
Window("FlightReservation").WinEdit("Tickets:").Set Randomnumber(1,10)
'随机 1 到 10 之间的票数
```

```
Dim r
r=RandomNumber(1,3)
If r=1  Then
window("Flight Reservation").WinRadioButton("First").Set
end if
If r=2  Then
window("Flight Reservation").WinRadioButton("Business").Set
end if
IF r=3   Then
window("Flight Reservation").WinRadioButton("Economy").Set
end if          '随机选择机舱类型
Window("Flight  Reservation").WinButton("Insert  Order").Check  CheckPoint
("Insert Order")          '为 Insert Order 按钮添加检查点
Window("Flight Reservation").WinButton("Insert Order").Click
Window("Flight Reservation").Close              '退出
```

注：测试脚本主要通过 Randomnumber 函数和 If 语句进行随机选择出发地、目的地，航班、票数、机舱类型，以完成自动化测试功能。

（3）执行结果

测试执行结果如图 5-56 所示。

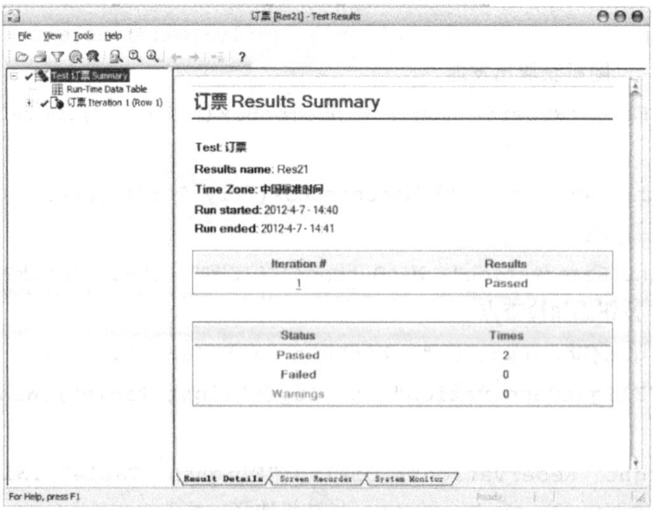

图 5-56 测试执行结果

订票功能测试的结果显示：本次测试运行了 2 遍，并且全部通过，脚本没有错误以及警告。

任务实施

录制 CVIT 系统登录模块的测试脚本，制作登录名和密码的数据表，执行测试并分析结果。

拓展训练

继续以 CVIT 系统登录模块为测试对象，以 XML 文件为数据操作对象，制作登录名和密码数据文件，执行测试并分析结果。

学习情境 6　实施 CVIT 系统的性能测试

知识目标

- 理解性能测试的概念
- 熟悉性能测试的策略
- 熟悉 LoadRunner 工具的使用
- 掌握性能测试脚本的录制过程
- 熟悉 LoadRunner 工具进行性能测试的常用指标

能力目标

- 能使用 VuGen 工具进行脚本录制
- 能利用性能指标进行软件的性能分析

引例描述

当今，计算机和软件工程发展越来越快，新的概念、名词和技术手段层出不穷，可谓日新月异。在软件性能测试范畴内就有很多，诸如并发测试、压力测试、基准测试、测试场景等概念和名词，这让刚接触性能测试的新手眼花缭乱，目不暇接。但我们如果能深入软件性能测试的本质，从逻辑的角度看问题，找出其内在联系，例如因果关系、形式内容关系，甚至重叠关系等，理清思路之后，在做软件性能测试就会如庖丁解牛，游刃有余。

任何软件系统都存在两方面的需求，即功能需求和非功能需求。性能需求是非功能需求里变现最为重要的内容，比如网站的负载量、吞吐量等。我们总是要想出各种策略去测试这些性能需求是否达到客户的要求，通过应用一些工具或者手段考察系统的运行情况。

CVIT 系统是一个 B/S 框架的动态网站，处理的业务包括新闻发布、新闻审核等，CVIT 系统具备其他网站应该具备的性能要求，本节应用 LoadRunner 作为测试工具测试 CVIT 系统的一些常见性能。

任务 6.1　理解软件性能

任务陈述

本节主要任务是分析 CVIT 系统的运用范围和了解网站的主要性能参数指标，编写性能测试计划，熟悉性能测试的主要方法，熟悉性能测试工具 LoadRunner。

学习目标

- 了解软件性能概念和表现
- 掌握软件性能的主要指标

知识准备

计算机软件作为人类逻辑智慧的结晶，可模拟并替代人类的一些活动，代替人类“发号施令”。在计算机软件发展的短短几十年内，计算机软件以非常快的速度渗透到了人类社会的各个角落，例如我们在家上网，出门坐公交车刷卡，在工作中发电子邮件等，这些便捷生活的背后都有大量的软件系统运行支持。

同时，有关软件的概念和名词也呈爆炸性增长，从百度中搜索“软件”关键词，就有 135 000 000 条记录；软件的发展方向和领域也在不断细化，例如软件架构和平台、软件工程、软件应用，还有软件开发测试等，因此我们可以判断软件的发展趋势是系统化、复杂化，这种趋势使软件能够为人类提供越来越强大的功能，但也为我们理解和把握软件带来困难。

由于软件代码是人的逻辑思想的表现，所以软件在设计思想和实现方法上也存在很大差异。另外，随着软件的发展，产生了各种应用领域的软件，它们之间存在千丝万缕的关系。从层次上看，有系统软件、应用软件和介于两者之间的中间件。因此一个软件的运行涉及的因素有很多，需要从各个方面分析。

6.1.1 功能与性能的关系

用户看到的是软件越来越通用，功能越来越庞大，就软件本身，其发展是一个从简单到复杂，从低级到高级，从无序到有序的过程。软件诞生后，短短几十年，软件业奇迹般地高速发展，逐渐走下高高在上的神坛，并广泛应用到人类社会的各个领域，用户也不再把软件看做神秘的物品，而是普通的商品，开始从经济学的角度考虑软件产品，这是一个意味深长的变化。讲经济就是要运用投入产出的关系分析和指导软件工程的各种活动和环节，软件运行不能以硬件不计成本为假设，而要尽可能地少占用各种硬件资源，同时，软件运行的速度也要尽可能得快，每秒 5000 次加法运算是根本不可想象的，也是不可能被用户接受的。这些其实就是用户最原始的性能需求。

首先，性能和功能的源头都是来自于用户的需求。功能指的是在一般条件下软件系统能够为用户做什么，能够满足用户什么样的需求。例如电子邮件系统，用户期望该软件系统能够提供收发电子邮件、保存草稿、设置偏好等功能，只有这些功能实现了，用户才认为这是他想要的软件。但是随着软件市场竞争的激烈，软件技术的日益提高，系统能不能工作仅仅是一个最基本的门槛，能够“又好又快”才能获得用户的青睐，而性能则是衡量软件系统“好快”的一个重要因素。“好”就是为用户省钱，用最小的硬件成本运行软件系统；“快”就是软件响应时间要短，用户使用时最好一秒钟也不要等。简单地讲，性能就是在空间和时间资源有限的条件下，软件系统能不能正常工作。

如果把上面邮件的功能和性能需求量化，编写成用户需求说明书如下。

功能需求说明：邮件系统能够支持收发用 30 种语言书写的标题和正文的邮件，并支持粘贴 10MB 的邮件附件。

性能需求说明：邮件系统能够在 2GB RAM/1GHz CPU 的服务器上，支持 10000 个注册用户，日均处理 10000 封邮件，响应时间不超过 5s/封。

通过对比功能需求说明和性能需求说明，发现两者不同之处如下：

（1）功能需求说明中名词和动词较多，描述软件主体和动作行为，比如“标题”“正文”“收发”“粘贴”等。

（2）性能需求说明中对涉及容量和时间词汇多，如“2GB RAM 服务器”“10000 个注册用户”“5s/封”等。

软件性能需求和功能需求区别的实质是：软件功能需求焦点在于软件“做什么”，关注软件物质“主体”发生的“事件”；而软件性能需求则关注于软件物质“做得如何”，这是综合“空间”和“时间”考虑的方案（资源和速度），表现为软件对“空间”和“时间”的敏感度。认识到性能的这些基本特征对于性能测试人员非常重要，因为在下面的任务中我们将要通过多个“空间”和“时间”的组合，来揭开性能指标的实质和提高的办法。另外，我们也要认清一个事实，软件性能的实现是建立在功能实现的基础之上的。

6.1.2 软件性能主要指标

软件系统在满足用户强大的功能需求的同时，架构和实现也变得复杂，软件系统历经单机系统时代、客户机/服务器系统时代，到现在跨广域网的庞大分布式系统时代，这样的案例在金融、电信系统中随处可见。

当软件系统的业务量越来越大，需要使用更多的时间和空间资源时，在一般情况下没有出现的软件性能问题就此暴露，这些问题“不鸣则已，一鸣惊人”，轻则让软件对外不能正常提供服务，重则可能导致系统的崩溃甚至数据的丢失，这都会给用户带来无法估量的损失。

案例 1：某西部大型油田使用钻井平台数据采集系统，在上线之前通过了功能测试，但软件系统上线之后，在使用采集的电子数据勘探油层时，总是不能准确地找到油口，导致数百万元的损失。经研究试验，发现软件系统从平台采集的数据和手工采集的数据差异很大，经过性能测试后，找到其根本原因是采集过程中产生的数据量非常大，导致软件系统在采集过程中线程“死掉”，丢失部分数据，最终产生错误的采集结果，为工程人员提供了错误的判断依据。

案例 2：2006 年 10 月，日本第三大手机运营商——软银移动本希望通过降低手机资费吸引用户，谁知大量用户蜂拥而至导致企业的计算机系统陷入瘫痪，软银移动在 10 月 29 日不得不宣布暂停接纳新用户，直接损失逾亿日元。

用户当然不希望看到以上的场景发生在自己的软件系统上，“瘫痪”意味着响应时间延长，不能为客户提供正常服务；数据丢失则是一个不可接受的严重问题，损失几乎不可弥补。因此用户对软件性能的要求日益严格并细化，可以说是“与时俱进”。

简单地说，在软件发展的初级阶段，“既要马儿跑，又要马儿少吃草”，这是当时很多用户对软件系统提出的性能要求，这里的“跑”涉及时间，“草”涉及空间。“马儿跑”就是软件系统对用户的响应要快，处理时间要短；“马儿少吃草”就是软件系统能够尽可能地少占用和消耗资源，诸如内存、CPU 等。因此，测试人员在做性能测试时，往往要把响应时间、内存利用率、I/O 占用率等写在最后的测试报告中，因为这是用户最关心的软件性能。

随着用户的软件质量意识的增强，用户对软件的性能需求也越来越多，越来越细致。这时不仅要让马儿跑，还要马儿跑得能快能慢（软件系统的伸缩性），“路遥知马力”（软件系统在长时间运行下的稳定性）等。具体性能如下。

计算性能：就是“马儿要能跑”，要有很快的速度，最好是“日行千里，夜行八百”。对于软件系统，计算性能是用户最关心的一个指标，即软件系统运算速度有多快。例如，用户关注软件系统执行一个典型的业务需要花多少时间。测试人员要给出用户答案，软件系统在完成用户典型操作，如业务的交易计算，数据的增、删、改、查操作时间是不是在用户可接受的范围内。

资源的利用和回收：就是“马儿少吃草”。软件系统的“草料”就是其依存的硬件和软件资源，硬件资源包括客户端硬件、服务器硬件和网络硬件；软件资源包括操作系统、中间件和数据库等。其中要特别说明，运行软件系统需要使用到的服务器内存数量，对于整个系统的性能表现至关重要。因此，软件系统能否在运行时有效地使用和释放内存是测试人员考察软件性能的一个重要因素。

对于计算机来讲，计算机内存为程序提供运行空间，如果内存不够大，CPU 就不能把全部的数据和程序放到内存中，只好一部分放在内存中，一部分放在硬盘中，现用现取，而读取内存和读取硬盘数据的速度要差好几个数量级，这就大大影响了计算机的工作效率。如果还不能理解内存的重要性，可以用以下形象的案例说明。

如果 CPU 是位画家，那么内存就是他的工作台。工作台上放着画布（被操作的数据），有各种画笔、刷子等各种工具。如果工作台（内存）不能足够大，容纳不下绘画所使用的所有工具，那么画家就需要不时地去储藏室（硬盘等存储设备）里取所需的工具，这就会大大影响绘画的速度。所以在评价一个系统性能时，要特别关注这个系统对内存的使用。

启动时间：这是“马儿”的加速度问题。用户希望系统进入正常工作状态的时间越短越好，尤其在主备系统中，软件的启动时间直接影响主备系统的切换效率。而不同软件系统的启动时间是不同的。J2EE 系统在第一次启动时一般会比较慢，因为期间涉及缓存的加载、JSP 页面的编译、Java Class 编译成机器指令等。所以在第一次启动应用时感到非常慢是比较正常的，这也是 J2EE 或者 Java 应用的一个特点。而 C/C++程序直接运行的是二进制机器代码，启动速度就要快一些。

伸缩性：“马儿”要能快能慢。伸缩性是分析系统性能经常被忽略的一个方面。例如一个系统在 50 个并发用户访问的时候表现正常，但是当并发用户达到 1000 的时候，系统表现如何？服务器的性能是逐渐下降呢，还是在某个拐点附近急剧下降呢？

如图 6-1 所示，该图是一个伸缩性不好的系统响应时间表现图，随着并发用户的增加，平均相应时间越来越长。系统最终达到一个不可用的程度，没有一个用户会接受系统这样的性能表现。

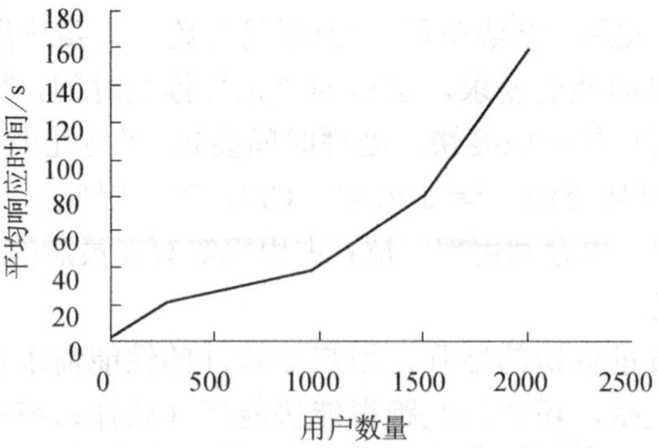

图 6-1　伸缩性不好的系统响应时间表现图

如图 6-2 所示，该图是一个伸缩性较好的系统响应时间表现图，随着并发用户的增加，平均响应时间逐渐稳定下来。

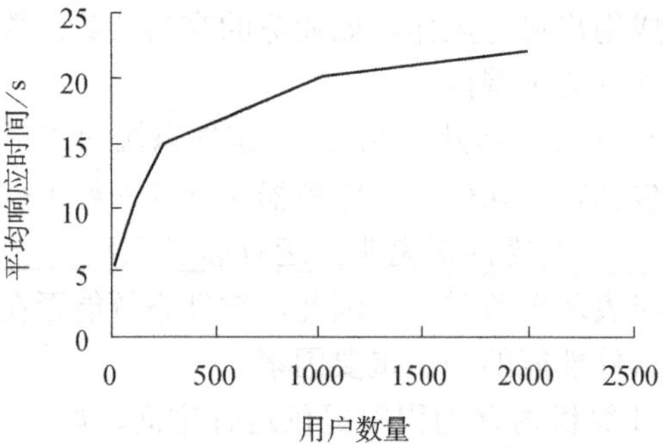

图 6-2　伸缩性良好的系统响应时间表现图

稳定性：千里马能够“路遥知马力”，而黑马只能够一时跑得快。用户希望自己的软件系统是“千里马”，而不是“黑马”。尤其是金融和电信系统，这些软件系统基本上都要求每天 24 小时运转，时时刻刻准备着为用户提供服务。如果软件系统在运行一段时间后出现问题，又不能响应用户的请求甚至破坏或丢失数据，那么软件系统为用户带来的损失是巨大的。这种稳定性问题应该在软件系统上线之前就被考虑并得到解决。

“快”“好”这只是用户的主观体验，如果能让这些感觉和要求被其他人正确地理解（尤其是对软件人员），那么就需要用数据把上述用户的感受量化并表达出来，这就是性能指标。

通常，衡量一个软件系统性能的常见指标。

1. 响应时间

响应时间就是用户感受软件系统为其服务所耗费的时间，对于网站系统来说，响应时间就是从单击一个页面开始计时，到这个页面完全在浏览器中展现结束计时的这一段时间间隔，这看起来很简单，但其实在这段响应时间内，软件系统在幕后经过了一系列的处理工作，贯穿整个系统节点。根据“管辖区域”不同，响应时间可细分为：

（1）服务器端响应时间。这个时间指的是服务器完成交易请求执行的时间，不包括客户端到服务器端的反应（请求和耗费在网络上的通信时间），这个服务器端响应时间可以度量服务器的处理能力。

（2）网络响应时间。这是网络硬件传输交易请求和交易结果所耗费的时间。

（3）客户端响应时间。这是客户端在构建请求和展现交易结果时所耗费的时间，对于普通的“瘦”客户端 Web 应用来说，这个时间很短，通常可以忽略不计；但是对于“胖”客户端 Web 应用来说，比如 Java Applet、Ajax，由于客户端内嵌了大量的逻辑处理，耗费的时间有可能很长，从而成为系统的瓶颈，这是需要注意的一个节点。

因此，客户感受的响应时间等于客户端响应时间+服务器端响应时间+网络响应时间。细分的目的是方便定位性能瓶颈出现在哪个节点。

2. 吞吐量

吞吐量是我们常见的一个软件性能指标，对于软件系统来说，“吞”进去的是请求，“吐”出来的是结果，而吞吐量反映的是软件系统的“饭量”，也就是系统的处理能力，具体地讲，就是指软件系统在每单位时间内能处理多少个事务/请求/单位数据等。但它的定义比较灵活，在不同的场景下有不同的诠释，如数据库的吞吐量是指单位时间内，不同 SQL 语句的执行数量；而网络的吞吐量是指单位时间内在网络上传输的数据流量。吞吐量的大小由负载（如用户的数量）或行为方式来决定。如下载文件比浏览网页需要更高的网络吞吐量。

3. 资源使用率

常见的资源使用率有：CPU 占用率、内存使用率、磁盘 I/O 使用率、网络 I/O 使用率。

4. 点击数

点击数是衡量 Web Server 处理能力的一个很有用的指标。需要明确的是点击数不是我们通常理解的用户鼠标点击次数，而是按照客户端向 Web Server 发起了多少次 HTTP 请求计算的，一次鼠标可能触发多个 HTTP 请求，这需要结合具体的 Web 系统来计算。

5. 并发用户数

并发用户数用来度量服务器并发容量和同步协调能力。并发数反映了软件系统的并发处理能力，和吞吐量不同的是，它大多占用套接字、句柄等操作系统资源。

另外，度量软件系统的性能指标还有系统恢复时间等，其实凡是与用户有关的资源和时间的要求都可以被视做性能指标，都可以作为软件系统的度量，而性能测试就是为了验证这些性能指标是否被满足。

在上一节中，我们知道软件系统的性能问题多种多样，给用户带来巨大的风险，那么我们如何在软件系统上线之前，找出软件中潜在的性能问题呢？

6.1.3 性能测试的时间

首先，软件性能测试属于软件测试范畴，存在于软件测试的生命周期中。一个软件的生产开发过程通常遵循测试 V 型图，如图 6-3 所示。

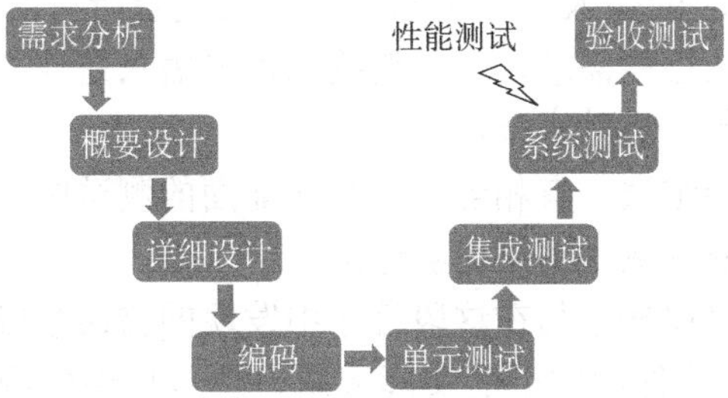

图 6-3 测试 V 型图

在通常的软件生产周期中，先由用户提出用户需求或经系统分析核定后提出系统需求，开发人员经过需求分析提出软件需求规格说明，进行概要设计，再提出概要设计说明，进行详细设计，然后提出详细设计说明，最后对每个模块进行编码。到测试阶段，测试按照开发过程逐阶段进行验证并分步实施，体现了从局部到整体、从低层到高层逐层验证系统的思想。对应软件开发过程，软件测试步骤分为代码审查、单元测试、集成测试、系统测试。

而性能测试就属于软件系统测试，其最终目的是验证用户的性能需求是否得到满足，在这个目标下，性能测试还常常用来：

（1）识别系统瓶颈和产生瓶颈的原因。

（2）优化和调整平台的配置（包括硬件和软件）使其达到最高的性能。

（3）判断一个新的模块是否对整个系统的性能有影响。

系统瓶颈：瓶颈本来是指玻璃瓶中直径较小并影响流水速度的一段，用它来比喻软件系统中出现性能问题的节点，如一个典型的分布式软件系统压力流动图如图 6-4 所示。

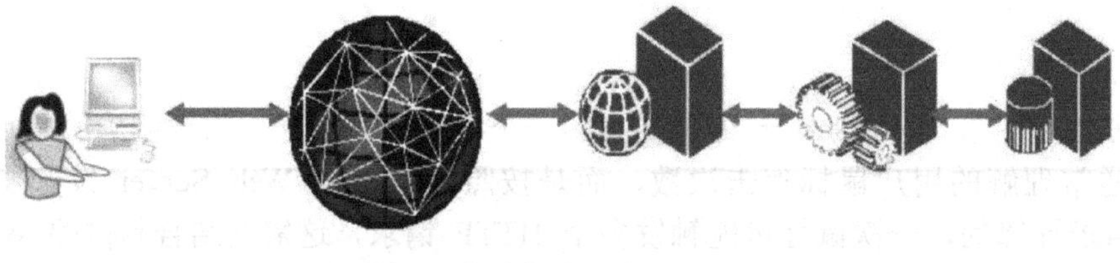

图 6-4　分布式软件系统压力流动图

如果把软件系统看做是交通系统，那么网络就是一条条大道，客户端、防火墙、负载均衡器、Web 服务器、应用服务器（中间件）、数据库等各个系统节点就是交通要塞，客户的请求和数据就像在道路上行驶的车辆，如果在某处发生堵车，那么整个交通系统都会不通畅。在这时，我们需要分析是哪里出了问题，是道路不够宽，还是某处立交桥设计不合理而引起堵塞等。找到问题的关键点，那么此关键点就是本系统的瓶颈。软件系统也是如此，测试人员做性能测试的大部分工作就是为了寻找这个瓶颈具体在何处。

需要注意的是，软件的性能瓶颈可能不止一处。

作为软件测试的一种，以下软件测试的规则同样适用于性能测试。

1. 确定预期输出是测试必不可少的一部分

如果事先无法肯定预期的测试结果，通常把看起来似是而非的预测当作正确结果。必须提倡用事先精确对应的输入和输出结果来详细检查所有的输出。对于性能测试来讲，预期输出就是用户的性能需求，一份明确的性能需求是性能测试成功的先决条件。

2. 必须彻底检查每一个测试结果

事实上，最终发现的错误，有相当一部分在前面的测试中就已经暴露，只是由于测试人员未能细心检查先前的测试结果而被遗漏。

一段程序中存在的错误概率与在这段程序中发现的错误数成正比。

这是 Pareto 原则于软件测试中的实际应用，也包括性能测试，即性能测试发现的错误中的 80%很可能集中在 20%的程序模块中。

3. 穷举测试是不可能的

在性能测试中不可能覆盖每一个功能部分，这也意味着有性能问题的模块可能被忽略，因此，测试人员在设计性能测试案例时，应该采取一些策略和技巧，使用尽可能少的性能测试用例，发现尽可能多的 Bug。

6.1.4　性能测试策略

谈到“策略”，这是当前使用较多的一个词。不仅在 IT 领域，其他各个行业中也都有各种各样的策略，如营销策略、风险规避策略等。策略即谋略、手段、方法，表现为权宜的行动路线、指导原则或过程。

做事情讲策略，这是一种智慧，是人们运用智慧的表现，但当越来越多的策略“概念化”的时候，测试人员不得不去思考我们到底要达到什么样的目标，什么样的策略才是我们需要的。

引用网上一位哲人说的话：“概念只是为了方便人们理解和研究世界万物事物而制造的工具，而最终结果将使概念不再需要，就如同庄子所说得意而忘言。”语言就是一种包装材料，它包装的是某种含义。因为人类传递信息必须使用语言，所以我们在研究的时候不得不借助于这种包装，但是当人的思维能力具备了打开包装直接取得内部的含义时，语言就变得多余了。这时再关注于语言和概念就成为买椟还珠的现代版。

因此，我们应该关注的不是概念本身，而是概念背后的含义。理解了含义，再冠予它什么样的名词头衔，如“攻略”，而理解一个概念，我们可以用 WWH 法，即对概念提三个问题，即 Why、What、How。

言归正传，回到软件性能测试策略。在性能测试过程中，只要做事情，就会有策略，如设计用例有设计策略，执行时有执行策略，调优时还有调优策略。为了不产生混淆，在本节中讨论的策略是性能测试设计策略。

Why（为什么会有不同的策略）：在软件性能中，我们知道软件的性能来自软件对空间和时间的综合方案，这种组合有很多，因此用户的软件性能需求也会多种多样。对于软件测试人员，我们做性能测试也要因地制宜，根据不同的性能需求，选择不同的测试策略。

What（什么是性能测试设计策略）：验证性能需求是测试目的，性能测试设计策略即已经被证明是行之有效的测试方法。

How（怎样实施）：常见的性能测试方法有以下 6 种。

1. 负载测试

在这里，负载测试是指最常见的验证一般性能需求而进行的性能测试，在前面提到用户最常见的性能需求就是“既要马儿跑，又要马儿少吃草”。因此负载测试主要是考察软件系统在既定负载下的性能表现。对负载测试理解如下：

（1）负载测试是站在用户的角度去观察在一定条件下软件系统的性能表现。

（2）负载测试的预期结果是用户的性能需求得到满足。此指标一般体现为响应时间、交易容量、并发容量、资源使用率等。

2. 压力测试

压力测试是考察系统在极端条件下的表现，极端条件可以是超负荷的交易量和并发用户数。注意，这个极端条件并不一定是用户的性能需求，可能是远远高于用户的性能需求。压力测试和负载测试不同的是，压力测试的预期结果就是系统出现问题，而我们需要考察的是系统处理问题的方式。比如，一个系统在面临压力的情况下能够保持稳定，处理速度可以变慢，但不能让系统崩溃。因此，压力测试是让我们识别系统的弱点和在极限负载下程序将如何运行。

负载测试关心的是用户规则和需求，而压力测试关心的是软件系统本身。对于两者的区别，可以用华山论剑的例子形象地描述。如果把郭靖看做被测试对象，那么压力测试就像是郭靖和已经走火入魔的欧阳锋过招，欧阳锋蛮打乱来，毫无套路，尽可能地去打倒对方。郭靖要应对，并且不能丢掉小命。而常规性能测试就如郭靖和黄药师、洪七公三人约定，只要郭靖能分别接两位高手三百招，郭靖就算胜。至于三百招后郭靖输掉那也不用管。他只要能接下三百招，就算通过。

3. 并发测试

并发测试指验证系统的并发处理能力，一般是和服务器端建立大量的并发连接，通过客户端的响应时间和服务器端的性能监测情况来判断系统是否达到既定的并发能力指标。负载测试往往会使用并发创造负载，之所以把并发测试单独提出来，是因为并发测试通常涉及服务器的并发容量，以及多进程/多线程协调同步可能带来的问题。因此它是必须测试的节点。

4. 基准测试

当软件系统中增加一个新的模块时，需要做基准测试，以判断新模块对整个软件系统的性能影响。按照基准测试的方法，需要打开/关闭新模块至少各做一次测试。以关闭模块之前的系统各个性能指标记录作为基准，然后与打开模块状态下的系统性能指标做比较，以判断模块对系统性能的影响。

5. 稳定性测试

“路遥知马力”，在这里讲的是和性能测试有关的稳定性测试，即测试系统在一定负载下运行长时间后是否会发生问题。软件系统的有些问题是不可能突然暴露出来的，或者是需要时间积累才能达到能够度量的程度。为什么需要这样的测试呢？因为有些软件的问题只有在运行一天或一个星期甚至更长的时间才会暴露。这种问题一般是程序占用资源却不能及时释放而引起的。例如，内存泄漏问题就是经过一段时间积累才会慢慢变得显著，在运行初期很难检测到；还有客户端和服务器在负载运行一段时间后，建立了大量的链接通路，却不能有效地复用或及时释放。

6. 可恢复测试

可恢复测试是指测试系统能否快速地从错误状态中恢复到正常状态。如在一个配有负载均衡的系统中，主机承受压力无法正常工作后，备份机是否能够快速地接管负载。可恢复测试通常结合压力测试一起做。

任务实施

根据前面学习情境的测试方案范例，结合网站测试的性能指标，编写 CVIT 系统的性能测试实施方案。注意测试的性能指标要符合实际系统发布实际要求。

任务 6.2 LoadRunner 入门

任务陈述

LoadRunner 是一款强有力的压力测试工具。其脚本可以录制生成，自动关联；测试场景可以面向指标，多方监控；测试结果可用图表显示，并且可以拆分组合。

现在很多 IT 企业的性能测试工作离不开 LoadRunner 工具。不过，尽管使用了 LoadRunner 这一强大的压力测试工具，很多企业软件产品遇到的性能问题仍未能得到解决——因为仅有好的测试工具是不够的。除了拥有实用的测试工具，要想做好性能测试还应掌握工具相关的理论知识。只有以坚实的理论作为实际工作的依托，才能让测试工具发挥出应有的功效。

本任务是为 CVIT 系统的负载测试做好准备，了解 LoadRunner 工具的使用，学会性能测试的脚本录制和配置。

学习目标

- 熟悉 LoadRunner 的基本内涵
- 掌握 LoadRunner 性能测试的一般流程
- 学会适应 VuGen 创建脚本
- 学会适应 Controller 创建场景
- 学会基本的性能分析

知识准备

作为专业的性能测试工具，通过模拟成千上万的用户对被测系统进行操作和请求，能够在实验室环境中重现生产环境中可能出现的业务压力，再通过测试过程中获取的信息和数据来确认和查找软件的性能问题，分析性能瓶颈。

在一些软件项目中，项目经理或测试经理会安排测试工程师进行以下工作：

- 用 LoadRunner 测试系统的最大并发用户数。
- 用 LoadRunner 测试系统 8 小时的最大业务吞吐量。
- 用 LoadRunner 测试系统的稳定性与健壮性。
- 用 LoadRunner 测试系统在数据达到 100 万条记录时的性能。
- 用 LoadRunner 测试核心事务响应时间是否满足用户的需求。

6.2.1 LoadRunner 简介

使用 LoadRunner 可以创建模拟场景，并定义性能测试会话期间发生在场景中的事件。在场景中，LoadRunner 会用虚拟用户（或称 Vuser）代替物理计算机上的真实用户。这些 Vuser 以一种可重复、可预测的方式模拟典型用户的操作，对系统施加负载。

视频：LoadRunner 入门介绍

假设测试一个基于 Web 的旅行社应用程序（供用户在线预订机票），以确定应用程序在多个用户同时执行相同事务时的反应情况。此时就可以使用 LoadRunner 创建具有 1000 个 Vuser（代表 1000 家旅行社）的场景，这些 Vuser 可同时在该应用程序中预订机票。

1. 测试流程

LoadRunner 测试流程由以下 4 个基本步骤组成。

步骤 1：创建脚本。捕获在应用程序上执行的典型最终用户业务流程。

步骤 2：设计模拟场景。通过定义测试期间发生的事件，设置负载测试环境。

步骤 3：运行场景。运行、管理并监控负载测试。

步骤 4：分析结果。分析 LoadRunner 在负载测试期间生成的性能数据。

2. LoadRunner 组件

测试流程中的每个步骤均由 LoadRunner 的相应组件执行。这些组件包括以下几个。

（1）HP Virtual User Generator（VuGen）：用于创建脚本。

VuGen 通过录制典型最终用户在应用程序上执行的操作来生成虚拟用户（或称 Vuser）。然后 VuGen 将这些操作录制到自动化 Vuser 脚本中，将其作为负载测试的基础。

（2）HP LoadRunner Controller（Controller）：用于设计并运行场景。

Controller 是用来设计、管理和监控负载测试的中央控制台。使用 Controller 可运行模拟真实用户操作的脚本，并通过让多个 Vuser 同时执行这些操作，从而在系统上施加负载。

（3）HP Analysis（Analysis）：用于分析场景。

Analysis 提供包含深入性能分析信息的图和报告。使用这些图和报告可以找出并确定应用程序的瓶颈，同时确定需要对系统进行哪些改进以提高其性能。

3. 示例应用程序——HP Web Tours

为了说明 HP 解决方案，快速入门指南使用一个基于 Web 的旅行社应用程序系统（名为 HP Web Tours）案例。HP Web Tours 用户可以连接到 Web 服务器，搜索航班，预订机票并查看航班路线。

这里将使用 LoadRunner 组件（VuGen、Controller 和 Analysis）完成创建、运行和分析负载测试的基本步骤。该测试将模拟 10 家旅行社同时使用机票预订系统（例如，登录、搜索航班、购买机票和注销）。

4. 启动案例 Web 服务器

Web 服务器将在 LoadRunner 安装完成后自动启动。如果服务器未运行，请选择“开始”→“程序”→“HP LoadRunner”→“Samples”→“Web”→“启动 Web 服务器”。如果尝试启动已运行的 Web 服务器，若出现错误消息，可以忽略此消息并继续按照快速入门的指示操作。

6.2.2 使用 VuGen 创建脚本

创建负载测试的第一步是使用 VuGen 录制典型最终用户业务流程。VuGen 以“录制-回放”的方式工作。当我们在应用程序中执行业务流程步骤时，VuGen 会将操作录制到自动化脚本中，并将其作为负载测试的基础。

视频：使用 VuGen 创建脚本

如何开始录制用户活动？

首先打开 VuGen 并创建一个空白脚本。

1. 启动 LoadRunner

选择“开始”→“程序”→“HP LoadRunner”→“LoadRunner”，打开“HP LoadRunner 11.00”窗口，如图 6-5 所示。

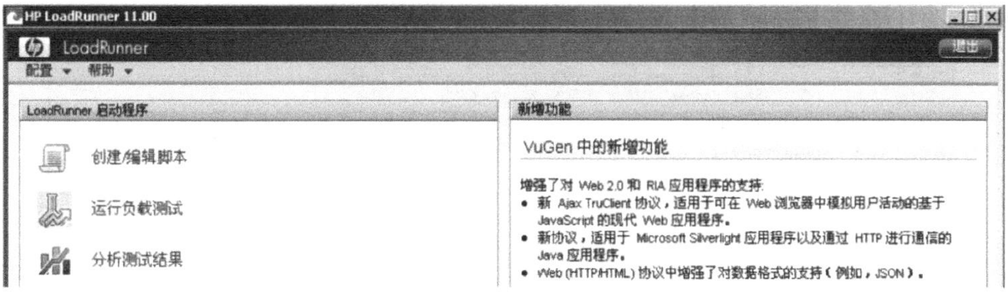

图 6-5　“HP LoadRunner 11.00”窗口

2. 打开 VuGen

在“HP LoadRunner 11.00”窗口中，单击“创建/编辑脚本”，将打开 VuGen 起始页。

3. 创建一个空白 Web 脚本

在 VuGen 起始页，单击“新建 Vuser”按钮，将打开“新建虚拟用户”对话框，如图 6-6 所示，其中显示了新建单协议脚本屏幕。

协议是客户端用来与系统后端进行通信的语言。HP Web Tours 是一个基于 Web 的应用程序，因此我们将创建一个 Web 虚拟用户脚本。

请确保“类别”下拉列表中选中“所有协议”。VuGen 将列出适用于单协议脚本的所有可用协议。向下滚动列表，选择“Web（HTTP/HTML）”并单击“创建”按钮，创建一个空白 Web 脚本。

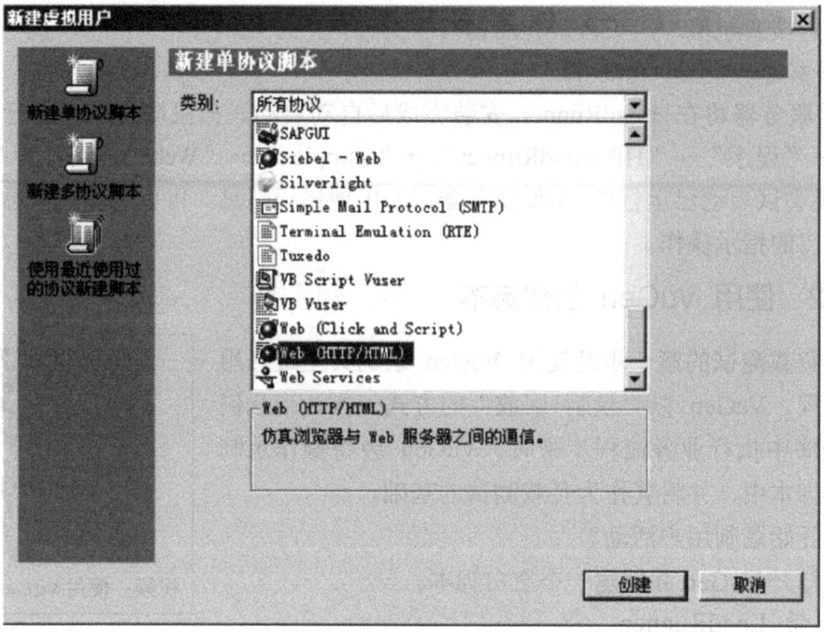

图 6-6 “新建虚拟用户”对话框

空白脚本以 VuGen 的向导模式打开，同时在左侧显示任务窗格，如图 6-7 所示。如果未显示任务窗格，请单击工具栏中的“任务”按钮。

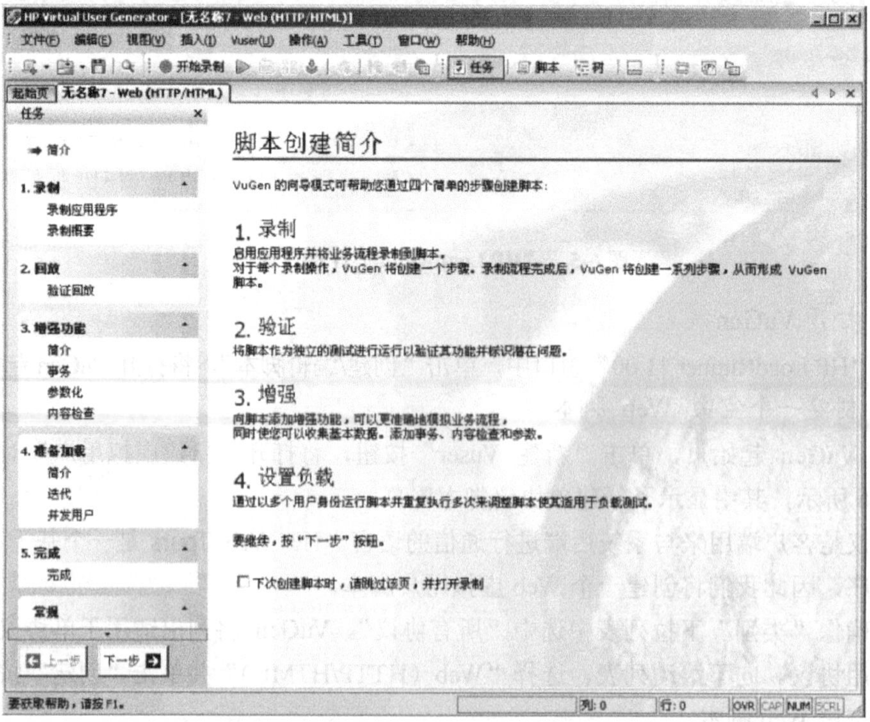

图 6-7 以 VuGen 的向导模式打开的空白脚本

VuGen 的向导将指导我们逐步完成创建脚本并使其适应测试环境的过程。任务窗格列出脚本创建过程中的各个步骤或任务。在我们执行各个步骤的过程中，VuGen 将在窗口的主要区域显示详细说明和指示信息。

如何录制业务流程以创建脚本？

创建用户模拟场景的下一步就是录制真实用户所执行的操作。在前面已经创建了一个空的 Web 脚本。现在可以直接将用户操作录制到此脚本中。在本节，我们将跟踪一个完整的事件（一名乘客预订从丹佛到洛杉矶的航班，然后查看航班路线）。

录制脚本，请执行下列操作。

（1）在 HP Web Tours 网站上开始录制。

①在任务窗格中的录制下方，单击“录制应用程序”。

②单击说明窗格底部的“开始录制”，这时将打开“开始录制”对话框，如图 6-8 所示。

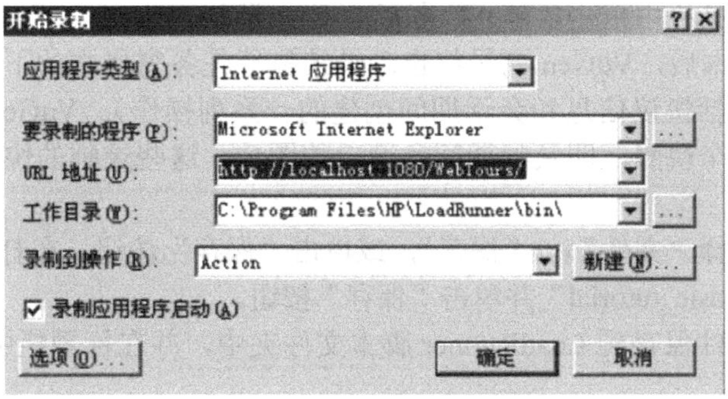

图 6-8　“开始录制”对话框

在“URL 地址”框中，输入“http：//localhost:1080/WebTours/”。在“录制到操作”框中，选择“Action”。单击“确定”按钮。

这时将打开一个新的 Web 浏览窗口并显示 HP Web Tours 网站。

注：如果打开网站时出错，请确保 Web 服务器正在运行。要启动服务器，请选择“开始”→“程序”→“HP LoadRunner”→“Samples”→“Web”→“启动 Web 服务器”。

这时将打开浮动的“正在录制”工具栏，如图 6-9 所示。

图 6-9　“正在录制”工具栏

（2）登录到 HP Web Tours 网站。

在 HP Web Tours 主页，输入用户证书。在“Username（用户名）”框中输入“jojo”，在“Password（密码）”框中输入“bean”。单击“Login（登录）”，打开欢迎页面。

（3）输入航班详细信息。

单击“Flights（航班）”，这时将打开“Find Flight（查找航班）”页面。

①Departure City（出发城市）：Denver（丹佛，默认值）。

②Departure Date（出发日期）：保持默认值（当前日期）。

③Arrival City（到达城市）：Los Angeles（洛杉矶）。

④Return Date（返回日期）：保持默认值（第二天的日期）。

请保持其余选项的默认设置不变并单击“Continue（继续）”按钮，将打开“Find Flight（查找航班）”页面。

（4）选择航班。单击“Continue（继续）”按钮接受默认航班选择，然后打开“Payment Details（支付明细）”页面。

（5）输入支付信息并预订机票。

在“Credit Card（信用卡）”框中输入“12345678”，并在“Exp Date（到期日）”框中输入“01/10”。单击“Continue（继续）”按钮，这时将打开“Invoice（发票）”页面，显示你的发票。

（6）查看航班路线。单击左窗格中的“Itinerary（路线）”，这时将打开“Itinerary（路线）”页面。

（7）单击左窗格中的“Sign Off（注销）”。

（8）在浮动工具栏中单击“停止”按钮以停止录制。

生成 Vuser 脚本后，VuGen 向导将自动继续执行任务窗格中的下一个步骤，并显示录制摘要信息（包括协议信息和会话期间创建的一系列操作）。VuGen 为录制期间执行的每个步骤生成一个快照，即录制期间各窗口的图片。这些录制的快照以缩略图的形式显示在右窗格中。

（9）保存。选择“文件”→“保存”，或单击“保存”按钮。在打开的对话框的“文件名”框中输入“basic_tutorial”并单击“保存”按钮。

VuGen 将该文件保存到 LoadRunner 脚本文件夹中，并在标题栏中显示脚本名称。

拓展阅读

1. 如何查看脚本

现在就可以在 VuGen 中查看已录制的脚本，可在树视图或脚本视图中查看。树视图是一种基于图标的视图，将 Vuser 的操作以步骤的形式列出，而脚本视图是一种基于文本的视图，将 Vuser 的操作以函数的形式列出。

（1）树视图。要在树视图中查看脚本，可选择“视图”→“树视图”，或者单击工具栏中的“树”按钮。对于录制期间执行的每个步骤，VuGen 在脚本树中为其生成一个图标和一个标题，如图 6-10 所示。

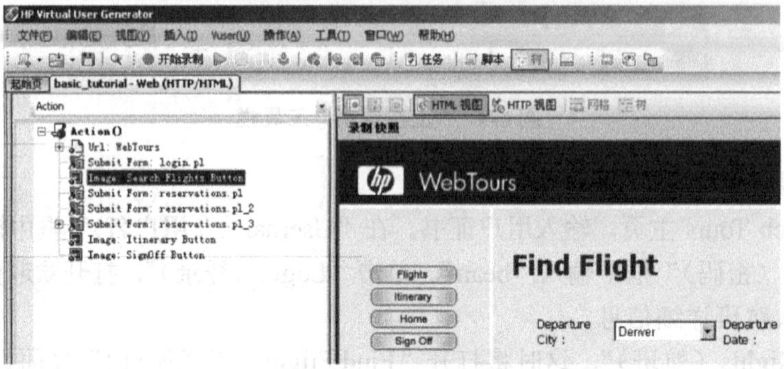

图 6-10 树视图

在树视图中，将看到以脚本步骤的形式显示的用户操作，大多数步骤都附带相应的录制快照。

（2）脚本视图。脚本视图是一种基于文本的视图，以 API 函数的形式列出 Vuser 的操作。要在脚本视图中查看脚本，可选择“视图”→“脚本视图”，或者单击工具栏中的“脚本”按钮。脚本视图如图 6-11 所示。

起始页
basic_tutorial - Web (HTTP/HTML)
vuser_init
Action
vuser_end
globals.h
Action()
{
web_url("WebTours",
"URL=http://localhost:1080/WebTours",
"Resource=0",
"RecContentType=text/html",
"Referer=",
"Snapshot=t3.inf",
"Mode=HTML",
LAST);
lr_think_time(12);
web_submit_form("login.pl",
"Snapshot=t4.inf",
ITEMDATA,
"Name=username", "Value=jojo", ENDITEM,
"Name=password", "Value=bean", ENDITEM,

图 6-11　脚本视图

在脚本视图中，VuGen 在编辑器中显示脚本，并用不同颜色表示函数及其参数值。

我们可以在窗口中直接输入 C 或 LoadRunner API 函数以及控制流语句。

2. 如何验证脚本已录制的操作

完成录制后，可以回放脚本以验证其是否准确模拟了我们录制的操作。要回放脚本，请执行下列操作：

（1）确保已显示任务窗格，如果未显示，请单击工具栏中的“任务”按钮。在任务窗格中单击“验证回放”，然后单击说明窗格底部的“开始回放”按钮。

（2）如果“选择结果目录”对话框已打开，并询问要将结果保存到何处时，请接受默认名称并单击“确定”按钮。稍后 VuGen 将开始运行脚本。当脚本停止运行后，还可以在向导中查看关于这次回放的概要信息。

（3）在任务窗格中单击“验证回放”以查看关于上次回放的概要信息。

上次回放的概要信息列出了检测到的所有错误，并显示录制和回放快照的缩略图。这样可以比较快照，找出录制的内容和回放的内容之间的差异。

还可以在运行时设置模拟不同的用户行为。例如，可以模拟一个对服务器立即做出响应的用户，也可以模拟一个先停下来思考，再做出响应的用户。

3. 如何评测业务流程

在负载测试的准备阶段，可以使用 LoadRunner 改进脚本，更加真实地反映实际情况。例如，可以在脚本中插入内容检查这一步来确保返回页面中显示的某些内容。我们可以修改脚本模拟多用户操作，也可以指示 VuGen 评测特定的业务流程。

事务：评测业务流程

在准备部署应用程序时，我们需要估计特定业务流程的持续时间、登录、预订机票等要花费多少时间。这些业务流程通常由脚本中的一个或多个步骤或操作组成。在LoadRunner 中，通过将一系列操作标记为事务，可以将其指定为要评测的操作。

LoadRunner 收集关于事务执行时间长度的信息，并将结果显示在用不同颜色标志的图和报告中。我们可以通过这些信息了解应用程序是否符合最初的要求。这里将在脚本中插入一个事务来计算用户查找和确认航班所花费的时间。

要插入事务，需执行下列操作。

（1）打开“事务创建”向导

确保任务窗格出现，如果未出现，可单击“任务”按钮。在任务窗格中的“增强功能”下方，单击“事务”。这时将打开“事务创建”向导。该向导显示脚本中不同步骤的缩略图，如图 6-12 所示。

单击“新建事务”按钮，拖动左括号和右括号，并将缩略图放到脚本中的指定位置。出现的左括号表示插入事务的起始点。

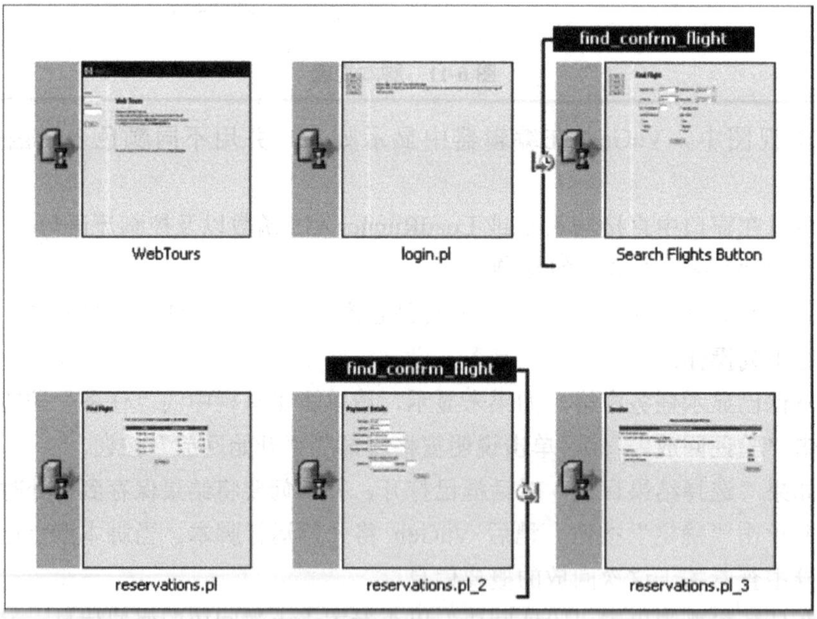

图 6-12 “事务创建”向导

（2）插入事务开始标记和事务结束标记

使用鼠标，将左括号拖动到第三个名为 Search Flights Button 的缩略图前面，然后单击。左括号表示事务开始。

右括号表示插入结束点。用鼠标将右括号拖到名为 reservations.pl_2 的第 5 个缩略图后面并单击。

（3）指定事务名称

向导会提示输入事务名称，这里输入 find_confirm_flight，然后按 Enter（回车）键。

通过在脚本中将括号拖动到其他点上，可以调整事务的起始点或结束点。通过选择事务左括号上方现有的名称并单击输入新名称，还可以重命名事务。

6.2.3　使用 Controller 设计场景

负载测试是指在典型工作条件下测试应用程序，在我们的案例中指多家旅行社同时在同一个机票预订系统中预订机票。如今完成了第一步“创建脚本”，接下来需要搭建负载测试环境。

视频：使用 Controller 设计场景

使用 Controller 将应用程序性能测试需求分配给多个场景。其中一个场景负责定义每个测试会话中发生的事件，另一个场景，例如，定义并控制要模拟的用户数量、用户执行的操作，以及进行模拟时所用的计算机。

如何创建场景？

本节的目标是创建一个场景，模拟 10 家旅行社同时登录、搜索航班、购买机票、查看航班路线并退出系统的行为。

1. 打开 Controller

选择“开始”→“程序”→“HP LoadRunner”→“LoadRunner”，将打开“HP LoadRunner 11.00”窗口。

在“LoadRunner Launcher”窗格中，单击“运行负载测试”。这时将打开“LoadRunner Controller”。默认情况下，“LoadRunner Controller”打开时将显示“新建场景”对话框，如图 6-13 所示。

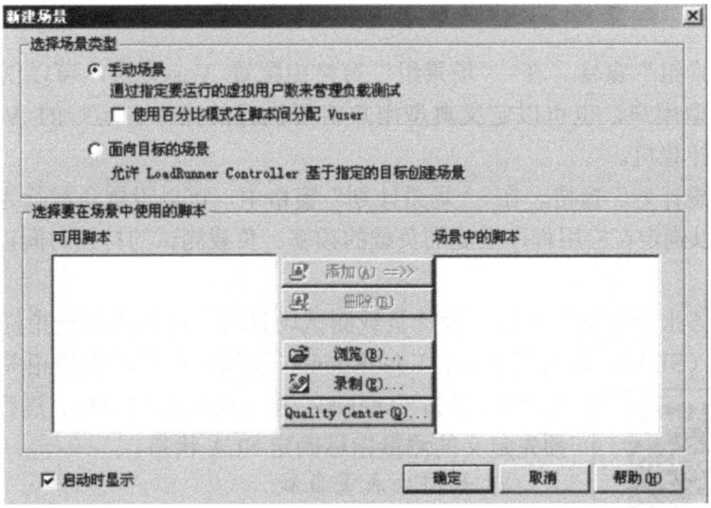

图 6-13　“新建场景”对话框

2. 选择场景类型

使用 Controller，可以选择各种不同的场景类型，例如，面向目标的场景。

选择“手动场景”并单击“确定”按钮。

3. 向负载测试中添加脚本

这里提供一个脚本，与为 Web（HTTP/HTML）Vuser 创建的脚本类似。建议读者使用这个案例脚本。

单击“浏览”按钮，找到“LoadRunner”安装位置“Tutorial”目录中的 basic_script；此脚本显示在可用脚本框和场景的脚本框中，单击“确定”按钮，LoadRunner Controller 将在“设计”选项卡中打开场景。

如图 6-14 所示，“Controller”窗口的“设计”选项卡包含三个主要部分：“场景计划”窗格、“场景组”窗格、“服务水平协议”窗格。

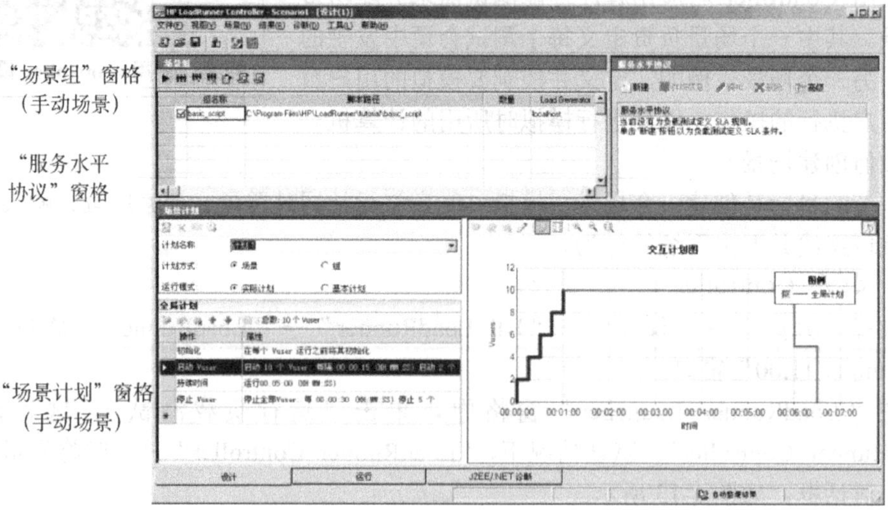

图 6-14 “Controller”窗口

（1）“场景组”窗格。在“场景组”窗格中配置 Vuser 组，可以创建不同的组来代表系统的典型用户，也可以定义典型用户将要执行的操作、运行的 Vuser 数和运行场景时所用的计算机。

（2）“场景计划”窗格。在“场景计划”窗格中，可以设置负载行为以准确模拟用户行为，也可以确定在应用程序上施加负载的频率、负载测试的持续时间以及负载的停止方式。

（3）“服务水平协议”窗格。设计负载测试场景时，可以为性能指标定义目标值或服务水平协议（SLA）。运行场景时，LoadRunner 收集并存储与性能相关的数据。分析运行情况时，Analysis 将这些数据与 SLA 进行比较，并为预先定义的测量指标确定 SLA 状态。

视频：网站负载测试过程

4. 如何生成重负载

Load Generator 是通过运行 Vuser 在应用程序中生成负载的计算机，可以使用多个 Load Generator，并在每个 Load Generator 上运行多个 Vuser。运行场景时，Controller 自动链接到 Load Generator。

5. 如何模拟真实负载行为

典型用户是不会正好同时登录和退出系统的。利用“Controller”窗口的“场景计划”窗格，可创建能更准确模拟典型用户行为的场景计划。

例如，创建手动场景后，还可以设置场景的持续时间或选择逐渐运行和停止场景中的 Vuser。

现在也可以更改默认负载设置并配置场景计划。

（1）选择计划类型和运行模式

在“场景计划”窗格中，将“计划方式”设为“场景”，“运行模式”设为“实际计划”，如图 6-15 所示。

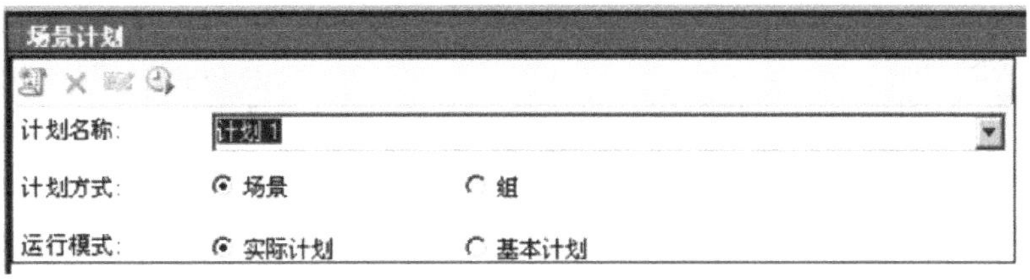

图 6-15 “场景计划”窗格

（2）设置计划操作定义

在“操作”网格中，配置下列设置，如图 6-16 所示。

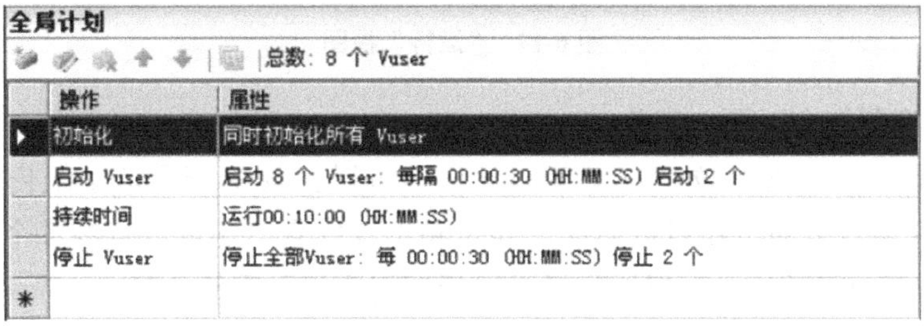

全局计划
总数: 8 个 Vuser
操作
属性
初始化
同时初始化所有 Vuser
启动 Vuser
启动 8 个 Vuser: 每隔 00:00:30 (HH:MM:SS) 启动 2 个
持续时间
运行00:10:00 (HH:MM:SS)
停止 Vuser
停止全部Vuser: 每 00:00:30 (HH:MM:SS) 停止 2 个

图 6-16 “操作”网格

①设置 Vuser 初始化。在“操作”网格中双击“初始化”，打开“编辑操作”对话框，显示初始化操作，选择“同时初始化所有 Vuser”。

②指定逐渐启动。在“操作”网格中双击“启动 Vuser”，打开“编辑操作”对话框，显示“启动 Vuser”操作。在“启动 X 个 Vuser”框中，输入“8 个 Vuser”，并选择第二个选项“每隔 00:00:30（HH:MM:SS）启动 2 个 Vuser”。

③计划持续时间。在“操作”网格中双击“持续时间”。打开“编辑操作”对话框，显示“持续时间”操作。确保设置为运行 10 分钟。即运动 00:10:00（HH:MM:SS）。

④计划逐渐关闭。在“场景计划”窗格中双击“停止 Vuser”，打开“编辑操作”对话框，显示“停止 Vuser”操作。选择第二个选项“每隔 30 秒停止 2 个 Vuser”，即“停止全部 Vuser：每 00:00:30（HH:MM:SS）停止 2 个”。

（3）查看计划程序的图示

交互计划图显示了场景计划中的“启动 Vuser”“持续时间”“停止 Vuser”操作。

此图的一个特点是其交互性，意味着如果读者单击“编辑模式”按钮，就可以通过拖动图本身的行来更改任何设置。

6.2.4 使用 Controller 运行场景

设计好了负载测试场景后，就可以运行该测试并观察应用程序在负载下的性能。在开始测试之前，读者应该熟悉“Controller”窗口的“运行”视图。“运行”视图是用来管理和监控测试情况的控制中心。

单击“运行”选项卡，打开“运行”视图，如图 6-17 所示。

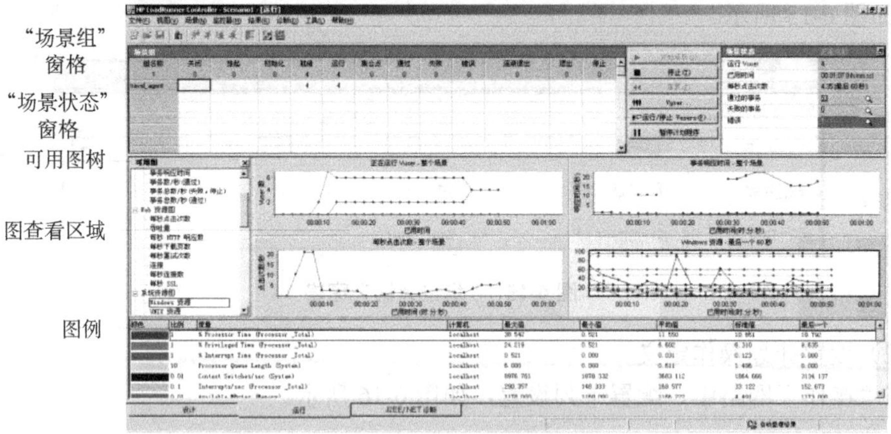

图 6-17 “运行”视图

“运行”视图包含下面 5 部分：

①“场景组”窗格。位于左上角的窗格，可以在其中查看场景组内 Vuser 的状态。使用该窗格右侧的按钮可以启动、停止和重置场景，还可以查看各个 Vuser 的状态，通过手动添加更多 Vuser 以增加场景运行期间应用程序的负载。

②“场景状态”窗格。位于右上角的窗格，可以在其中查看负载测试的概要信息，包括正在运行的 Vuser 数目和每个 Vuser 操作的状态。

③可用图树。位于中间偏左位置的窗格，可以在其中看到一列 LoadRunner 图。若要打开图，可在树中选择一个图，并将其拖到图查看区域即可。

④图查看区域。位于中间偏右位置的窗格，可以在其中自定义显示画面，可以查看 1 到 8 个图。

⑤图例。位于底部的窗格，可以在其中查看所选图的数据。选中一行时，图中的相应线条将突出显示，反之则不突出显示。

1. 如何运行负载测试场景

（1）开始场景

在“运行”选项卡上选择“场景”→“开始”，开始运行测试。 Controller 将开始运行场景。场景运行大约 10 分钟。

（2）利用 Controller 的联机图监控性能

当测试运行时，可以通过 LoadRunner 的一套集成监控器实时了解应用程序的实际性能以及潜在的瓶颈。可以在 Controller 的联机图上查看监控器收集的性能数据。联机图显示在“运行”选项卡的图查看区域。默认情况下，将显示以下 4 张图：

①“正在运行 Vuser——整个场景”图，用于显示在指定时间运行的 Vuser 数。

②“事务响应时间——整个场景”图，用于显示完成每个事务所用的时间。

③“每秒点击次数——整个场景”图，用于显示场景运行期间 Vuser 每秒向 Web 服务器提交的点击次数（HTTP 请求数）。

④“Windows 资源”图，用于显示场景运行期间评测的 Windows 资源。

6.2.5 分析场景结果

现在场景运行已经结束，可以使用 Analysis 来分析场景运行期间生成的性能数据。Analysis 将性能数据汇总到详细的图和报告中。使用这些图和报告，可以轻松找出并确定应用程序的性能瓶颈，同时确定需要对系统进行哪些改进以提高其性能。

这里提供一个 Analysis 会话示例，它是基于与前面运行的场景相类似的场景。

1. 如何启动 Analysis 会话

（1）在“Controller”窗口中，在菜单中选择“工具”→“Analysis”，或选择“开始”→“程序”→“HP LoadRunner”→“应用程序”→“Analysis”来打开 Analysis。

（2）在打开的“Analysis”窗口中选择“文件”→“打开”，打开“打开现有 Analysis 会话文件”对话框。

（3）在“<LoadRunner 安装位置>\Tutorial”文件夹中，选择“analysis_session”并单击“打开”按钮。Analysis 将在“Analysis”窗口中打开该会话文件。

2. 是否达到了我的目标

Analysis 打开时会显示概要报告。概要报告提供有关场景运行的一般信息。在报告的统计信息概要部分，可以了解测试中运行的用户数，并可查看其他统计信息，例如总/平均吞吐量和总/平均点击次数。报告的事务摘要部分将列出每个事务的行为概要信息。

3. 如何看图

“Analysis”窗口的左窗格内的图树列出了已经打开可供查看的图。在图树中，可以选择打开新图，也可以删除不想再查看的图。这些图显示在“Analysis”窗口的右窗格的图查看区域中。可以在该窗口下部的窗格内的图例中查看所选图中的数据。

平均事务响应时间：通过“平均事务响应时间”图，可以查看在场景运行的每一秒内有问题事务的行为。这里可以查看 check_itinerary 事务的行为。

（1）在“会话浏览器”窗格中右击“图”节点，在弹出的快捷菜单中选择“添加新项目”→“添加新图”。在打开的“新图”对话框中，选择“事务”→“平均事务响应时间”并单击“打开图”按钮，打开“平均事务响应时间”图，如图 6-18 所示。

（2）单击“平均事务响应时间”，“平均事务响应时间”图将在图查看区域打开。

（3）在图例中单击“check_itinerary”。check_itinerary 事务将突出显示在该图中以及图下方的图例中。

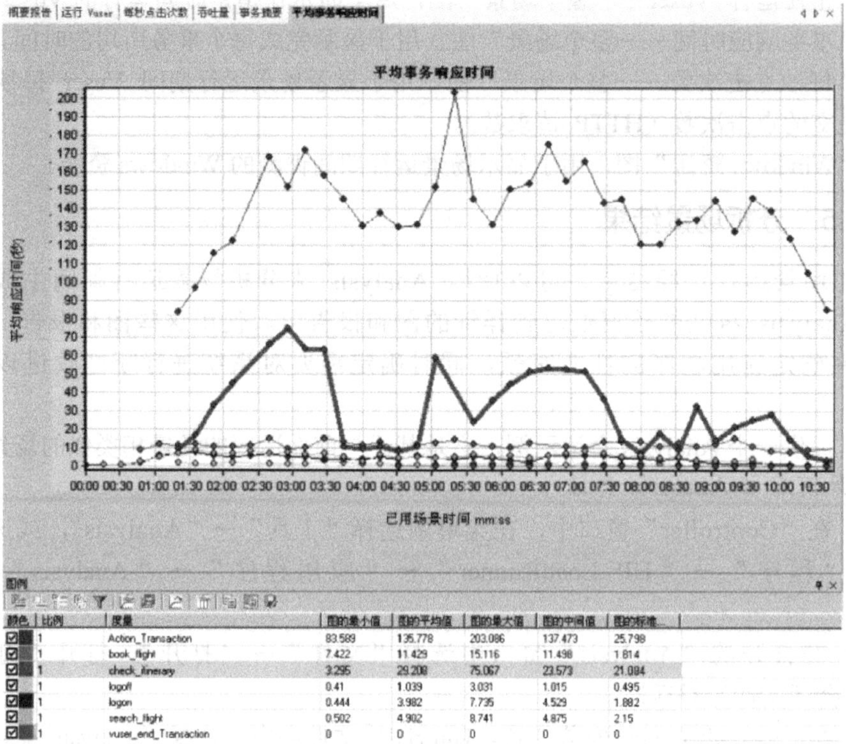

图 6-18 “平均事务响应时间”图

注意：与图底部平均响应时间相对稳定的其他事务相比，check_itinerary 事务的平均响应时间波动非常大。

（1）如何比较不同图中的数据

如图 6-19 所示，将两个图关联起来，就会看到一个图的数据对另一个图的数据产生的影响。这两个图称为关联的两个图。例如，可以将“运行 Vuser”图与“平均事务响应时间”图相关联，查看大量 Vuser 对事务平均响应时间产生的影响。

①将“运行 Vuser 图”添加到图树中，并单击图以便在图查看区域查看它。

②在图查看区域右击“运行 Vuser 图”，在弹出的快捷菜单中选择“合并图”。

③在“选择要合并的图列表”中，选择“平均事务响应时间”。

④在“选择合并类型区域”中，选择“关联”，然后单击“确定”按钮。

现在运行 Vuser 图和平均事务响应时间图由一张在图查看区域打开的图表示。

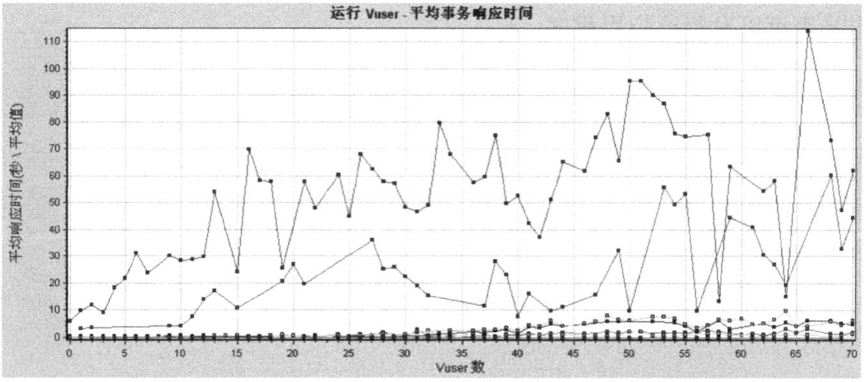

图 6-19　“运行 Vuser”图与“平均事务响应时间”图合并之后

Analysis 的另一个工具是自动关联，用来合并所有包含可能对给定事务产生影响的数据图。事务与每个元素的关联都会显示，这样我们就可以判断哪些元素对给定事务的影响最大。

（2）如何对图数据进行排序

我们可以对图数据进行筛选，以显示较少的特定场景段事务；还可以对图数据进行排序，以更多关联方式显示数据。例如，可以对“平均事务响应时间”图进行筛选，仅显示 check_itinerary 事务。

- 在图树中单击“平均事务响应时间”，打开该图。
- 在图查看区域右击该图，在弹出的快捷菜单中选择“设置筛选器/分组方式”。
- 在事务名中单击“值列”并选择“check_itinerary”，再单击“确定”按钮。

筛选后的图仅显示 check_itinerary 事务并隐藏所有其他事务。

（3）如何发布结果

可以使用 HTML 报告或 Microsoft Word 报告发布分析结果。HTML 报告可以在任何浏览器中打开和查看。Word 报告比 HTML 报告内容更全面，它既包含场景的一般信息，也可通过设置报告格式包含公司的名称和徽标以及作者的详细信息。

任务实施

熟悉 LoadRunner 工具的使用，学会场景制作等相关操作，尝试使用 Controller 设计 CVIT 的负载测试场景。

拓展训练

根据网站负载测试的步骤，使用 Controller 设计多个网站场景进行测试。

任务 6.3　利用 LoadRunner 进行负载测试举例

任务陈述

本任务将完成建立负载测试的整个流程，以验证应用程序是否满足每项业务要求，从而决定是否可以发行该应用程序。

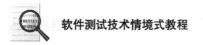

学习目标

- 熟悉 LoadRunner 工具的使用
- 学会网站负载测试的步骤
- 学会简单的测试结果分析

知识准备

6.3.1 测试计划

1. 测试环境

硬件环境：CPU：Intel G630 2×2.7GB，内存：2GB，硬盘：500GB

测试工具：LoadRunner11 英文版；

系统结构：B/S 结构；

操作系统：Windows XP；

浏览器：IE6；

带宽：4Mbps；

服务器：自带的虚拟服务器。

2. 测试步骤

应用程序 LoadRunner11 采用自带的基于 Web 的旅行代理系统 Mercury Tours。用户可以连接到 Web 服务器、搜索航班、预订航班并查看航班路线。

（1）确保示例 Web 服务器正在运行。安装和重新启动 LoadRunner 后，Web 服务器将自动启动。如果该服务器没有运行，请依次选择“开始”→“程序”→“Mercury LoadRunner”→“示例”→“Web” →启动 Web 服务器”。

（2）打开 Mercury Web Tours 应用程序。选择“开始”→“程序”→“Mercury LoadRunner”→“示例”→“Web”→“Mercury Web Tours 应用程序”，将打开浏览器，其中显示 Mercury Tours 的起始页。

（3）登录到 Mercury Tours。成员名为 jojo，密码为 bean。

假设我们是负责验证应用程序是否满足业务需求的性能工程师。项目经理提出的条件为：

（1）Mercury Tours 必须在不超过 90s 的响应时间内，处理 10 起并发航班预订业务。

（2）Mercury Tours 必须在不超过 120s 的响应时间内，处理 10 起并发的旅行代理要求的航线检查业务。

（3）Mercury Tours 必须在不超过 10s 的响应时间内，处理 10 起代理要求的登录和注销系统任务。

计划负载测试之后，下面开始创建脚本。

6.3.2 录制测试脚本

创建用户脚本需要应用 VuGen。提示：运行 VuGen 最好在 1024*768 的分辨率下，否则有些工具栏会不出现。

LoadRunner 初始界面如图 6-20 所示，单击“创建编辑脚本”，启动 Visual User Generator。通过菜单新建一个用户脚本，选择系统通信的脚本协议，如图 6-21 所示。

图 6-20　LoadRunner 初始界面

这里我们需要测试的是 Web 应用，同时考虑到测试的目标所以选择“Web (HTTP/HTML)”协议，确定后单击“创建”按钮，进入主窗体。通过菜单启动“录制脚本”命令。

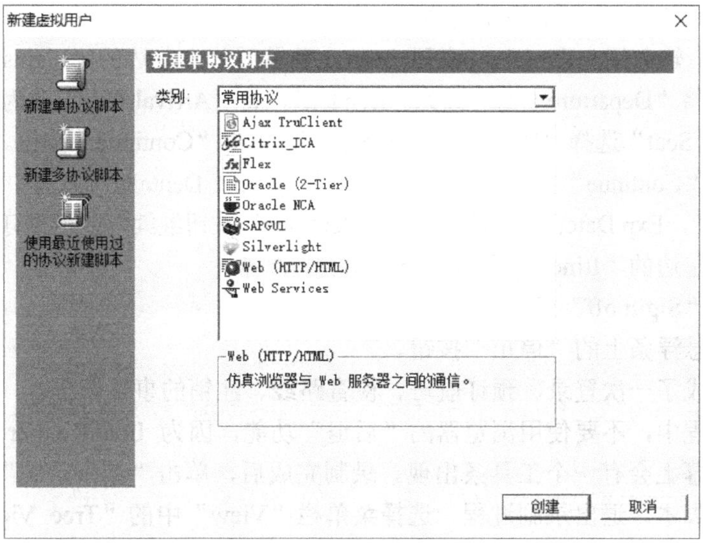

图 6-21　选择脚本协议

单击“创建”按钮，程序进入脚本录制状态。单击工具栏上的“StartRecord”红色按钮，进行相关参数的设置，如图 6-22 所示。

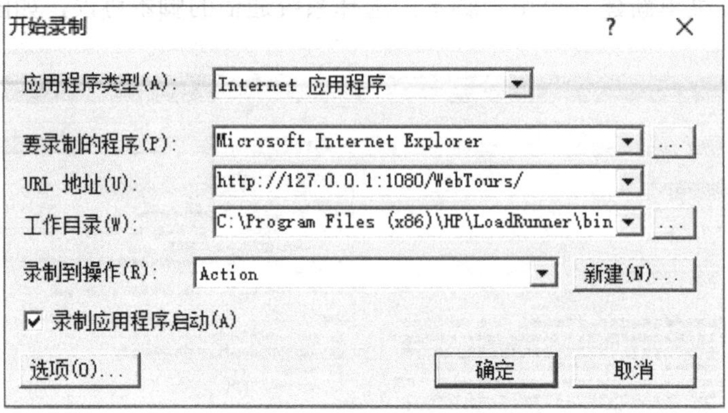

图 6-22　相关参数设置

在“URL 地址”中输入要测试的 Web 站点地址“http：//127.0.0.1：1080/WebTours/”。

“录制到操作”框用于选择要把录制的脚本放到哪一个部分，默认情况下是“Action”。

VuGen 中的脚本分为三部分：vuser_init、vuser_end 和 Action。其中 vuser_init 和 vuser_end 都只能存在一个，不能再分割，而 Action 还可以分成无数多个部分（通过单击“新建”按钮进行新建）。在录制需要登录的系统时，我们把登录部分放到 vuser_init 中，把登录后的操作部分放到 Action 中，把注销关闭登录部分放到 vuser_end 中（如果需要在登录操作中设集合点，那么登录操作也要放到 Action 中，因为 vuser_init 中不能添加集合点）。在其他情况下，我们只要把操作部分放到 Action 中即可。注意：在重复执行测试脚本时，vuser_init 和 vuser_end 中的内容只会执行一次，重复执行的只有 Action 中的部分。

单击“选项”按钮，进入录制的设置窗体，这里一般情况下不需要改动。然后单击“确定”按钮后，VuGen 开始录制脚本。

登录网站，输入用户名 jojo，密码 bean。登录后单击左边的“Fights”，打开“Find Flight”页面。将“Departure City”改为“London”，将“Arrival City”改为“Paris”，右下角的“Type of Seat”选择“Bussiness（商务仓）”，单击“Continue”按钮。在接下来的页面中继续单击“Continue”按钮，在接下来的“Payment Dentails”页面中，输入“Credit Card：12345678，Exp Date：11/27”，单击“Continue”按钮继续，显示预订完成页面。

（1）单击左边的“Itinerary”查看路线。

（2）单击“Sigin off”退出系统。

（3）单击悬浮条上的“停止”按钮。

以上即完成了一次登录、预订航班、检查路线、注销的事件流程。

在录制过程中，不要使用浏览器的“后退”功能，因为 LoadRunner 不支持！录制过程中，在屏幕上会有一个工具条出现。录制完成后，单击“结束录制”按钮，VuGen 自动生成用户脚本，退出录制过程。选择菜单栏“View”中的“Tree View”和“Script View”都可以查看录制好的脚本。

6.3.3 完善测试脚本

当录制完一个基本的用户脚本后，在正式使用前我们还需要完善测试脚本，增强脚本的灵活性。一般情况下，我们通过 4 种方法完善测试脚本，分别为插入事务、插入集合点、插入注释、参数化输入。以下只举例介绍参数化的设置方法，其他只做简单介绍。

1. 插入事务

为了衡量服务器的性能，我们需要定义事务。例如：在脚本中有一个数据查询操作，为了衡量服务器执行查询操作的性能，我们把这个操作定义为一个事务，这样在运行测试脚本时，LoadRunner 运行到该事务的开始点时，LoadRunner 就会开始计时，直到运行到该事务的结束点，计时结束。这个事务的运行时间在结果中会有反馈。

插入事务操作可以在录制过程中进行，也可以在录制结束后进行。LoadRunner 运行在脚本中插入不限数量的事务。

具体的操作方法：在需要定义事务的操作前面，通过菜单或者工具栏插入，再输入该事务的名称。注意：事务的名称最好具有一定的意义，能够清楚地说明该事务完成的动作。插入事务的开始点后，需要在定义事务的操作后面插入事务的“结束点”。同样也可以通过菜单或者工具栏插入。默认情况下，事务的“名称”列列出了最近的一个事务名称。一般情况下，事务名称不用修改。事务的状态默认情况是 LR_AUTO，也不需要修改，除非在手工编写代码时，有可能需要手动设置事务的状态。

2. 插入集合点

插入集合点是为了衡量在加重负载的情况下服务器的性能情况。在测试计划中，可能会要求系统能够承受 1000 人同时提交数据，在 LoadRunner 中可以通过在提交数据操作前加入集合点，这样当虚拟用户运行到提交数据的集合点时，LoadRunner 就会检查同时有多少用户运行到集合点，如果不到 1000 人，LoadRunner 就会命令已经到集合点的用户在此等待，当在集合点等待的用户达到 1000 人时，LoadRunner 命令 1000 人同时去提交数据，从而达到测试计划中的需求。

首先在树形菜单中选择需要插入检查点的项目，右击，在弹出的快捷菜单中选择将检查点插入的方式。如果在该操作执行前检查，则选择“Insert Before”，而如果在该操作执行后检查则选择“Insert After”，如图 6-23 所示。

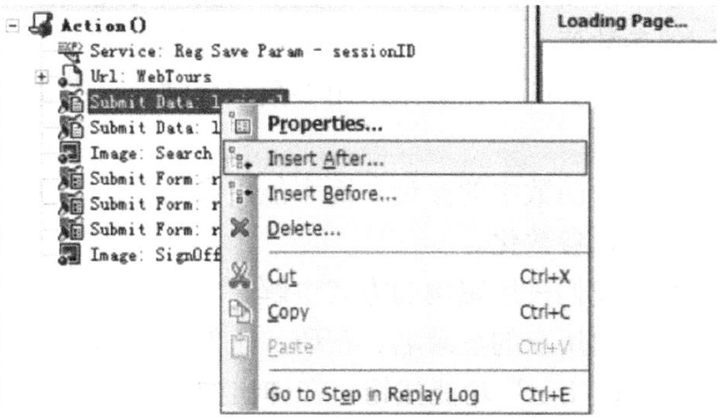

图 6-23 插入检查点

然后系统将弹出对话框，选择“Text Check”（这里以 Text 检查点为例说明）。单击“OK”按钮后，会出现“Add Step”对话框，如图 6-24 所示。

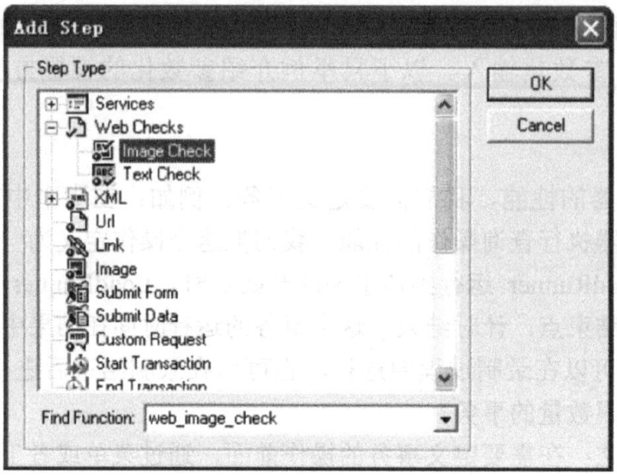

图 6-24 “Add Step”对话框

单击“确定”按钮后，即可完成添加“Image 检查点”的任务。

注意：集合点经常要和事务结合起来使用。集合点只能插入到 Action 部分，vuser_init 和 vuser_end 中不能插入集合点。

3. 插入注释

插入注释最好是在录制过程中进行。具体的操作方法是：在需要插入注释的前面，通过菜单或者工具栏中的按钮进行插入。

4. 参数化输入

如果用户在录制脚本过程中，填写并提交了一些数据，如要增加数据库记录。这些操作都被记录到了脚本中。当多个虚拟用户运行脚本时，也会提交相同的记录，这样不符合实际的运行情况，而且有可能引起冲突。为了更加真实地模拟实际环境，需要各种各样的输入。参数化输入是一种不错的方法。用参数表示用户的脚本有以下两个优点：

（1）可以使脚本的长度变短。

（2）可以使用不同的数值测试编写的脚本。

例如，我们想搜索不同名称的图书，那么仅仅需要填写提交函数一次。在回放的过程中，可以使用不同的参数值，而不是搜索一个特定名称的值。

参数化包含以下两项任务：①在脚本中用参数取代常量值；②设置参数的属性以及数据源。

参数化仅可以用于一个函数中的参量，而不能用参数表示非函数参数的字符串。另外，不是所有的函数都可以参数化。

参数化输入的讲解，我们采用案例的方式讲解。

在该案例中我们参数化用户的登录名、密码、出发地、到达地、出发时间、到达时间。单击“Open Parameter List”功能按钮，在弹出的对话框中单击“替换为新参数”按钮，弹出“选择或创建参数”对话框，如图 6-25 所示，此时“参数名”输入“username”，

“参数类型”选择“File”。

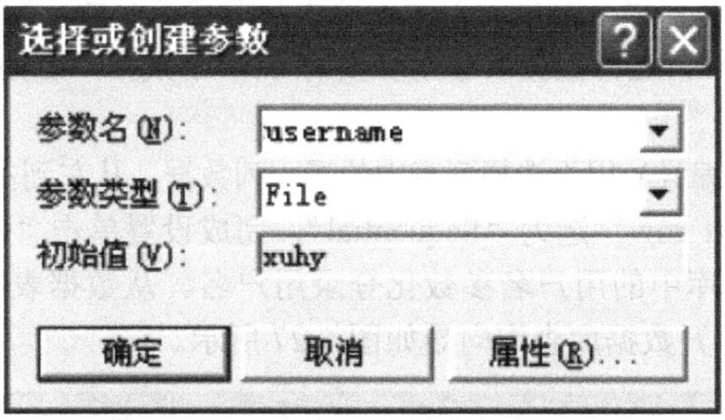

图 6-25　“选择或创建参数”对话框

单击“属性”按钮，弹出“Parameter List”对话框，如图 6-26 所示。

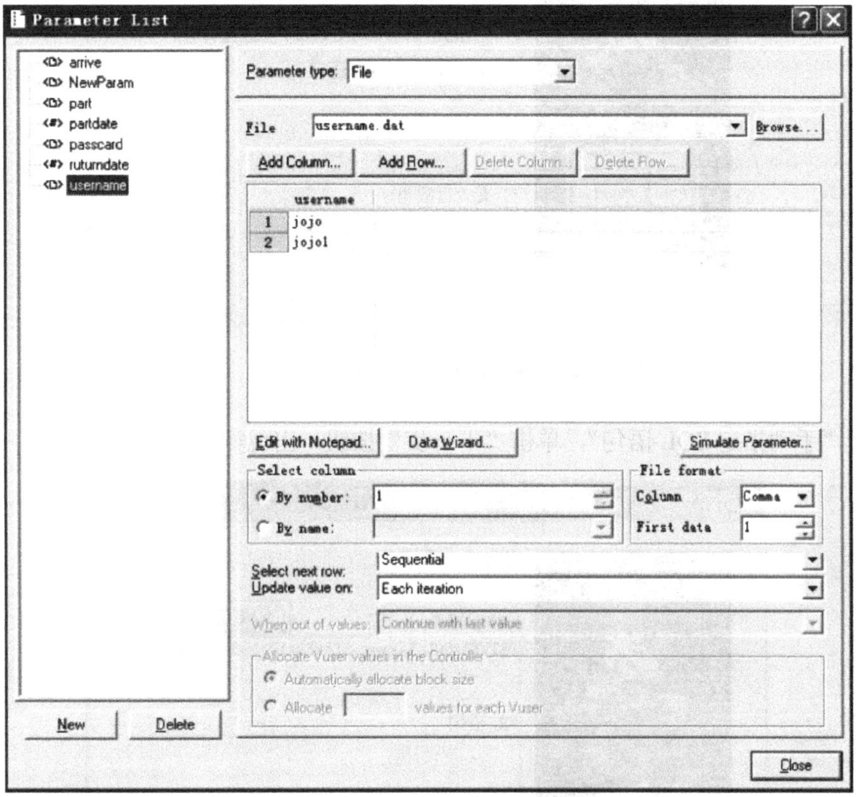

图 6-26　“Parameter List”对话框

注意：参数的文件名不要使用 con.dat、pm.dat 或者 lpt*.dat 等。“Select next row”（选择下一行）有以下几种选择。

①Sequential：按照顺序一行行地读取。每一个虚拟用户都会按照相同的顺序读取。

②Random：在每次循环中随机地读取一个，但其在循环中一直保持不变。

③Unique：唯一的数。

注意：使用该类型必须注意数据表中有足够多的数。例如 Controller 中设定 20 个虚拟用户进行 5 次循环，那么编号为 1 的虚拟用户取前 5 个数，编号为 2 的虚拟用户取 6～10 的数，依次类推，这样数据表中至少要有 100 个数据，否则 Controller 运行过程中会返回一个错误。

“By number”（按编号）用于选择列表中的哪一列数据，从左到右分别是 1、2、3……

这里“Select next row”选为“Sequential”，完成设置单击“Close”按钮即可。下面我们再介绍用数据库中的用户名参数化登录用户名。从数据表中选择用户名。单击“数据向导”按钮，打开数据库查询向导如图 6-27 所示。

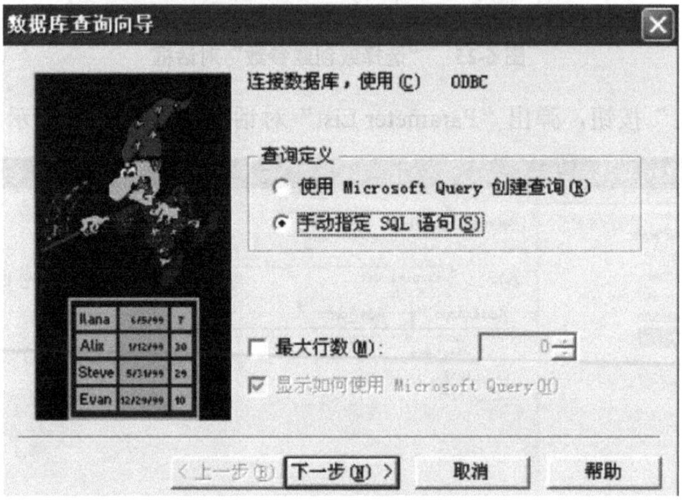

图 6-27　数据库查询向导（1）

选择“手动指定 SQL 语句”，单击“下一步”按钮，出现如图 6-28 所示界面。

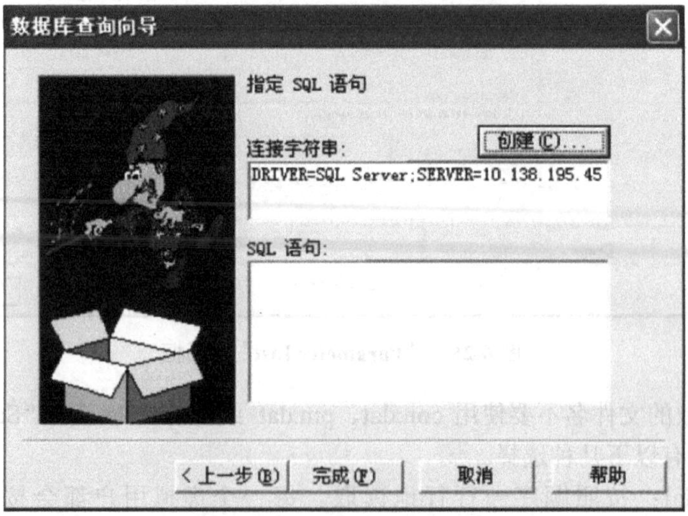

图 6-28　数据库查询向导（2）

填入“连接字符串”，单击“创建”按钮，再选择事先配置好的 ODBC 连接。在

SQL 语句中输入 select 查询语句。

提醒：在参数数据显示区，最多只能看到 100 行，如果数据超过 100 行，只能单击“编辑”按钮，打开记事本再查看。

准备所需要的参数化的数据后，可以查看如下脚本，通过脚本录制找到用户登录部分，脚本部分视图如图 6-29 所示。

```
web_submit_data("login.pl",
        "Action=http://127.0.0.1:1080/WebTours/login.pl",
        "Method=POST",
        "RecContentType=text/html",
        "Referer=http://127.0.0.1:1080/WebTours/nav.pl?in=home",
        "Snapshot=t31.inf",
        "Mode=HTML",
        ITEMDATA,
        "Name=userSession", "Value=109352.466261644fzctiVHptiDDDDDDDDHtipQAtQ", ENDITEM,
        "Name=username", "Value=jojo", ENDITEM,
        "Name=password", "Value=bean", ENDITEM,
        "Name=JSFormSubmit", "Value=on", ENDITEM,
        "Name=login.x", "Value=45", ENDITEM,
        "Name=login.y", "Value=16", ENDITEM,
        LAST);

web_submit_data("login.pl_2",
        "Action=http://127.0.0.1:1080/WebTours/login.pl",
        "Method=POST",
        "RecContentType=text/html",
        "Referer=http://127.0.0.1:1080/WebTours/nav.pl?in=home",
        "Snapshot=t32.inf",
        "Mode=HTML",
        ITEMDATA,
        "Name=userSession", "Value={sessionID}", ENDITEM,
        "Name=username", "Value=jojo", ENDITEM,
        "Name=password", "Value=bean", ENDITEM,
        "Name=JSFormSubmit", "Value=on", ENDITEM,
        LAST);
```

图 6-29 脚本部分视图

框选登录名，右击，在弹出的快捷菜单中选择“Use Existing Parameter”→“Select from Parameter List”，如图 6-30 所示，弹出对话框。

图 6-30 快捷菜单

“参数名”可随意取，建议取通俗易懂的名字，下面我们重点介绍参数的类型。

（1）DateTime：在需要输入日期/时间的地方，可以用“DateTime”类型来替代。其属性设置也很简单，选择一种格式即可。当然也可以定制格式。

（2）Group Name：暂时不知道何处能用到，但设置比较简单。在实际运行中，LoadRunner 使用该虚拟用户所在的 Vuser Group 来代替。但是在 VuGen 中运行时，Group Name 将会是空的。

（3）Load Generator Name：在实际运行中，LoadRunner 使用该虚拟用户所在 Load Generator 的机器名来代替。

（4）Iteration Number：在实际运行中，LoadRunner 使用该测试脚本当前循环的次数来代替。

（5）Random Number：随机数。在属性设置中可以设置产生随机数的范围。

（6）Unique Number：唯一的数。在属性设置中可以设置第一个数以及递增的数的大小。注意，使用该参数类型时必须要注意可以接受的最大数。例如，某个文本框能接受的最大数为 99。当使用该参数类型时，设置第一个数为 1，递增的数为 1，但 100 个虚拟用户同时运行时，第 100 个虚拟用户输入的数将是 100，这样脚本运行时将会出错。这里所说的递增是各个用户取第一个值的递增数，每个用户相邻的两次循环之间的差值为 1。

（7）Vuser ID：在实际运行中，LoadRunner 使用该虚拟用户的 ID 来代替，该 ID 是由 Controller 控制的。但是在 VuGen 中运行时，Vuser ID 将会是-1。

（8）User Defined Function：从用户开发的 dll 文件中提取数据。VuGen 支持 C 语言的语法，上面的例子中，我们取随机数即可。单击“Properties”按钮，打开属性设置窗口填入随机数的取值范围为（1～50），选择一种数据格式。

在属性窗口中有以下几个选项。

- Each Occurrence：在运行时，每遇到一次该参数，便会取一个新的值。
- Each iteration：运行时，在每一次循环中都取相同的值。
- Once：运行时，在每次循环中，该参数只取一次值，这里我们用的是随机数，选择 Each Occurrence 非常合适。

经过以上的步骤后，脚本就可以运行了。运行脚本可以通过菜单或者工具栏来操作。执行“运行”命令后，VuGen 先编译脚本，检查是否有语法等错误。如果有错误，VuGen 将会给出错误提示。双击错误提示，VuGen 能够定位到出现错误的那一行。为了验证脚本的正确性，我们还可以调试脚本，比如在脚本中加断点等，操作和在 VC 中完全一样。如果编译通过，就会开始运行，然后会出现运行结果。

6.3.4 实施测试

1. 选择脚本，创建虚拟用户

启用“Controller”，弹出如图 6-31 所示“新建方案”对话框。

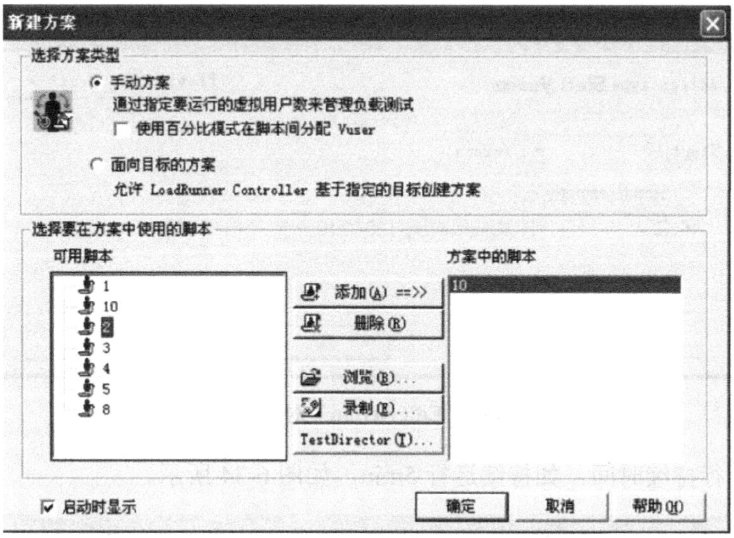

图 6-31　“新建方案”对话框

选择刚才录制并保存好的脚本，将之添加到“方案中的脚本”中，单击“确定”按钮，出现“选择脚本”界面，如图 6-32 所示。

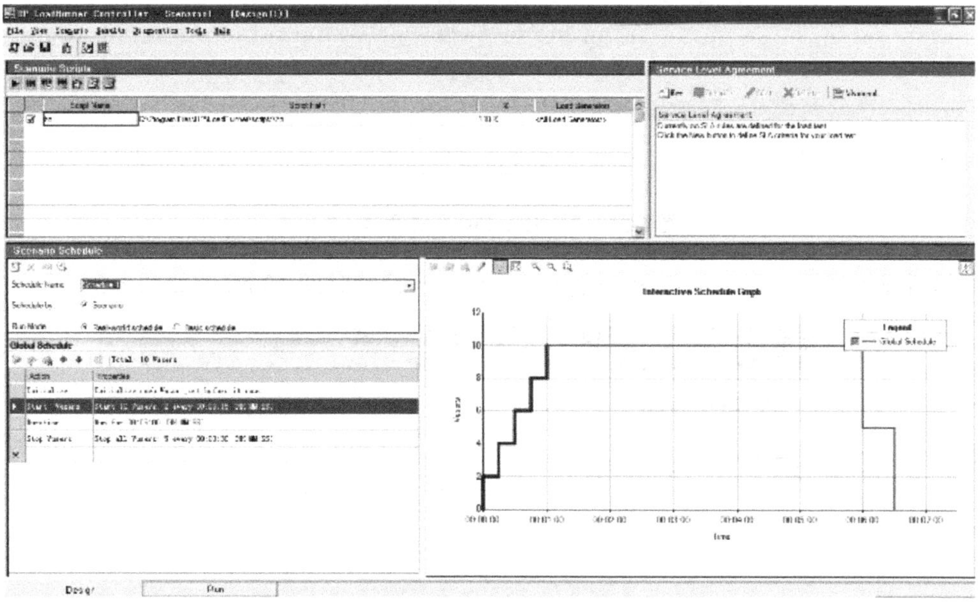

图 6-32　“选择脚本”界面

根据需要修改虚拟用户的数量，再单击“编辑计划”按钮，细化方案，计划名中可以选择计划种类，如并发总用户 10Vusers，每 15s 启动 2 个 Vusers 持续时间，如图 6-33 所示。

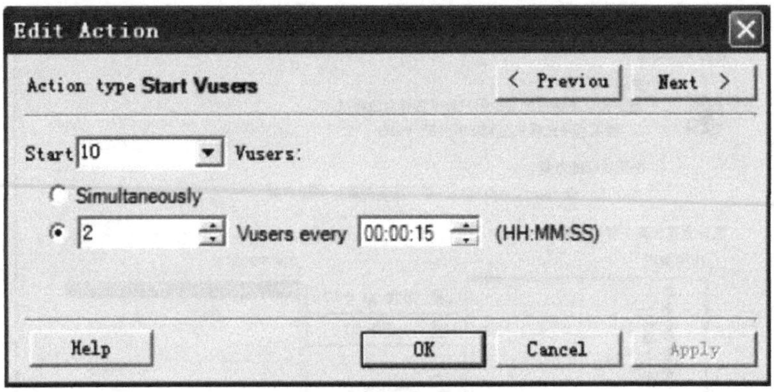

图 6-33 “Edit Action”对话框（1）

再设置运行持续时间，如持续运行 5min，如图 6-34 所示。

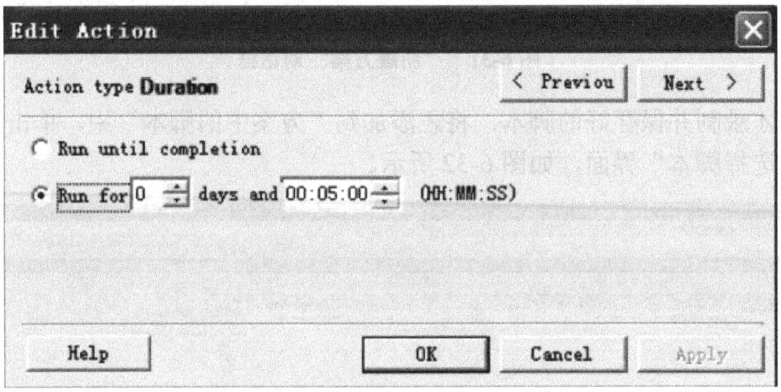

图 6-34 “Edit Action”对话框（2）

然后设置缓慢减压，如每 30s 减少 5 个 Vusers 持续时间 10min，如图 6-35 所示。

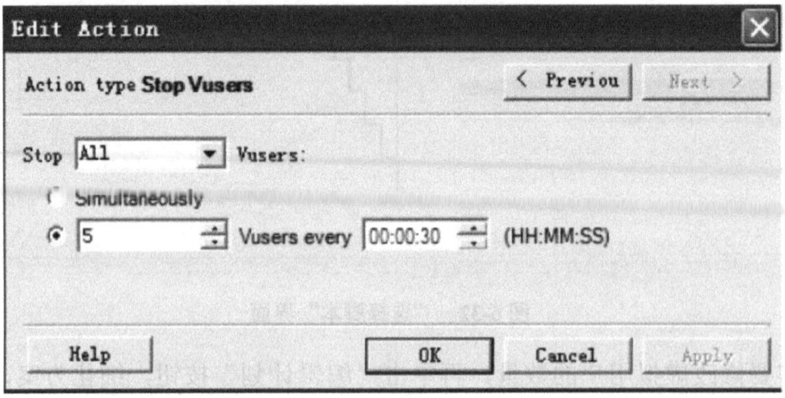

图 6-35 “Edit Action”对话框（3）

场景设计如图 6-36 所示。

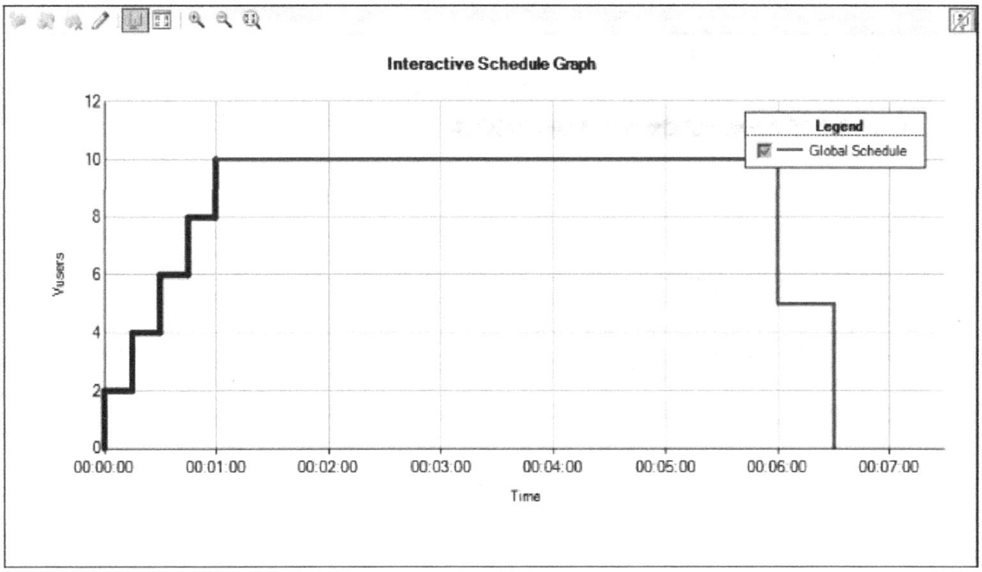

图 6-36　场景设计

如图 6-37 所示单击“Add”按钮，添加 IP 地址为 192.168.9.173。

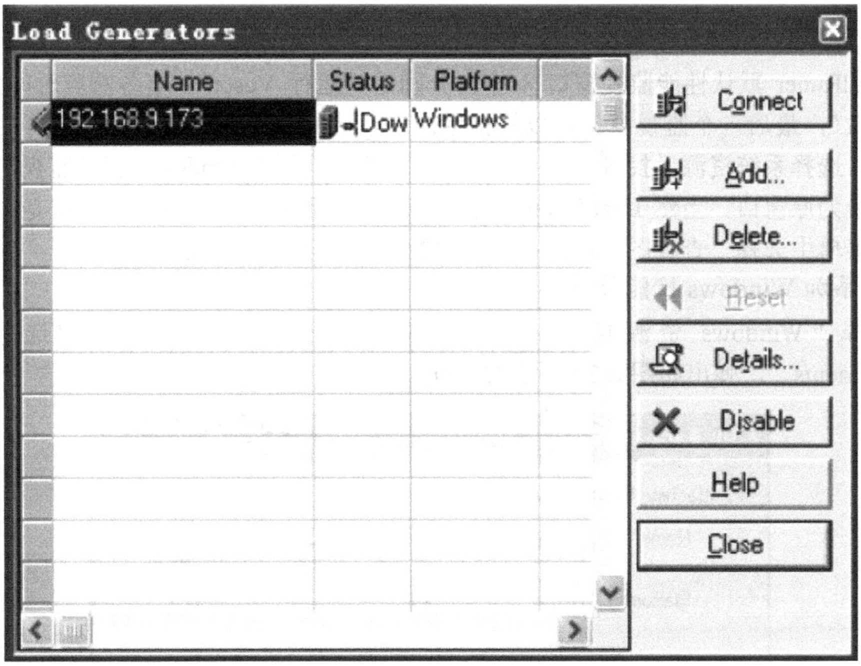

图 6-37　添加虚拟机功能

单击“Connect”按钮，状态显示连接成功。

然后单击“开始方案”功能按钮启动运行，出现如图 6-38 所示运行界面。

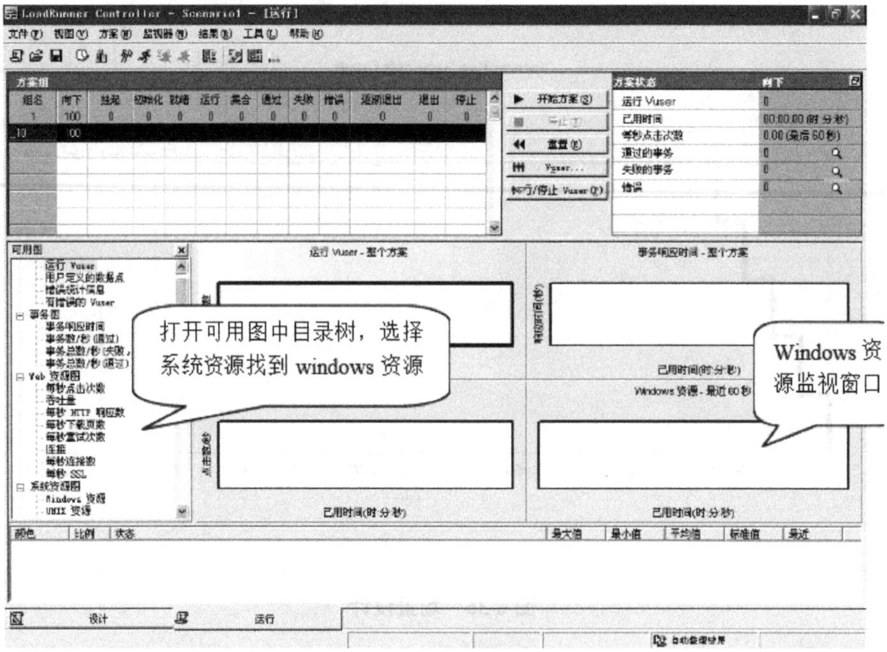

图 6-38　运行界面

2. 添加 Windows 资源监视窗口

LoadRuner 默认性能监视窗口 4 个，分别是“运行 Vuser”“事务响应时间”“每秒点击次数”，最后一个监视窗口可以根据用户自己选择显示什么窗口。打开可用图中的目录树，选择系统资源，找到 Windows 资源并双击，则“Windows 资源监视”窗口便自动替换为原窗口。当然 LoadRunner 也可以同时显示 1～16 个窗口，方法是：右击，在弹出菜单中选择“查看图”选择显示的图数，也可以自定义数字。

3. 添加 Windows 性能计数器

选择“Windows 资源监视”窗口，右击，在弹出的快捷菜单中选择“Add Measurements..”，弹出如图 6-39 所示对话框。

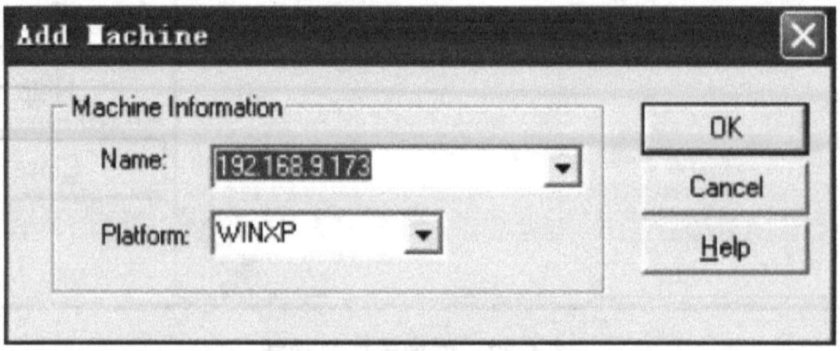

图 6-39　“Add Machine”对话框

单击“Add”按钮把监视的服务器 IP 地址输入，单击“OK”按钮，打开“Windows Resources”对话框如图 6-40 所示。

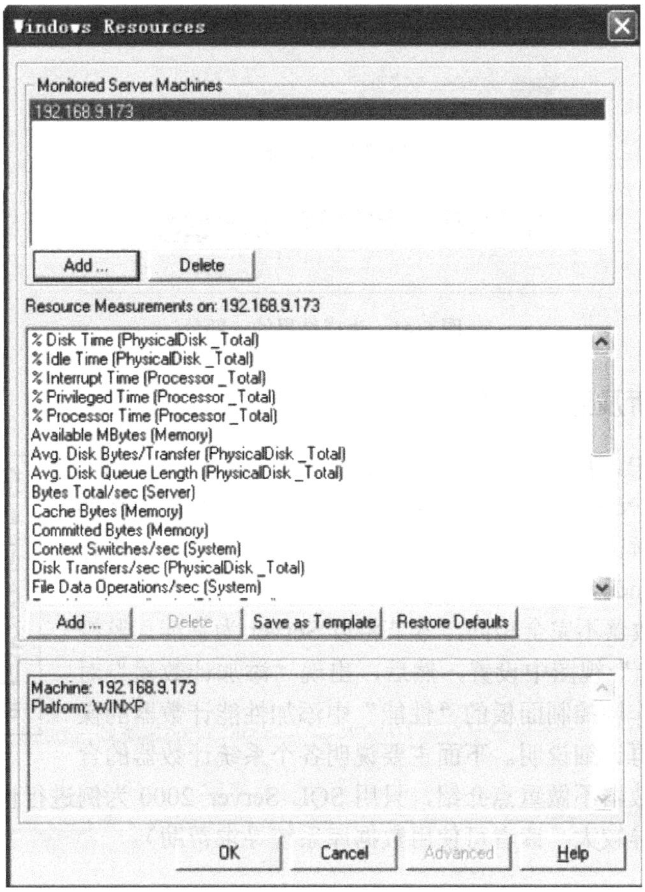

图 6-40 “Windows Resources”对话框

如果可以正常联机到服务器，则在资源度量中会显示全部计数器，此时如果单击“OK”按钮则系统默认全部选中，在“监视”窗口中会显示所有性能曲线，无法单独过滤显示某条曲线，如果选中某个计数器后单击“Add”则弹出该项目下的其他性能指标。此时要注意，我们登录客户端的用户应该是管理员身份，同时还要保证该用户在被监视的服务器上也是管理员身份。这样虽然在“监视”窗口中仍会显示所有性能曲线，但可以通过右击在弹出的快捷菜单中，选中所指定的某条曲线单独显示。例如，双击“监视”窗口放大显示，然后右击，在弹出的快捷菜单中选择“仅显示指定图”。“监视”窗口还可以进行互相叠加等操作，功能强大。

6.3.5 执行脚本

脚本执行完毕，LoadRunner 会自动分析结果，生成分析结果图或表，方法是：单击导航栏中的“结果”，在弹出的窗口中选择“分析结果”，如图 6-41 所示的是生成结果的一部分。

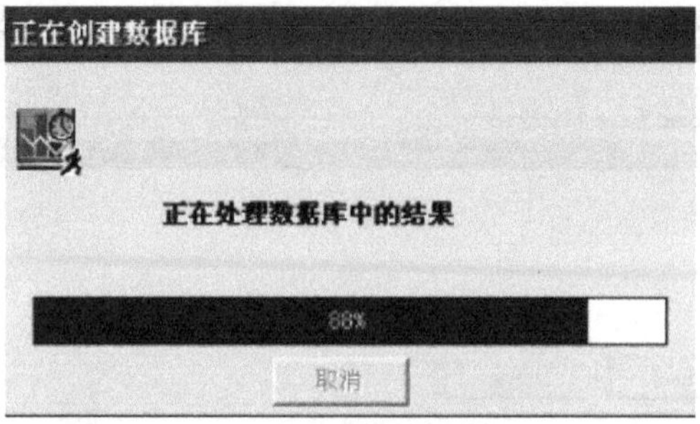

图 6-41　生成结果的一部分

6.3.6　分析及监事场景

在运行过程中，可以监视各个服务器的运行情况（DataBase Server、Web Server 等）。监视场景通过添加性能计数器来实现。下面重点讲解需要添加哪些计数器，以及那些计数器代表什么意思。由于 Windows 2000 Professional、Server 以及 Advanced Server 提供的计数器不完全相同，本节将以 Server 为基准。监视场景需要在“Run”视图中设置，然后，出现“添加计数器”对话框，其他的操作同控制面板的“性能”中添加性能计数器的操作一样，这里不再详细说明。下面主要说明各个系统计数器的含义（数据库的计数器不做重点介绍，只用 SQL Server 2000 为例进行说明，因为数据库各个版本之间差异较大，读者可使用数据库系统寻求帮助）。

视频：分析测试结果

1. 分析原则

①具体问题具体分析。

②查找瓶颈时按由易到难的顺序进行：服务器硬件瓶颈→网络瓶颈（对局域网，可以不考虑）→服务器操作系统瓶颈（参数配置）→中间件瓶颈（参数配置，数据库，Web 服务器等）→应用瓶颈（SQL 语句、数据库设计、业务逻辑、算法等）。

注：以上过程并不是每个分析中都需要的，要根据测试目的和要求确定分析的深度。

③分段排除法。

④根据场景运行过程中的错误提示信息进行分析。

⑤根据测试结果中收集到的监控指标数据进行分析。

2. 监控指标数据分析

（1）最大并发用户数

它是指应用系统在当前环境（硬件环境、网络环境、软件环境（参数配置））下能承受的最大并发用户数。

在方案运行中，如果出现了大于 3 个用户的业务操作失败，或出现了服务器 shutdown 的情况，则说明在当前环境下，系统承受不了当前并发用户的负载压力，那么最大并发用户数就是前一个没有出现这种现象的并发用户数。

如果测得的最大并发用户数达到性能要求，且各服务器资源情况良好，业务操作响应时间也达到用户要求，那么测试成功，否则，再根据各服务器的资源情况和业务操作响应时间进一步分析未达标的原因所在。

（2）业务操作响应时间

● 分析方案运行情况应从“平均事务响应时间”图和“事务性能摘要”图开始。使用“事务性能摘要”图，可以确定在方案执行期间响应时间过长的事务。

● 细分事务并分析每个页面组件的性能。查看过长的事务响应时间是由哪些页面组件引起的，问题是否与网络或服务器有关。

● 如果服务器耗时过长，请使用相应的服务器图来确定有问题的服务器度量并查明服务器性能下降的原因。如果网络耗时过长，请使用“网络监视器”图来确定导致性能瓶颈的网络问题。

2-5-10 原则：简单地说，就是当用户能够在 2s 以内得到响应时，会感觉系统的响应很快；当用户在 2～5s 之间得到响应时，感觉系统的响应速度还可以；当用户在 5～10s 以内得到响应时，感觉系统的响应速度很慢，但是还可以接受；而当用户在超过 10s 后仍然无法得到响应时，就会感觉系统糟透了，或者认为系统已经失去响应，而选择离开这个 Web 站点，或者发起第二次请求。

（3）测试结果

配置脚本后进行测试得到总报告、用户数、吞吐量及平均响应时间，如图 6-42～图 6-45 所示。

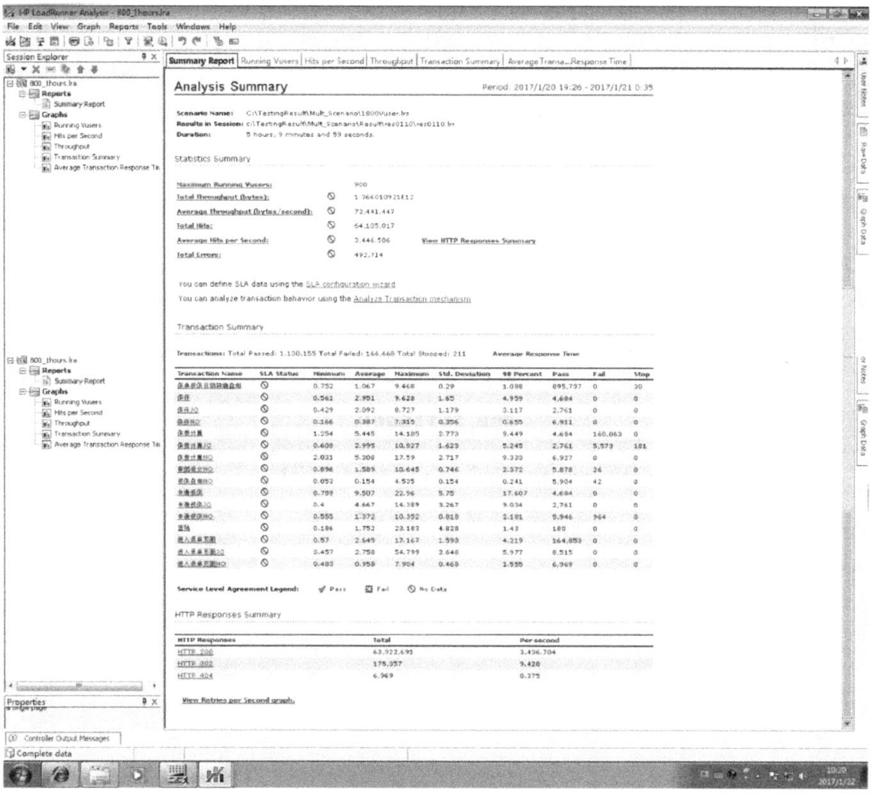

图 6-42　总报告

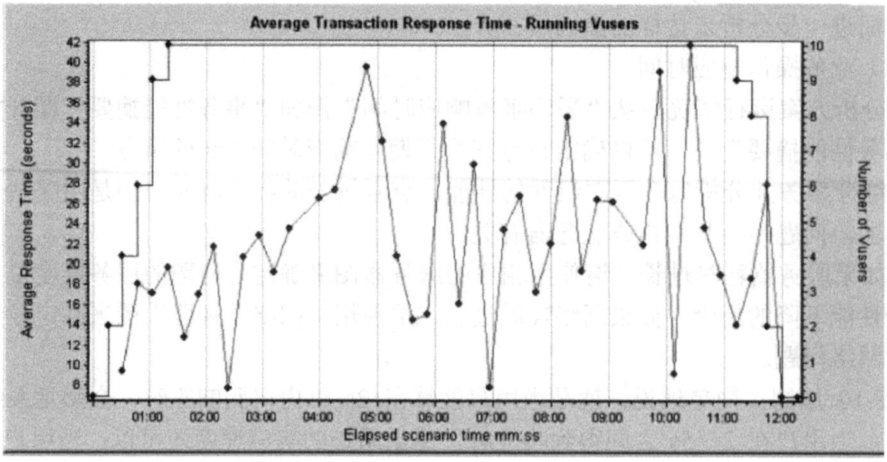

图 6-43　用户数

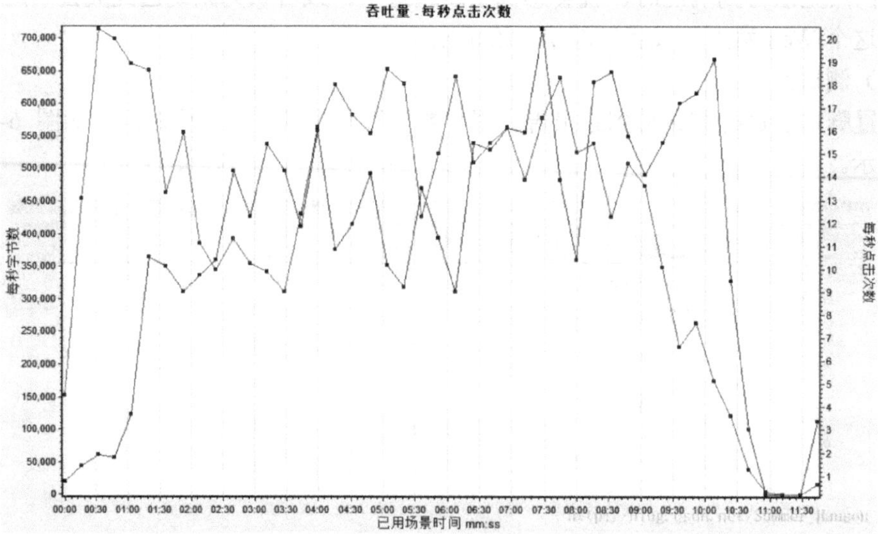

图 6-44　吞吐量

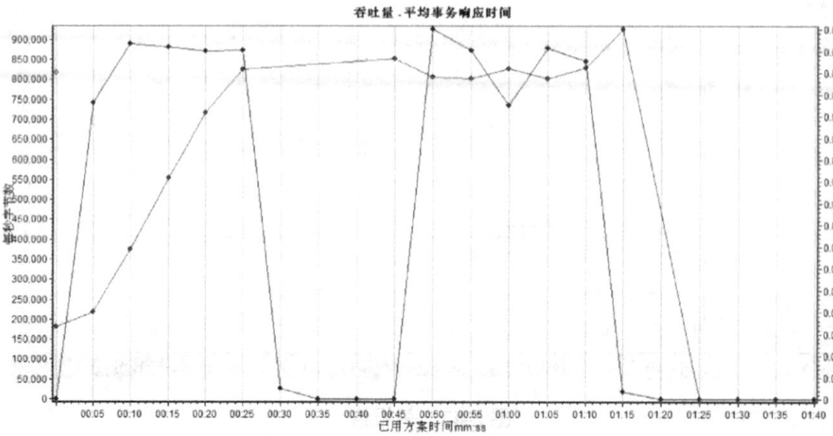

图 6-45　平均响应时间

任务实施

依据负载测试的步骤，实施 CVIT 系统的负载测试，制作负载测试的测试报告。

拓展训练

依托 LoadRunner 工具，拓展网站的其他测试，比如压力测试。